古镇余杭人文读物

赵丽萍 主编

陈杰 编著

余杭苕溪治理

西泠印社出版社

《古镇余杭人文读物》总序

  2023年10月18日，在"一带一路"国际合作高峰论坛开幕式上，习近平总书记亲自宣布中方将举办"良渚论坛"。12月3日，以"践行全球文明倡议，推动文明交流互鉴"为主题的首届"良渚论坛"在浙江省杭州市余杭区开幕，习近平总书记在贺信中指出，良渚遗址是中华五千年文明史的实证，是世界文明的瑰宝。

  余杭，这片有着五千多年文明史的土地，在中华文明乃至世界文明的版图中，有了自己不可替代的位置。

  区划调整后的余杭，心系中华民族文化根脉的延续与发展，谋划一条"良渚文化大走廊"，聚焦高质量打造文化人才聚集地、文化产业兴盛地、文化旅游目的地、文化传播传承地。其中，两千年古镇余杭，是苕溪文化的一颗璀璨明珠，更是良渚文化大走廊上的关键节点与重要历史价值的支撑。

  "东南形胜，三吴都会，钱塘自古繁华"，杭城的悠久历史和人文底蕴可见一斑。而余杭古镇，是承载杭城悠久历史和人文底蕴的重要载体，是联系广大人民群众乡土情结的重要依托。她历史悠久：秦王政二十五年（前222），秦国平定江南，置会稽郡。至迟在秦始皇三十七年（前210）前，余杭就已经建县，至今已有2200多年；1958年10月，余杭县域划归临安，1961年3月，从临安县析出原余杭县境与钱塘联社合并，定名余杭县，县治设临平镇，从这时起就有了"老余杭"之称；2021年区划调整以来，余杭区以崭新的城市布局、深厚的历史文化底蕴和强劲的经济发展势头，再度成为杭州城市的重要新中心。

  新时代的"余杭"历久弥新，余杭人民无不为余杭区的经济文化发展所骄傲，"余杭"成为这片土地上家家户户乡土情结共同编织的安居乐业、共同富裕的摇篮。而千年余杭历史文化的传承，离不开叙述古镇余杭，离不开对古镇余杭历史文化的一次再挖掘、再整理、再丰富。我深感，这项工作具有极其深刻的现实意义。为"余杭"一词存名，为人民群众记录"余杭"的前世今生，是赓续余杭历史文脉的重中之重。

《古镇余杭人文读物》系列丛书合计18册，包括了余杭文化的方方面面，在保证准确性与科学性的基础上，既追求内容的全面性，又追求记述的深刻性，是新时代对"余杭"古镇文化风貌的一次系统全面的搜集整理。

我相信，这部系列丛书，将会成为对两千年余杭在新时代的重新表达，为良渚文化大走廊下两千年古镇余杭的接续创新作出重要贡献，为当代余杭的继续繁荣兴盛注入新的动能。

杭州城市学研究理事会余杭分会

2024年10月

出版说明

余杭，于公元前222年（秦王政二十五年）置县，历史悠久，文化底蕴十分深厚，良渚文化实证的5000年文明历史，为余杭留下了丰富的历史文化资源。为把这笔得天独厚的"文化财富"挖掘出来，发扬光大，成为激励余杭人民继续创造辉煌的不竭源泉，数十年间屡有成果问世，从2008年开始，余杭区委、区政府组织相关部门和专家学者，对余杭历史文化再进行了一次比较系统的整理研究，并提炼梳理为历史文献、良渚文化、运河文化、径山禅茶文化、西溪文化、南湖文化、民间文化、历代诗词、文化名人等九大系列，历经两年于2009年编辑出版了9卷56册1500余万字的《余杭历史文化研究丛书》，又一次将余杭的历史文化比较全面系统地介绍给读者。

此后，以研究、发掘、整理和保护余杭区域传统文化、本土特色文化为主的余杭学研究工作启动，并将编纂出版有关余杭文化的书籍作为发布余杭学研究成果的重要载体。2011年3月，杭州城市学研究理事会余杭分会成立。2021年5月，行政区划调整以后，杭州城市学研究理事会余杭分会继续在已有的基础上致力于余杭文化的深入挖掘、梳理和研究，并不断推出新的研究成果，陆续整理、出版了有关径山历史文化研究的《径山历史文献》《径山诗汇》，有关苕溪文化研究的《苕溪诗词》《苕溪遗存》，有关名人研究的《章太炎讲述》系列、《漫谈沈括》等。

2022年起，经过大量调研、座谈，听取了多方意见建议，城市学分会与余杭街道决定联合对东苕溪主干段南苕溪的明珠、古镇文化的典型代表古镇余杭进行深入研究、梳理。我们有幸请到了数位热爱余杭的本土文化人士热心参与编写，更感谢杭师大人文学院的鼎力合作，这是本土专家和高校学者的一次合作尝试，余杭本地学者赵焕明、杭师大教授姚永辉统筹阅审。我们计划用四年左右时间，完成整套古镇余杭人文读物18册。为了让那些关心、研究、热爱余杭的读者能够一睹为快，我们分批出版，争取这些研究成果尽早面世，延续《余杭历史文化研究丛书》的脉络，拾遗补缺，深入开掘，以飨读者。

杭州城市学研究理事会余杭分会

杭州市余杭区余杭街道办事处

2024年10月

前　言

苕溪是余杭的母亲河，南苕溪、东苕溪干流穿境而过，北苕溪、中苕溪等支流覆盖其境，可以说，再也没有哪一条水系跟苕溪一样，和每一个余杭人息息相关。千百年来，余杭人在苕溪沿岸垦殖生息、劳作创业，是苕溪水滋养了这片土地上的每一个人。但这条水系却又桀骜不驯，每年的汛期，其上游天目山万山之水向下集中倾泻，流经东苕溪余杭至钱塘县境，地势趋缓，极易造成洪涝灾害。所以，自有人类活动起，治水就成为这片土地上人类活动的主旋律之一，历来如此。

古往今来，河流塑造了城市和文明，也承载着沧桑与变迁。因水而名、因水而迁、因水而兴……余杭的历史，就是一部与水"相爱相杀"的长篇史诗。良渚水坝遗址的发现，将苕溪的治理史上溯到五千年前的良渚文化时期。高低坝设计的水利系统一定程度上保证了王城的安全，也催生了稻作文明的高度发达。但辉煌千年的良渚文明突然消失，使人们有理由相信，良渚先人是否遭遇了一次前所未有的大洪水的袭击，也许就是洪水造成的毁灭性灾难，使余杭又沉寂了上千年。一直到了上古时代，大禹治水的传说，又开始延续这段余杭人与水的"爱恨情仇"。经夏、商到秦，这块土地上虽有高度发展的滨水聚落，但总体上还是一片蛮荒之地，秦始皇在此立县，还迁徙了南方的越族人到此居住。一直到汉代开始，苕溪的治理才揭开了新的篇章。西险大塘的修筑使杭州建城有了可能，而南湖的开辟，在分流洪水的同时，还将周围荒泽灌溉为千顷良田，使余杭成为浙北重要产粮区。一湖一塘，开创了苕溪治理堵、疏结合的先例。后代的人们无不遵循这条思路与苕溪斗智斗勇、和谐共生。自唐代以后，以地方官府为主导，以地方士绅和民众为主要力量，在苕溪流域兴建了大量的水利设施，包括北湖的开辟。北宋时期，杨时捍卫南湖，传颂千年；淳熙六年（1179）钱塘县修筑"十塘五闸"，泽被至今。明清时期对南湖的疏浚、西险大塘的捍卫成为后人考验地方官是否称职的标准。一直到了近代民国时期，治理苕溪的思路才发生变化，开始筹划在上游修筑库区，而真正能实现这个目标是在中华人民共和国成立以后。几十年来，西险大塘的治理也从抗击十年一遇的洪水到二十年一遇、一百年一遇，再到两百年一遇。现在，余杭未来科技城成为杭州的第三中心以及城西科创大走廊的打造，都是在苕溪得到治理的基础上才能实现的。因此，说余杭的历史半部是治水史，也毫不为过。

今天，当我们回望这段荡气回肠的治水历史的时候，我们是否为我们的先人身上那种百折不挠、永不言败、无私奉献的精神所感动？是否为我们的先人在治水中所体现出来的聪明才智，与时俱进、与大自然和谐共处的理念所敬佩？其实，这就是余杭人千百年来形成的一种治水精神，正是这种精神的代代相传，才使我们有了一个美丽的家园和美好的明天。

因此，系统地梳理历代余杭的治水历史，全方位、概览式地呈现几千年来余杭人与苕溪斗智斗勇、和谐共处的历史就显得十分必要。历代的《余杭县志》《钱塘县志》及其他地方志书上虽有苕溪治理的大量记录，但仍缺乏系统的归纳整理，民国时期的治水史更多的还保留在原始档案之中，因而尝试把余杭治理苕溪的历史以时间顺序简明扼要地介绍给大家，并能在阅读苕溪治理的得失中有所感悟，是一件非常有意义的事。

本书共分三章，第一章《东苕溪水系》对苕溪在余杭境内的干流、支流等水系情况进行了概述。第二章《历代治理》是本书的主体，按时间顺序，将苕溪治理的历史分为七个阶段，从史前开始，直到中华人民共和国成立，纵向细致勾勒了苕溪治理的理论、方法，以史料、档案为依据，尽可能客观地呈现这段历史，而重点则是中华人民共和国成立以后，对苕溪的全方位的治理及其成就。而此章附录的口述史部分是从个体的视角，为治苕史做一个补充。第三章《治水人物》，主要介绍了历朝历代为苕溪治理做出巨大贡献的优秀人物，展现了他们的治理理念和治理成效。

希望本书的出版，能进一步促进余杭水文化遗产的传承、保护和活化，能让我们的后人更多地了解余杭境内苕溪治理的历史，理解治水精神的内涵，若能如此，则幸甚之。

目 录

1

第一章　东苕溪水系

　　苕溪是浙江省八大水系之一，有东西两大源流，分别发源于天目山南北两侧。清康熙《余杭县志》记载："《山海经》云：天目山一名浮玉山，苕水出焉。今由於潜、临安县界，经余杭及钱塘界，然后入湖州，达于震泽。郡志以为夹岸多苕花，每秋风飘散，水上飞雪然。"东苕溪位于杭嘉湖平原西部，其干流自临安进入余杭区境内，流经中泰街道、余杭街道、仓前街道、瓶窑镇、良渚街道、仁和街道，从德清县入导流港，在湖州市白雀桥与西苕溪汇合后，经长兜港入太湖。东苕溪在余杭境内的主要支流有北苕溪和中苕溪。余杭区全流域均被东苕溪水系覆盖。

第一节　东苕溪干流

一、南苕溪、东苕溪

东苕溪由南、中、北苕溪三溪汇合而成。其干流南苕溪发源于临安区天目山脉马尖岗（海拔1271米）南麓之水竹坞，民国三十八年（1949）初《重修浙江通志稿》称"南苕溪出临安县西北天目山之鸡笼尖"。其上游段接纳左右多条支流，在浪口溪建有里畈水库，至桥东村与东天目山南部各溪汇集后，经临安城区入青山水库，出水库经青山街道，东流至汪家埠入余杭境内，经中泰街道南峰、南湖村及余杭街道竹园、上湖、中南等村，至余杭街

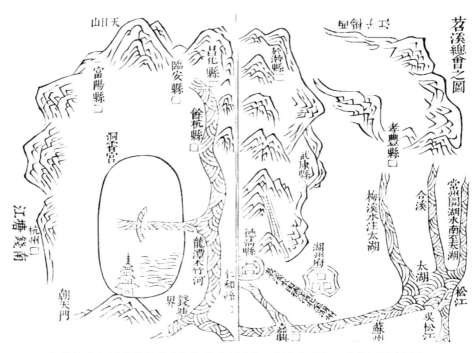

苕溪总会之图（原载于《余杭南湖图考》，明陈幼学撰，清书福楼刻本）

道通济桥，再折向北经仓前街道苕溪、连圩塘等村，在汤湾渡与中苕溪汇合。东苕溪干流的起讫河段，习惯以北苕溪汇入处的瓶窑镇龙舌嘴为界，以上称南苕溪，以下称东苕溪。1992年浙江省水利厅发文以余杭镇通济桥为界，桥以上为南苕溪，桥以下为东苕溪（1998年出版的《浙江省水利志》和2010年出版的《苕溪运河志》亦以此为界），而2008年8月14日浙江省水利厅河道管理总站行文批复东苕溪划界时，称南苕溪与中苕溪汇流处汤湾渡为东苕溪起点。本书仍以通济桥为分界点记述。

干流南苕溪自河源至通济桥全长63.1千米，河道高差779米，平均比降12.3‰，通济桥以上流域面积720平方千米，其间青山水库控制集雨面积603平方千米。

南苕溪古可通航。南宋《咸淳临安志》载："溪多滩碛，遇水涨可胜二十斛舟。"清末至民国初年，一度通航兴旺。1964年青山水库建成后，上游竹筏放运中断。1997年青山航道开航，自青山镇大园里经余杭、瓶窑镇，连通大运河，可通60吨级船舶。

以前南苕溪河道多湾，岔道丛生，变迁频繁，一遇洪水，殃及民众。史

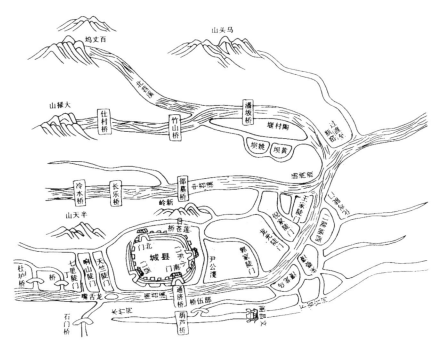

清嘉庆时的苕溪（原载于2014年版《余杭水利志》）

志文献记载，12—20世纪的800年中，大的洪灾20余次，平均35年1次，仅光绪年间就有4次大水。中华人民共和国成立后，治理南苕溪成为水利建设的重要目标。1964年建成大型防洪工程青山水库，集雨面积603平方千米，总库容2.15亿立方米，汛限水位23.16米，相应库容0.36亿立方米。1973年兴建中型防洪蓄水工程里畈水库，并建成小型水库43座以及大批山塘，有效地调节了洪峰，增强了抗旱力。尔后，对南苕溪全线进行治理，包括临安区在内，共拉直100多个大小河湾，建成防洪大堤35千米，配套堰坝17条，水闸27座，渠道61千米。20世纪90年代末又开始整治城镇周边的水环境，完善、提升河道的防洪能力。

南苕溪流经境内主要支流有二，即中桥溪与里山坞溪。

中桥溪　中桥溪发源于苍浦岭，经中泰街道白云、中桥、南湖等村，在南峰村注入南苕溪。另一支在跳头村注入南湖，其余支流注入蒋家潭。全长9.63千米，流域面积23.96平方千米。

里山坞溪　里山坞溪发源于娘娘山，流经鲍家村、里山坞、顾家头、徐家村、白坟头、里弄寺，在丁桥流入南苕溪，全长6千米，流域面积16.6平方千米。上游兴建了官塘与甘岭两座小型水库。下游在余杭街道之南建分洪闸，并开辟了面积为4.7平方千米的南湖滞洪区。

此外，明清《余杭县志》载有东溪，东溪又叫停辞溪，据说是春秋时期范蠡欲凿开其山与钱塘江相通，因百姓不愿意请辞诉而停工。嘉庆《余杭县志》上说："东溪在县西南二十里。其源发于由拳山，盘旋曲折，流二十里，入石梂桥，又流八里许，而入余杭塘河。其水喷高注下，堆碛诘曲，不可行舟筏。"又据《大清一统志》记载："停辞溪，在余杭县东二十一里，亦名东溪。源出青嶂山，东北流入钱塘县界，又北流入德清县界，合苕溪。"从地理位置上看，东溪属于南苕溪支流，此处留存待考。

南苕溪(中泰段，2021年)，陈杰摄

自通济桥起，东苕溪开始折向北流，经仓前街道之吴山，至瓶窑街道汤湾渡有中苕溪汇入，至龙舌嘴有北苕溪汇入，再经良渚街道之安溪、仁和街道之獐山，至劳家陡门入德清县境。从汪家埠至劳家陡门，余杭境内河道全长41.9千米。德清以上流域面积1588平方千米，其中瓶窑以上1420平方千米。

东苕溪按自然流势可分为三段：余杭街道通济桥以上63.1千米为山溪性河道，在通济桥上游16千米处建有青山水库，库区集雨面积603平方千米，设计总库容2.15亿立方米。余杭街道至德清大闸河段35.73千米属平原河流，其右岸的西险大塘是保障杭嘉湖东部平原防洪安全的主要堤防。在余杭、瓶窑两集镇附近，有分别建于东汉和唐代的南湖和北湖两个滞洪区。德清以下至湖州为中华人民共和国成立后新开的导流河道（东苕溪河水原来是从德清流入运河地区）。

东苕溪自余杭仁和街道奉口处折北流，至德清湘溪大闸纳湘溪来水，流至德清县城关镇接导流港。导流港从德清城关自南而北，先后左纳余英溪、阜溪和妙西港来水，至杭长桥与老龙溪港相汇，流经湖州环城河在白雀塘桥与西苕溪汇合。

二、东苕溪的历史变迁

据吴维棠《杭州的几个地理变迁问题》等论文，东苕溪流出山地后，其最早的古河道是从今余杭街道附近东下流经平原，经杭州市北郊，在杭州市东郊附近注入杭州湾的，与现在往北流入太湖的流向完全不同。

从地形大势看，在余杭、安溪之间，三面环山，只有东南部是平原，河流可以直达杭州湾。在钱塘江涌潮出现以前和出现的初期，平原上原先的地面高程也是向东降低，则古苕溪流出天目山之后，必然顺势向东汇入杭州湾。考古发掘也可证明，仓前以西无苕溪古道。

结合《水经注》等古籍的记载，东苕溪现在的河道，是古苕溪经过两次改道后形成的。第一次改道是由钱塘江潮沙作用和苕溪自身冲积作用所致。余杭街道以东，发育于海积平原之上的东苕溪，随着海积平原的不断淤积，河道逐渐延伸。在喇叭形的杭州湾形成过程中，潮波变形日趋加剧，潮差增大，潮流变急，含沙量增大。随潮而来的海域来沙在高潮位时所发育的新潮坪，以及由此而演变成的海积平原地面，日积月累，逐渐高于北侧原来的海积平原。在古

东苕溪瓶窑段（2000），陈杰摄

苕溪入海口（杭州附近）处，当上游洪峰下泄，而又适遇钱塘江高潮顶托，东苕溪的径流不仅宣泄困难，甚至可能倒灌，而北侧平原的地势又较低，必然导致河水向北分流。上述河流演变过程反复进行，分流的河床断面日益扩大，分流比越来越大，最终导致分流河道对古苕溪的劫夺，苕溪上游来水经分流河床转折北上而注入太湖。分流改道后的东苕溪河床位置，应在半山与大观山之间的低洼地带。但也有人认为，东苕溪首次改道可能不会入太湖，很大可能是绕过钱塘江入海口后，在下游的杭州海湾进入东海。

东苕溪的第二次改道，是由于人工修建西险大塘造成的。实地考察可以明显地看出，现在的东苕溪在余杭街道附近突然北折，经瓶窑、安溪至獐山流向太湖，显然是由于修建了西险大塘。西险大塘的修建年代，《水经》卷四〇"浙江水下"中有记载："浙江又东经余杭故县南、新县北。秦始皇南游会稽，途出是地，因立为县，王莽之进睦也。汉末陈浑移筑南城，县后溪南大塘即浑立以防水也。"其中的大塘，后来又称为瓦窑塘，是西险大塘的西端一段。因此，东苕溪第二次改道的时间应在东汉熹平二年（173）陈浑筑大塘后。陈浑筑西险大塘后，又在其南开凿上下南湖以蓄苕溪洪水，苕溪因此改道东北流向太湖。

三、东苕溪洪水特征

东苕溪在余杭街道以上，穿行于山地丘陵之间，河床比降大，滩多流急，流经区多暴雨中心，每逢雨季，洪峰势高量大，水位暴涨暴落。余杭街道以下，地势低平，流速顿减，河宽约70米。平日溪水清澈，若遇汛期，山洪暴发，溪水混浊，常泛滥为患。《钱邑苕溪险塘杂记》云："每遇淫雨，波涛汹涌，三郡在吞吐间。明户部尚书夏原吉望而叹曰：'朝见平沙，晚没苕花，此殆患区乎？'"东苕溪右岸西险大塘西起余杭街道石门桥，东迄德清大闸，阻遏东苕溪洪水，为杭嘉湖东部平原主要堤防。

苕溪水多，流域面积大，又是暴雨中心，各支流源短、坡陡、流急，每逢暴雨，山水直下，若遇旱季，又会断流，故常有洪涝与旱灾发生。据南苕溪、中苕溪流域9个水文站的观测数据，1956年至1999年43年间，多年平均降水量为1567.4毫米，其中5月至8月为809.3毫米，占全年总降水量的51.7%。主源南苕溪，支流中、北苕溪河道比降分别为12.3‰、17.9‰、16.9‰，源短流急，当上游出现暴雨时，地处平原的下游易受洪涝灾害。1949年至2010年61年间，东苕溪流域发生较大洪水21次。

东苕溪主要支流有中苕溪、北苕溪等。东苕溪干流及主要支流基本情况见下表。

表1-1　余杭境内东苕溪干流及主要支流基本情况[1]

特征河道		起点	止点	流域面积（km²）	河道长度（km）	河宽（m）	河底高程（m）	实测最高水位	
								水位（m）	时间（年月日）
干流	南苕溪	汪家埠	通济桥	720.00	9.27	60~100	2.06~2.68	11.21	1996-07-02
	东苕溪	通济桥	德清界	1588.00	35.73	45~300	0.80~3.00	9.18	1999-07-01
支流	中苕溪	市地	汤湾渡	229.00	18.85	95			
	北苕溪	双江口	龙舌嘴	310.40	18.30	130			

---

〔1〕 余杭水利志编纂委员会编：《余杭水利志》，中华书局，2014年，第77页。

第二节　东苕溪支流

一、北苕溪

北苕溪由百丈溪、鸬鸟溪、太平溪至双溪汇合而成，发源于安吉县山川乡石门山，流经赵家堂入鸬鸟镇后畈村称鸬鸟溪，在河溪头与百丈溪汇合进入黄湖镇称黄湖溪，至径山镇双溪、竹山村与太平溪汇合后称北苕溪，经径山镇之双溪、潘板和瓶窑镇之北湖至瓶窑镇龙舌嘴汇合于东苕溪，主流长度（从发源地至龙舌嘴）46.5千米。瓶窑镇张堰村以上流域面积310平方千米，比降16.9‰。

自古以来，北苕溪是走水路至径山的主要通道。清嘉庆《余杭县志》载："双溪尽处，凡至径山者停舟于此。"去径山到了双溪就开始走陆路了。清光绪十九年（1893）《浙江全省舆图并水陆道里记》杭州府余杭县南苕溪枝流（北苕溪）下载："独松关分水岭，北苕溪自此发源。西南流，折而南，过三里铺，又东南流，至百丈坞口九里四分（有铜菱关水自东北来注之）。浮溪桥东，自百丈坞口曲曲东南流，过四溪、三溪、二溪、头溪各堰，至此十四里（有临安芝坞岭水自西来注之）。大桥，自浮溪桥东首东南流，过独山桥及横湖镇东，至此十三里（有箬岭、石扶梯岭二水自北出铜口桥来注之）。竹山桥口，自大桥南流，至此七里（有临安下长溪自西出竹山桥来注之）。陶村桥，自竹山桥口东南流，过双溪镇，又过夹堰及潘板桥，至此十三里八分（水深一丈二尺，面宽二十丈），又东少南曲曲流十三里一分，过张堰渡，至龙舌嘴入南苕溪。"这是清末北苕溪的情况。民国时期，北苕溪仍为县境内南北联络之主干河道，通竹筏。中华人民共和国成立之初，百丈、太平、鸬鸟、黄湖、双溪等地的竹、木、柴、炭多以竹筏经北苕溪运至瓶窑。随着公路建成通车，水路已无人疏浚，河床逐年淤高。

太平溪(2017)，陈杰摄

北苕溪支流有百丈溪、鸬鸟溪和太平溪，自安吉境内到瓶窑镇龙舌嘴止，全长50千米，集雨面积317平方千米。在太平溪锡坑与四岭村间，建有四岭水库，总库容2838万立方米，集雨面积为71.6平方千米。梅汛限制水位69.61米，相应库容1677万立方米。台汛限制水位63.61米，相应库容1246万立方米。

鸬鸟溪　北苕溪主流，发源于安吉县山川乡石门山，至鸬鸟镇仙佰坑村入境，流经鸬鸟镇仙佰坑、前庄、雅城等村，在河溪头与百丈溪汇合后称黄湖溪。境内溪长9.9千米，流域面积7.07平方千米。其上游建有仙佰坑水库。

百丈溪　发源于百丈镇的牙山，流经百丈镇的仙岩、百丈、泗溪、溪口等村，在河溪头与鸬鸟溪汇合。全长12.5千米，流域面积48.45平方千米。其上游建有皮山坞水库。

太平溪　发源于安吉县的赤头洋，在鸬鸟镇山沟沟村入境，流经山沟沟、太平山等村，入四岭水库，出库后流经四岭村，在径山镇竹山村与黄湖溪汇合后注入北苕溪。境内长16.8千米，流域面积72.2平方千米。其上游建有馒头山水库。流入太平溪的小溪有下列6条：

北苕溪（双溪段，2014年），刘树德摄

汤坑溪，起源于汤坑的红桃山，经鸬鸟镇山沟沟村注入太平溪，长3.3千米，流域面积5.81平方千米。

太公堂溪，起源于大麓山，经鸬鸟镇太公堂村在上潘注入太平溪，长3千米，流域面积8.35平方千米。

车坑坞溪，起源于老虎山，流经烂田坞、车坑坞、仕村，注入太平溪，长4.4千米，流域面积6.94平方千米。

里洪溪，起源于直岭，流经径山镇径山、双溪、四岭等村，在岑家啄注入太平溪，长4.1千米，流域面积13.34平方千米。

另有斗坞坑溪、锡坑溪。

黄湖溪　黄湖溪始于百丈、鸬鸟二溪汇合处河溪头，流经黄湖镇之王位山、清波等村，终于与太平溪汇合处双溪竹山村。全长11.1千米，流域面积61.94平方千米。流入黄湖溪的还有青山与赐壁两条小溪。青山溪，发源于王位山，经青山、清波等村。长8千米，流域面积22.64平方千米。赐壁溪，发源于凤凰山，经赐壁等村，在清波村注入黄湖溪。长6.2千米，流域面积7.65平方千米。

北苕溪还有一条支流称石门溪。发源于白鹤山麓（海拔479.9米），流经瓶窑镇塘埠、径山镇小古城，在径山镇的乌泥沙注入北苕溪。全长9.7千米，流域面积20.28平方千米。

旧县志载有濑河、径山港，亦应属于北苕溪支流。"濑河在县北石濑镇。相传下有穴通海，遇旱，祷雨辄应。今为放生河，禁捕捉。""径山港在县西北三十里。源出径山，东流合苕溪，可通舟楫。双溪尽处，凡至径山者停舟于此。"

北苕溪发源于高山峻岭，河道错综复杂，水流湍急，每逢暴雨，下游极易泛滥成灾，稍不下雨，又易受干旱之灾。中华人民共和国成立后，在上游兴建四岭、馒头山、皮山坞、仙佰坑和石门等大小水库。1975年，将其中游潘板桥以下3.9千米的河道截弯取直。北苕溪堤塘基本情况见表1-2。

表1-2　北苕溪堤塘基本情况 [1]

堤塘名称	所在溪岸	起讫地点	长度（km）	堤顶高程（m）	堤顶宽度（m）	保护范围			防洪标准（几年一遇）
						圩区	面积（亩）	人口	
径山丈母塘	北苕溪右岸	叶家桥—吴山	2.93	12.45～14.94	2.50～6.00	潘板	18465	10270	20
新溪南塘	北苕溪右岸	吴山—杭长铁路	5.36	10.92～14.94	3.50～6.00				
新溪北塘	北苕溪左岸	乌泥沙大桥—大舍排涝机埠	1.84	11.05～12.02	3.50～9.30	大舍外畈	2638	700	20
外畈塘	北苕溪左岸	大舍排涝机埠—铁路桥	2.18	10.68～11.67	2.40～4.60				
澄清塘	北苕溪左岸	铁路桥—澄清闸	7.28	9.56～11.28	3.20～6.70	澄清	12939	4159	20
张堰塘	北苕溪右岸	杭长铁路—塘角廊	6.70	10.05～10.29	6.00	张堰	6772	1832	10

二、中苕溪

中苕溪因位于南、北两苕溪之间，故名。中苕溪发源于东天目穆公山，为东苕溪主要支流。清光绪十九年（1893）《浙江全省舆图并水陆道里

---

〔1〕余杭水利志编纂委员会编：《余杭水利志》，中华书局，2014年，第186页。

记》杭州府余杭县南苕溪枝溪（中苕溪）下载："黄公堰，中苕溪自临安县流至此入境，又东流，至冷水堰四里五分（水深一丈二尺，面阔二十丈）。青芝堰南，自冷水堰东南流，折而东北，过青龙堰，至此五里九分（有斜港自北过堰来注之）。长乐桥南，自青芝堰南首东南流，至此一里六分（有汪岭水自西南过汪公堰来注之）。邵墓桥，自长乐桥南首东北流，过麻车头折而东南，至此七里七分。乌龙港口，自邵墓桥东流，至此四里（自此东南迤东北流，为乌龙港，过乌公桥，至古牛墩入南苕溪，计八里八分）。又东北流七里九分，过新桥，至汤湾渡入南苕溪。"历史上中苕溪曾经是山区航道，清嘉庆《余杭县志》载："长乐市，在县西二十里，通舟楫，聚山货。"民国二十二年（1933）版《中国实业志》云："中苕溪由横畈镇通瓶窑镇，通行竹筏。运输之货物以竹木柴炭最多。"后因久不整治，泥沙淤塞，河床抬高，至20世纪50年代已无法通航，两岸堤塘虽经多次加固加高，但仍经不住大洪水的侵袭。

中苕溪古名猷溪，清代曾名仇溪。主源猷溪向东南流经大山村、龙头舍、龙上坞、石门、水涛庄，于下城汇合仇溪后称中苕溪，至高虹折向

中苕溪（原载于2012年版《绿景村志》）

东、流经安村至雅观汇白水溪，经横畈镇下塘楼入径山镇之绿景塘村，经长乐村与发源于径山的斜坑溪汇合，再由长乐集镇至仇山北侧，穿杭长铁路信桥至瓶窑镇汤湾渡汇入东苕溪，其主流（自发源地至汤湾渡）全长47.8千米，比降17.9‰，境内长18.85千米，长乐以上流域面积229平方千米。

中苕溪下游，地势低洼，海拔56米，易受涝。1964年，在下陡门兴建装机1440千瓦排涝站。

1975年冬，长乐公社党委在遵照上级指示大搞农田水利基本建设的同时，成立了中苕溪改造建设工程指挥部，由党委书记林桂海亲自挂帅担任总指挥，动员了全社各生产大队大多数的青壮劳动力投入工程建设，并组建了青年突击队、桥工队等，对中苕溪进行大规模治理，到1984年冬才全部完工，前后历时10年。

1999年12月，在临安市横畈镇水涛庄村兴建水涛庄水库，于2003年竣工。集雨面积58平方千米，总库容2888万立方米，梅汛限制水位141.17米，相应库容1677万立方米，台汛限制水位136.17米，相应库容1246万立方米。中苕溪主要支流有：

仇溪，又名冶溪、学溪，别名药溪，发源于临安区穆公山南侧，东南流经高虹镇大溪村，入大溪水库，出水库东流经新桥头、南山坞于下城入中苕溪，集水面积30.3平方千米，河长11.3千米。

白水溪，发源于临安区横畈镇窑头山，东南流经泉坑、庙下、郎家至洪村三官桥下游纳风笑岭水，又称径山水，于勾山脚入中苕溪，集水面积46平方千米，河长13千米。

斜坑溪，起源于径山，经桐桥、平山、西山等村，在榆树村流入中苕溪。全长8.1千米，流域面积23.35平方千米。其上游建有龙潭水库。中苕溪堤塘基本情况见表1-3。

表1-3　中苕溪堤塘基本情况[1]

堤塘名称	所在溪岸	起讫地点	长度（km）	堤顶高程（m）	堤顶宽度（m）	保护范围			防洪标准（几年一遇）
						圩区	面积（亩）	人口	
陆塘埠塘	中苕溪右岸	下陡门—中苕溪出口	3.85	10.55～11.49	3.00～5.60	永建	47196	17582	20
新北塘	中苕溪右岸	仇山脚—下陡门	4.00	10.54～11.79	3.20～5.67	新北塘	1936	1500	20
潘板南塘	中苕溪左岸	香下桥—北湖铁路桥	7.06	10.45～11.84	2.1～5.00	潘板	18456	10270	10
长乐大塘	中苕溪左岸	青芝堰—七里畈机埠	6.10	10.55～12.93	3.00～6.00	长乐	8621	3470	20
小五山塘	中苕溪右岸	陆家头—七里畈机埠	4.02	12.45～14.94	2.00～4.80				20
长乐后塘	中苕溪左岸		3.80	9.93～10.76	1.20～3.00				已成为内塘
仇山塘	中苕溪右岸	麻车头—仇山脚	2.33	10.85～11.99	3.00～6.00	仇山	5046	935	10

[1]　余杭水利志编纂委员会编：《余杭水利志》，中华书局，2014年，第183页。

第二章　历代治理

　　每年的雨季，东苕溪汇天目万山之水，建瓴而下。清嘉庆《余杭县志》卷十一《水利》载："（东苕溪）无以蓄之易涸，无以泄之则易涨，涸与涨皆为民害。"洪、涝、旱诸灾，史不绝书。民间流传着"大灾三六九，小灾年年有"的说法。因而"历代余杭之人视水如寇盗，堤防如城郭；旁郡视余杭为捍蔽，如精兵所聚，控扼之所也"。据不完全统计，从西晋咸宁四年（278）至1999年的1721年间，发生特大水灾的年份就有189年，其中不少就源于西险大塘的崩塌和决口。中华人民共和国成立后，比较严重的水灾有1954年的西险大塘、苕溪北塘溃决，1956年、1963年的苕溪北塘及部分内河堤全线溃决，1989年、1996年北塘局部堤塘溃堤，损失较为惨重。故治水历来为当政者之要务。从良渚文化时期的史前水坝到传说中的大禹治水，再历经汉、唐、宋、元、明、清，至民国，到中华人民共和国成立后，世世代代的余杭人一面享受着母亲河——苕溪带来的恩泽，一面又跟洪涝灾害进行着殊死搏斗。几千年来，治水——这项伟大的工程从来没有停止过，留下了无法言尽的可歌可泣的动人故事。

第一节　史前时期

苕溪水系分东、西苕溪两大源流，远古时期分别独流入海，后来在晚更新世〔126000年（±5000年）至10000年〕末期，东苕溪经历了3次改道[1]。其间杭州地区海积平原逐渐发育，今余杭街道以东的海积平原不断淤高，导致东苕溪河水向北分流，该过程反复进行，直到4000年前，东苕溪第3次改道，从今余杭街道附近北折，经瓶窑、安溪至獐山，续北流经德清县、湖州市，以后河道逐渐向北延伸，并最终注入太湖，东苕溪的流向和格局才确定下来。

一、良渚水坝——中国水利史的开端

距今5300年至4300年间，良渚先民创造了辉煌的良渚文化，建成规模宏大的良渚古城——良渚文化时期的中心王城。古城遗址就坐落在天目山余脉南、北两列低山丘陵之间的冲积平原上（今属瓶窑镇），遗址的西北面紧靠的就是东苕溪。良渚文化时期，正是东苕溪从杭州湾入海到北上入湖的孕育期，那么，良渚先人怎么来应对东苕溪改道带来的洪水冲击以及北苕溪流域泛滥的洪水？这就是说，良渚先人的生产、生活跟治水是紧密联系在一起的，如何治水是良渚先人生存首要解决的问题。

良渚文化的前期，东苕溪的主要水系并不流经良渚，而是从大雄山以南至西溪湿地的宽阔区域流过，流经现今的西溪、古荡、松木场、杭州城区等

---

[1] 朱丽东等：《晚更新世末以来苕溪河道变迁》，浙江师范大学学报（自然科学版）第38卷第3期。关于东苕溪改道，学界有不同看法，吴维棠认为，东苕溪在杭州附近经历两次改道。参见吴维棠《东苕溪在杭州附近两次改道》，《杭州市水利志》，2009年。

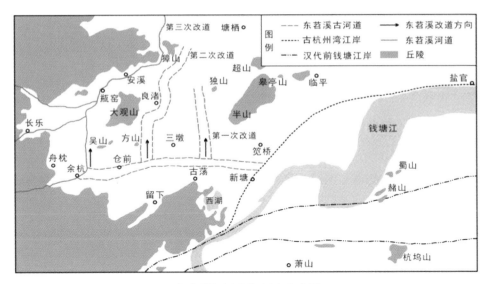

东苕溪3次河道变迁示意图

（原载于朱丽东等：《晚更新世末以来苕溪河道变迁》，《浙江师范大学学报》（自然
科学版）第38卷第3期）

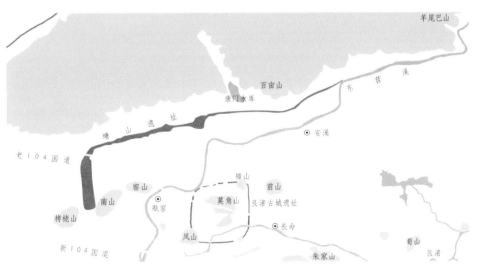

塘山土垣遗址、良渚古城遗址示意图

（原载于费国平、陈欢乐：《余杭彭公大坝的调查报告》，《东方博物》第四十辑）

地，最后汇入钱塘江。那时候，现在杭州城区一带还处于一片混沌状态，根
本不具备原始先民的居住繁衍条件。但是，来自北苕溪水系的洪水，良渚先
民们是如何面对的呢？

　　早在20世纪90年代，考古人员就曾在古城的西北面发现其中最长的一条水坝遗址——塘山土垣遗址。它有一条长6千米的水坝，能挡住古城背面从大遮山流下的山洪，将水引向西边，好让古城直接避开山洪。那时，就有学者认识到，它是良渚时期的水利设施，但都认为是一个独立的水工遗迹，没想到，它仅仅是整个防洪水利系统中的一环。

　　但是，塘山土垣遗址的水利设施主要是阻挡自西面、北面山体而来的洪水，不能阻挡从安吉、湖州、德清诸山区而来的更多洪水。那么良渚先民又是怎么来解决这个问题的呢？在对遗址群上游地区进行调查后，又有了新的发现。在原彭公乡北去湖州、西去安吉的三岔路口，向西顺山势走向，利用自然山体，在山与山之间的山坳处，发现了一道人工堆筑的防洪大坝，自彭公三岔路口向西至奇鹤村的奇坞山，全长约6.5千米。同时还发现了另一条大

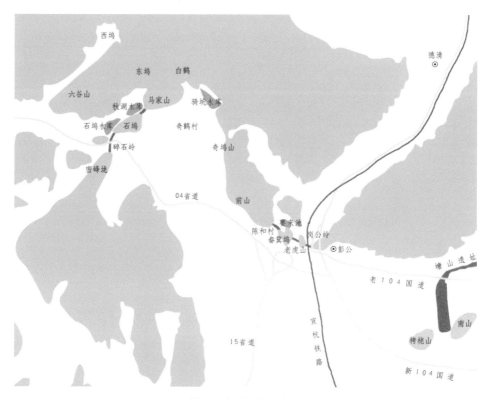

彭公大坝遗址示意图

（原载于费国平、陈欢乐：《余杭彭公大坝的调查报告》，《东方博物》第四十辑）

坝，从原彭公乡的奇鹤村马家山西南方向堆筑至蜜蜂垅山，全长约5千米。这两条大坝就是用以阻挡、分流西、北两个方向——安吉、湖州、德清等山区而来的洪水的。这两条大坝的建成，大大减轻了塘山土垣遗址这条大坝的压力，充分地确保了良渚中心遗址群的安全。

1999年，浙江省交通部门对04省道彭公至百丈段实施拓宽工程，把一座人工堆筑的土墩一劈为二，断面暴露大量的青膏泥，属于熟土墩。当地文物部门得到消息后，及时赶到现场进行调查，并推测这里可能是一座经精心设计的人工堆筑大土墩，同时将情况告知省考古所。但由于当时文物界缺乏大型水坝考古经验，仅从局部断面推测很容易将其理解为大墓：其一，属于人工堆筑的熟土墩；其二，交通部门在施工中，有一条砌石沟已挖到底，从中发现了一条南北走向"墓道"，类似于绍兴印山大墓，所以此处被称为"彭公大墓"。

省考古所组织考古队对其进行了抢救性考古发掘。遗存的上层部分为就地取材夹有石质的黄土，高10余米，下层全部用青膏泥堆筑，在底部开凿一条凹槽，宽度约4米，曾被误为"墓道"。考古队发现有良渚文化时期的陶片，在底部还发现一把木锹。通过这次发掘发现，先前的两种推测都不准确或不够准确，所谓"土墩"或"大墓"，实际是为防止渗水，用青膏泥堆建而成的阻水大坝。因此处大坝直接受到安吉等方向来的洪水正面冲击，故使用韧性较好、黏性又强的青膏泥来修筑，以防洪水的渗漏和强烈冲击，尤其是大坝正面承受冲击的部分，更是要用青膏泥堆筑，才能加固大坝以达到阻洪的作用。

2007年至2015年，便是漫长的勘探调查期。专家通过谷歌地球等遥感手段观察发现，塘山西侧与毛元岭的自然山体接续后，并不像早前推测的那样往南延伸，而是往西南

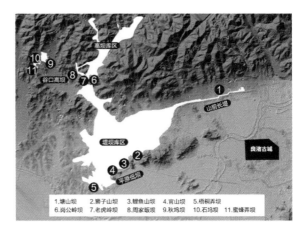

良渚古城防洪坝示意图
（原载于良渚博物院官网）

方向连接狮子山、鲤鱼山、梧桐弄等大小不一的坝体。然后，他们顺藤摸瓜，搞清楚了良渚古城外围位于西北面的11条水坝的位置和结构。为了了解坝体结构，直到2018年7月，考古队才开始对老虎岭、鲤鱼山、狮子山等水坝进行正式发掘。10条水坝遗址陆续出土，它们与古城北面的塘山土垣遗址共同构成了一个完整的水利系统。

良渚古城外围水利系统的影响范围约100平方千米，工程遗址由11条（含塘山水坝）水坝遗址组成，主要修筑于两山之间的谷口位置，分为南部的低水坝群和北部的高水坝群。其中，塘山是长堤，其余的鲤鱼山、老虎岭等则是较短的水坝。短坝则包括建于山谷谷口的高坝、连接平原孤丘的低坝。长堤的长度约5千米，6条高坝的坝体厚度均约100米。提取坝体样本进行碳-14测定，得出的12个测年数据表明坝体修筑时间在距今5100年至4700年之间，属于良渚文化早中期。它们能拦蓄形成面积约13平方千米的水域，总库容量约4600万立方米，分别约为杭州西湖的1.5倍和4倍，具有防洪、灌溉、运输等多种功能，可抵御当地100年一遇洪水，能连通周边水运网。这是迄今已知的世界上最早，且规模最大的水利系统，超过此前在埃及发现的一处有4000年历史的水坝遗迹，比"大禹治水"早了1000年。这一发现也证实了良渚古城从内到外依次由宫城、王城、外郭城和外围水利系统组成完整的都城结构，是全世界迄今已知的距今5000年前后的功能系统保存最完整的都城之一。可见良渚先人为保卫古城，在古城外围建立了一个功能齐全的水利系统。

遗址中的高坝大致可以阻挡短期内870毫米的连续降水，通俗地说，就是可抵御本地区100年一遇的洪水。低坝内则是一个倒三角形的低洼地，根据现存的10米坝高推测，可形成面积达8.5平方千米的蓄水库区。

那么，在5000年前，这些坝体是如何被堆筑起来的呢？良渚先民用芦荻、茅草把泥土包裹起来，将这种"草裹泥包"横竖堆砌。不同的"草裹泥包"形成了现在看到的一个个"方格子"。这种"草裹泥工艺"类似现代人抗洪时用草包或编织袋装土筑坝，不仅增加了坝体抗拉强度，让水坝不易崩塌，也加快了堆筑速度，在良渚时期已成为用于临水建筑的常用工艺。据考古发掘显示，多条高坝和低坝在关键部位都用到了"草裹泥包"堆垒加固。一些地基松软的地方，还采取了挖槽填入淤泥等工艺，堆筑过程也相当精细。像老虎岭水坝的修筑，考古人员推断，先是在谷底地面铺青膏泥、草裹淤泥做基础，再堆筑青粉土，然后在受力较大的迎水面堆一个草裹黄土的斜坡，上面覆盖黄褐散土作为护坡，坝体顶部则覆盖褐色土。专家初步判断，这些水坝主要的功能是防洪、蓄水、运输。

低坝的鲤鱼山坝体（原载于《改写历史！良渚古城外围水利系统被证实世界最早》）

2016年3月中旬，在杭州举行的良渚古城外围水利系统专家咨询会上，全国19家科研单位的考古学、水利史及水利工程研究专家实地勘察后认为，这个由11条水坝组成的水利系统，是中国乃至世界水利史的重要发现，开启了史前水利考古研究的新领域，在世界文明史研究上也将占有重要地位。这一发现也进一步证实，良渚社会已由"古国"阶段跨入"王国"阶段，其价值可与同时期的其他世界文明媲美。

2022年7月，良渚古城外围水利系统的老虎岭遗址公园首度面向公众开放，这是目前良渚遗址唯一一处展示水利系统剖面结构的遗址点。老虎岭水坝属良渚古城外围水利系统的谷口高坝系统，水坝自身长度140米，宽100余米，处在两个小山间最狭窄的位置。目前主要展示的为老虎岭水坝遗址剖面，经考古证实，发现这里的断面有明显的草裹泥结构，它的铺筑方式是横竖交错的。

老虎岭水坝的草裹泥剖面存在明显的分区，每一个分区可能使用由同一地点运输来的一次的运输量，表明堆筑时草裹泥是由不同的地点运送过来的，一到即铺筑，没有统一堆料的过程，所以每个区块的草裹泥都能保持材质的统一而不混杂，从而形成了明确的区块。这个过程就包含三道工序，草裹泥的制作、搬运和堆砌，这三道工序需要由良渚先民们通力合作，共同完成。

除了草裹泥外，老虎岭水坝的堆筑还需要大量的土。考古发掘表明，修筑老虎岭水坝，首先统一在谷底的地面铺筑青膏泥混杂草裹淤泥做基础，在其上堆筑青粉土，再在北侧迎水面附近堆筑草裹黄土的斜坡，内部间杂使用黄色散土，其上再覆盖黄褐色土为护坡，顶部覆盖褐色土。

土的大量使用支撑起了整个良渚水利系统，相关研究表明良渚水利系统的总土方量约为288万立方米，假设参与建设的人数为10000人，每3人1天完成一方土的采运和垒筑工程，每年工作日算足365天，也需要两年多的时间才能完成现有水利系统的堆筑，更何况，受到天气和农忙等因素的影响，每年实际建设的时间大幅缩短，以10000人每年工作100天来算，完成现在发现的水利系统也需要连续工作8年多的时间，实际情况只会更长、更复杂。

良渚人在流域的上、中、下游兴建的不同类型的水利设施，具有防洪、运输、用水、灌溉等诸多方面的功能，表明他们已经具备了全流域的水环境的规划和改造能力。现代水坝的建设是复杂的系统工程，从前期的规划到最后的落地实施是多方面现代科学成果的集成，而距今5000年的良渚人，在当时生产力条件下设计建造水利系统，其规划视野之阔、技术水平之高、组织能力之强令人刮目相看，其中涉及的复杂的组织机构、人员管理、社会动员、后勤保障，为了解良渚古国的管理机制和社会复杂化程度提供了重要的观察视角。

2016年，良渚古城外围水利系统入选"2015年度全国十大考古发现"；2019年，成功跻身世界文化遗产的良渚古城遗址，也包含了这座水利系统。

二、大禹治水——一个美丽的传说

翻开现今的中国水利史志，几乎无不以"大禹治水"作为中国人水利建设活动的先驱，但良渚古城外围水利系统的发现改写了这一段历史，将中国水利史的开端提前了1000年左右。其实，大禹治水时期的水利设施到现在也早已无法寻觅踪迹，留下的仅仅是一个传说。

据历史记载，距今4300年至4000年，中国大部分地区发生大洪水。《尚书·尧典》："帝曰：'咨！四岳，汤汤洪水方割，荡荡怀山襄陵，浩浩滔天。下民其咨，有能俾乂？'"《史记·夏本纪》："于是尧听四岳，用鲧治水。九年而水不息，功用不成。""禹伤先人父鲧功之不成受诛，乃劳身焦思，居外十三年，过家门不敢入。"这些皆是那个时期洪水泛滥的写照。

据此推测，夏禹治水的历史传说大致就发生在那个时候。这与良渚文明神秘消失的时间基本吻合。现今发现的良渚古城紧靠着东苕溪，不得不使人产生联想，难道是东苕溪的改道摧毁了良渚文明？无论何种推测，"洪水说"是其中可能性较大的一种。

历史传说并非空穴来风。大禹与余杭的关系，在先人的著作里，留下了大量的记载。

余杭的得名就跟大禹治水有关。宋代的《太平寰宇记》卷九三引西晋《郡国志》说："夏禹东去，舍舟登陆于此。"清嘉庆《余杭县志》引《咸淳临安志》的记载："《郡国志》、《寰宇记》、本朝郡县志皆云：杭因禹得名。且谓山顶有石穴，相传禹维舟处。又谓本禹杭，俗讹'禹'为'余'。"明田汝成《西湖游览志余》说得更详细："杭州之名，相传神禹治水，会诸侯于会稽，至此舍杭登陆，因名禹杭。至少康封庶子无余于越，以主禹祀，又名余杭。秦置余杭县，隋置杭州。窃谓当神禹治水时，吴越之区皆怀山襄陵之势。纵有平陆，非浮桥缘延不可径渡，不得于此，顾云舍杭登陆也。盖神禹至此，溪壑萦回，造杭以渡。越人思之，且传其制，遂名余杭耳。"至此，我们大致可以勾勒出大禹来到余杭治水时的场景：

苕溪之源天目山又称浮玉山，大约在4000年之前，浮玉山下——余杭至杭嘉湖一带全是汪洋大海，就是《山海经》中所称"西海"的地方。那时的太湖、西湖全在西海之海底；半山、临平山等亦不过是海中几座小岛。大禹受尧帝指令，前往江南治理水患。

这一天，禹乘船到达杭州湾海域，行行停停，眼看天就要黑了，得找个地方歇夜。

穿过茫茫的暮色，他依稀看到前方有一个小山尖，于是乘着小船来到山脚下。

上岸后，他担心小船被水冲走，便将船系在山石上。后来，人们便把这座山称为"舟枕山"。

关于舟枕山的具体位置，宋《咸淳临安志》里是这么写的："在县（今余杭街道）西北二十五里。高一百七十六丈，周回一十里。山顶有石穴。古老云：禹治水维舟之所。"苏轼曾有诗写道"问谍知秦过，看山识禹功"，自

注："西北余杭舟枕山，尧时洪水，系舟山上。"

到达余杭后，经过多日观测踏勘，大禹弄清了钱塘江水域及南、北、中苕溪水势走向和这一带的地理地貌，他顺势利导，采用疏导的方式，把南、北、中苕溪三溪之水疏导入海。至今在余杭一带留下舟枕山、覆船山、仙人洞、禹潭、揽船坞、候潮湾等相关的地名、村名。

大禹治水，还留下了诛杀防风氏的故事，德清、余杭、绍兴等地都有这个版本。一般认为，防风氏国的中心在今德清县，但也有人认为在今余杭区瓶窑镇。瓶窑镇原"彭公"乡之名和"防风"属于一音之转，余杭方言中"彭""防"同音。清初杭州学者倪璠就在《神州古史考》卷九三《江南东道五·杭州》引《郡国志》说："余杭金鹅山，古防风氏封此。"有关防风氏更为详细的资料见于各种笔记、方志和传说之中。

《史记》《吴越春秋》等书称，夏禹率领天下各路诸侯经过13年艰苦奋斗，疏通江河，兴修沟渠，平息了洪水；尔后便铸九鼎、定九州、制《禹贡》，以图实现"溥天之下，莫非王土，率土之滨，莫非王臣"的霸业。为实现这一目标，夏禹向东巡视，到达会稽时举行了一次大规模的会盟，名目是"封有功，爵有德"。防风氏国离会稽并不远，但其君可能恃国力强大而不愿臣服，姗姗来迟。大禹则仰仗赫赫威势毅然杀了这个不忠之属，并曝陈其尸以警示天下。此外，夏禹或其后人还可能为了彻底摧毁防风氏国，杀了防风氏后人还到其国土继续掠杀。他们不仅夺得象征权力的祭祀重器——精美绝伦的玉制礼器，毁损这片土地，而且强迫防风氏人迁徙他乡。因此，有人认为良渚文明之突然覆亡即因大禹诛防风氏。不过有关防风氏迟到的原因，文献未有确定统一的说法。除上述原因外，还有其他说法。余杭、德清等地的民间传说大都说防风氏为民治水而迟到，将其塑造为治水抗洪、教民稼穑、关心民瘼的大英雄，也有说防风氏贪睡懒觉，致使山洪暴发，百姓死伤惨重，大禹为息民愤，才杀死防风氏。

大禹画像砖

大禹为传说中人物，目前对其存在尚无任何

余杭街道大禹铜像（2006），余杭区史志研究室提供

考古学证据。但同良渚文化与大禹治水传说前后出现文化断层相对照，或可解释前述洪灾说。宇宙期自然灾害一般延续200年，大禹时期可能更长。大禹治水虽不能作为信史，但或可从侧面印证大禹时期杭州一带气候异常、洪水泛滥，文明发展经历着艰难的考验。

　　至今余杭街道仍保留着大量与大禹相关的文化符号和印记。人们为了纪念大禹，把余杭一度改为"禹航"。在老余杭城区禹航路与凤新路交叉口的中心广场上，从2003年起就伫立着一座"大禹铜像"，它成为老余杭的地标建筑，整座雕塑高26米。其中基座高21米，呈风帆状，内部钢结构，外部饰以毛面花岗岩，象征余杭古镇即为大禹治水舍航登陆之地。大禹铜像高5米，其右手执耒耜，左手直指前方，寓意扬帆破浪，勇往直前。此外，还有大禹谷、大禹社区、大禹小学、禹航路等地名和单位名，可以看出人们对这位治水英雄的怀念。

第二节　汉唐时期

历史的年轮迈入商周时期，属于越地的余杭，在史册上并没有留下多少文字记载，但这片土地已经从洪荒中慢慢解脱、苏醒过来。众多的考古遗址证明这一时期余杭地区的人类活动相较于同时期其他地区而言，仍然维持在一个较高的生产力水平。太湖以南的重要中心聚落小古城遗址（位于今余杭区径山镇）是其代表之一，它起自马家浜文化，发展至商周时期的马桥文化，是新石器时代苕溪流域典型的文化遗址。2020年，在南湖以西2000米的跳头村（今属余杭区中泰街道）发掘的跳头遗址也是其代表之一。跳头遗址出土了大量陶器、青铜器以及水稻、大豆等粮食作物，是商周时期滨水聚落遗址的代表。在苕溪流域，只要有人类的活动，都跟治水密切相关。

秦代，秦始皇设钱唐县、余杭县，归属会稽郡。秦汉之际，朝廷开始重视水利建设，设钱唐县大概率是为了治理钱塘江，设余杭县是为了治理苕溪。东汉时期南湖和唐朝时期北湖的开辟是历史上两个著名的水利大工程，泽被千年，影响深远。

一、筑塘与围湖——陈浑开创的两千年大工程

（一）迁城开湖

这里讲的迁城，是指陈浑将县城迁到南苕溪的左岸（北侧）。开湖就是指开辟南湖。

东汉熹平元年（172），陈浑（约140—？）为余杭县令。上任伊始，他做的第一件事就是将余杭县城移到南苕溪的左岸（北侧）。原本余杭县城位于南苕溪的南侧，土地平坦，虽有舟楫之便，却因地形平衍而易遭水灾。陈浑便请奏朝廷，依据风水学的原理，将县址迁于溪北。新县城背靠着层峦叠嶂的观国山，正面对着南苕溪，成"背山面水"的风水宝地格局。新县城与

南苕溪南侧新建的南湖成错位分布，一方面分杀南苕溪之洪流于溪南侧，另一方面南湖所潴蓄之水也可用于灌溉农田，维持县城居民生存、生产、生活的需要，从而形成稳定的"山—城—溪—田—湖"文化景观格局。

县城搬迁以后，陈浑就组织人们修筑城墙，疏浚护城河，加固城墙以保卫县城安全。从此以后，余杭县城巍然耸立在今杭州市的西北部，成为重要城镇。

陈浑迁城，不单纯是出于风水学上的考虑，也是治水的需要。一方面，南苕溪干流上奔涌而下的洪水会对县城造成威胁；另一方面，陈浑是为了在南苕溪南岸修筑一个大型的蓄水工程，这个工程就是开挖南湖。迁城和开湖可以说是同一个目的中的两件事。途经余杭的南苕溪上承天目万山之水，每当淫雨滂沱，盈川满谷，奔泻其中，溪量难容，攻堤浃岸，乃至下游杭、嘉、湖三地俱遭漂没。修筑南湖，其主要功能是潴滞南苕溪山洪，分杀东苕溪上游水势，减轻下游堤防压力和洪水危害，干旱时还可蓄水灌溉农田。

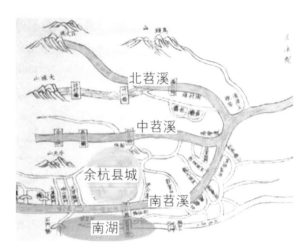

南湖与山水关系示意图（原载于郭烽等：《文化景观视角下余杭南湖古湖泊的营建智慧》，《山西建筑》2021年9月）

陈公创筑南湖之图（原载于《余杭南湖图考》）

余杭位于东苕溪上游地区，上承天目山系诸水，下贯杭嘉湖三地。溪水流至余杭扇形地，襟带山川，地势平坦，易成洪涝，所以余杭"堤防之设，比他邑尤为重要。余杭之人视水如寇盗，堤防如城廓"[1]。东汉熹平二年（173），县令陈浑为分苕溪洪水，纍输4万金，兼人工以10万计，开辟南湖。利用县南凤凰山麓一片开阔地（洪泛区），自西至东折而南，直抵下凤山脚，修筑弧形长堤一道，围成一个蓄水陂湖，以拦蓄苕溪洪水，湖的西南界是山麓，北界和东界为湖堤，地势西南高于东北，故于湖中筑一隔堤，将全湖分作两部分，西为上湖，东为下湖，总称南湖。南宋《咸淳临安志》载："上湖周长三十二里二十八步，下湖周长三十四里一百八十一步。"两湖东界为八角亭、白泥山，西界为洞霄宫，北界为石门塘，面积1.37万亩（913.33公顷）。洪水入龙舌嘴出石门桥，以潴于湖，使其暂时得以留蓄，减其锐势，而不至于泛滥成灾。下游田禾既无淹没之灾，兼资灌溉之利。陈浑担心洪水从石门溢进南湖，又在南下湖之南，自东岳庙至观音阁设五亩塍，总长495尺（165米），高5尺（1.6米）。"五亩塍"实际上是一座溢洪滚坝。坝分为高低两级，北宋成无玷《南湖水利记》中记载，"湖水过五尺，则盘塍北空处以流（即从五尺坝处溢流）；过六尺，则盘塍以流。水之流塍不止五尺，溪流平，则五尺之水复自石门函还纳于溪"。修建成高低两级的溢洪坝，这也是南湖工程的一项特色，这种形式的溢洪坝抬高了水库的调洪能力，且"湖水盘塍者势缓，不为东乡及南渠河病"。过堰的单宽流量相对较小，对下游冲刷减弱。五亩塍还具有自动调节湖中水量的作用，水流塍下达五尺高时，水反从石门函回纳于苕溪。五亩塍建成后，水得以盘塍笔直而下，由石栀桥过安乐，以归南渠河。滚坝遗址今尚存，仍在发挥作用。

以上史实史籍上均有记载。清嘉庆《余杭县志》卷十一《水利》中记载："后汉熹平二年，县令陈浑修堤防开湖灌溉。县境公私田一千余顷，所利七千余户。湖东南岳庙之侧有石栀桥、五亩塍，二处皆汉陈浑遗迹。南渠河上有东郭堰，陈浑置。"民国《浙江通志稿》"南湖"条载："南苕溪又东北流，全入余杭县境。南受线潭之水，北有舟枕山之水来注之（县志舟枕山名舟航山，夏禹治水维舟于此，县之名由山起，东坡诗所谓'看山识禹功'

---

〔1〕（宋）成无玷：《南湖水利记》，嘉庆《余杭县志》卷十《山水四·水》，浙江古籍出版社，2014年（据清嘉庆年间刊本）影印本。

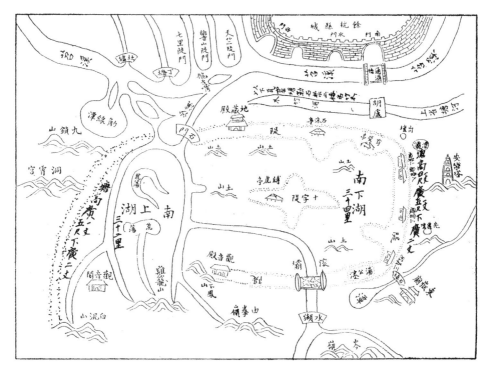

东汉时期南湖示意图（原载于《余杭通志》2013年版）

者是也）。又东流，南受南湖之水。南湖在县城西南二里，纳苍步岭、石盂岭等处之水。汉灵帝时县令陈浑所开。昔时甚大，今已甚小，湖内土山有八。水盛涨则泛滥，水涸则归沟。湖形北广南狭，西广东狭。四周有堤，约周十里。中有十字堤，西广三里强，南广袤二里。西北出口过石门桥，会南苕。"

南湖修成后，苕溪洪流便可从西北石门桥导流入湖，浩浩荡荡汇成大片水域，最后从湖东南滚坝流出，从而分杀南苕溪上游水势，按季节调节水流。山洪暴发时可储蓄上游来水，削减洪峰，干旱时则可提供水源。湖中蓄水先导入干渠再分流农田，因而可以不过分提高湖堤而增加蓄水量，并使湖堤更有安全保障。南湖的修成，缓解了东苕溪下游的洪水威胁，并为湖下千余顷农田解决灌溉用水。

余杭南湖是太湖流域最古老的水利工程之一。开辟南湖作为余杭水利系统的一个重要节点，是古代人民满足农业灌溉而实践积累下来的生产智慧。南北朝《舆地志》与南宋所著的《咸淳临安志》中均对创湖初期南湖的灌溉能力有所记载："开湖灌溉县境公私田一千余顷，所利七千余。"南湖的修筑既减缓了雨季的洪涝灾害，又能在旱季持续不断地为农田提供灌溉水源，使得南湖周边的乡野"既无淹没之灾，兼资灌溉之利"，极大程度上体现了古代人民在传统湖泊营建上的生产智慧。南湖的修筑也使东苕溪流域成为区域农业生产的中心，越来越多的乡民来此开垦农田，精耕细作，衍生出稻业、渔业、手工业、林业、丝绸业、畜牧业等与农业相关的产业。南湖周边也逐渐成为整个余杭地区相当富庶的农业生产聚集地。

自汉以后，历代有作为的余杭县令均重视南湖治理，不敢有半点疏忽。

（二）筑塘建闸

南湖修成后，紧接着的是东苕溪围圩为堤，据说，这项工程始于大禹治水时期，陈善《南湖考》里有"大禹筑塘，名西海险塘"之句，说它的险要等同于海塘。但有文献记载的修塘工程则发生在与南湖同时开挖的东汉熹平二年（173），以后又经历朝历代的挑土填石，修缮加固。这条堤塘就是大名鼎鼎的西险大塘。

《杭县志稿》之《水利》载，西险大塘"自余杭石门桥起，至化湾塘入县境，东至奉口陡门。沿西为武康县境，北至劳家陡门入德清县境之统称"。现在的西险大塘自石门桥起，经余杭、瓶窑、良渚、仁和至湖州德清大闸，全长44.94千米，其中余杭境内长38.98千米。但陈浑当时所修的，可能主要还是傍靠南湖和县城这一段。郦道元《水经注》记载："浙江东径余杭故县南，新县北汉末陈浑移筑南城，县后溪南大塘即浑立以防水也。"

西险大塘之险要利害可等同于钱塘江海塘。旧志多有记载：西险大塘"汇万山之水于一溪，下关杭嘉湖三郡田庐性命"[1]，"三水既合，势益奔涌，直流暴涨，不能遽泄则泛滥为害"[2]"流尸散入旁邑，多稼化为腐草"[3]。正如宋代余杭县丞成无玷总结的那样：苕溪水发源于天目山，经过两个郡六个县，注入太湖。水流经天目山时，山谷狭隘，地势高峻。经三个

---

〔1〕（清）张吉安、朱文藻纂修：嘉庆《余杭县志》卷十《山水》，浙江古籍出版社，2014年（据清嘉庆年间刊本）影印本。

〔2〕（清）张吉安、朱文藻纂修：嘉庆《余杭县志》卷十一《水利》，浙江古籍出版社，2014年（据清嘉庆年间刊本）影印本。

〔3〕（宋）徐安国：《重修余杭塘记》，康熙《余杭县志》卷一《舆地志·水利》。

县后，向下奔流的河水气势奔放，不可阻挡。水流经过余杭县，时而山川环绕、地势险要，时而地势平坦。苕溪水时而横冲直撞，水势汹涌，然而随着地势逐渐平坦，水势也逐渐平缓，大水很快弥漫。大水带来的祸患虽能很快解除，但仍难以预测，因而修建堤防设施是最重要的。

修建大塘与修建坝、闸、陡门是同时进行的，清嘉庆《余杭县志》上说："御水之法，曰坝、曰堰、曰陡门、曰筅、曰塘。余邑苕溪之水，建瓴而下，无以蓄之则易涸，无以泄之则易涨。涸与涨，皆足为民害。防其害，则不言利而利自见。"陈浑当时沿东苕溪南岸筑塘，设陡门、堰坝10余处。在县东10里建高2.2丈、宽1.5丈的西函陡门，在南渠河置东郭堰、千秋堰。

西函陡门是较早见诸记载的东苕溪水闸。东郭堰在溪南旧县之东，南渠河上，后来此地被人叫作"堰下"。千秋堰在县东南二里南渠河上。南渠河亦为陈浑所筑，是分流南苕溪和南湖水的人工河道。南渠河流经县治，上接木竹河余杭闸，下连余杭塘河，长2.21千米，与南苕溪并行东流。旧时南湖水出滚坝后，经凤凰山下方家坝北流，至舒桥分流。一经狮子山南宝轮桥，沿安乐山北麓流入南渠河；另一经尹家坝，在坝潭入南渠河。为使南渠河不干涸，陈浑修筑了东廓堰和千秋堰，引南苕溪水入南渠河，利于灌溉农田。南苕溪涨水时，便漫过千秋堰泄入南渠河。据嘉庆《余杭县志》记载："（千秋堰）汉熹平间置以其屡兴屡毁，欲其悠久，故号千秋堰，亦号新堰陡门。"可见千秋堰也曾是一项千年工程。千秋堰是南渠河的辅助水利设施，类似滚坝，筑千秋堰可使余杭县东南诸乡及钱塘县钦贤、履泰等乡（今余杭区五常、西湖区留下等区域）免受旱灾。陈浑开湖筑塘，使苕溪"下游田禾既无淹没之灾，兼资灌溉之利"，县人称之为"百世不易、泽垂永远"[1]。清康熙《余杭县志》之《舆地志》记载："后汉熹平二年，县令陈浑修堤防，开湖灌溉县境公私田一千余顷，所利七千余户。"后人为纪念陈浑，在南湖塘建陈明府祠（俗名天曹庙），五代后唐时，陈浑被追封为王，县人又在镇东建太平灵卫王庙以祀。

正是有了西险大塘，大塘以东的杭州城区才从被洪水冲刷得支离破碎中

---

〔1〕　（清）张思齐纂修：康熙《余杭县志》卷四《官师志·名宦》，曹中孚、徐吉军点校，西泠印社出版社，2010年。

解脱出来，慢慢有人居住耕作，人口逐渐稠密起来，形成了杭州这座城市。所以说，没有西险大塘，就没有杭州，它是杭州的第一条生命线。

东汉时期的余杭水利工程，除了县令陈浑发民10万人修筑的南湖，还有一处不为人知的查湖。南宋咸淳《临安志》卷三十八载："查湖塘，高一丈，广二丈，在县北三十五里。其源出诸山，即后汉南阳太守摇泰所封之湖，溉田甚广，湖侧亭址尚存。"清嘉庆《余杭县志》也有同样的记载。《大明一统志》《大清一统志》中"北湖"条下均有附记。另据杭州市档案馆编《杭州古旧地图集》之《余杭县图》，瓶窑镇西北亦标有"查湖"一名。南阳太守摇泰则未见相关记载，恐为余杭人而官南阳者。据当地学者张宏明考证，今"渣湖"，就是志书上的"查湖"，实为"雪湖"［见明朝万历七年（1579）的《杭州府志》附图］，范围包括以渣河墩、大舍、苏家头为中心的一大片区域，即小古城遗址、水磨里以东，陶村桥以北，石濑以西、以南，再往东即今北湖草荡，当然也包括了现在的北苕溪一段，总面积5500亩至6000亩，略等于现在的北湖大小。瓶窑镇石濑有摇相公庙。清嘉庆《余杭县志》上说："摇相公庙在县东北三十五里石濑镇。明洪武三年重建。自宋迄今，居民奉之为本境土神。摇相公，未详何人，疑即后汉摇泰。"直到清代时仍有关于查湖的记载，且堤塘一直在维修。

二、浚湖与开湖——归珧誓死筑湖

汉朝以后，江南地区进入了六朝时期，全国经济中心开始南移，南方经济得到了发展，稻作农业依然非常发达。可以设想，这一时期苕溪的治理肯定在同步进行中，因为要发展农业，必须依托水利。但这一时期，地方志上有关治理苕溪的记载比较少。其间，值得一提的是南朝宋余杭县令刘道锡主持修复南湖堤塘一事。

"宋文帝元嘉十三年，余杭县高堤崩，洪流迅激，势不可量。余杭县刘道锡，躬先吏民，亲执版筑，塘既屹立，县始获全。"[1]说的是南朝宋元嘉十三年（436），洪水冲坏南湖堤，当时的余杭县令刘道锡主持修复。刘道

---

〔1〕（清）张吉安、朱文藻纂修：嘉庆《余杭县志》卷三十七《祥异》，浙江古籍出版社，2014年（据清嘉庆年间刊本）影印本。

锡（？—450），南朝宋彭城吕人。文帝时曾任余杭县令，有美政。当时宋文帝派扬州治中从事史沈演之到地方巡查，沈演之表荐余杭县令刘道锡及钱塘县令刘道真，文帝嘉奖了他们，各赐谷千石。在沈演之的奏疏中，尤其称刘道锡能"率先吏民，筑塘捍水，著异绩云"。后来余杭人建名宦祠，将刘道锡同陈浑、归珧、杨时等人一同祭祀。余杭人对于治水有功的地方官员总是心怀敬意和感激之情。

当历史的车轮进入唐朝，苕溪治理的重头戏又上演了。这就有了唐朝余杭县令归珧誓死筑湖的悲壮故事。

（一）疏浚南湖

唐宝历元年（825），归珧出任余杭县令。当时南湖年久失修，以致湖面淤塞，堤坝破损，洪灾又屡屡危害黎民百姓。归珧亲自勘察，率民工数万，日夜不息，疏浚上、下南湖。"因其旧，增修南上、下两湖，溉田千余顷，民以富实。"[1]他循陈浑所建旧迹，浚湖修堤，恢复蓄泄之利。南湖的开辟不仅可以保全周边各乡农田免遭淹没，更为重要的是可以保障下游杭嘉湖地区的安全。正如清康熙《余杭县志》所载："余水自天目，万山涨暴，而悍籍南湖，以为潴泄。修筑得宜，不独全邑倚命，三吴实嘉赖之。"[2]

（二）新辟北湖

北湖位于余杭瓶窑镇西南，中苕溪左岸，介于中、北苕溪之间，原为一片草荡，古称天荒荡，今称北湖草荡，俗称仇山草荡。余杭县令归珧鉴于三苕之水流湍急，坚持创议开湖储水。湖在县北五里，周六十里，塘高一丈，广二丈五尺，引苕溪诸水，以灌民田，面积远超南湖，以分泄中、北苕溪洪水。北湖可灌民田千余顷，其源出诸山，因湖在县北，故名北湖。

邹干《惠泽祠碑记》载："昔洪水冲决堤岸，功用弗成。公与神誓，'民遭此水溺，不能拯救，是某不职也。神矜于民，亦何忍视其灾！'堤由是筑就。

〔1〕　（清）张思齐等纂修：康熙《余杭县志》卷四《官师志·名宦》，曹中孚、徐吉军点校，西泠印社出版社，2010年。

〔2〕　（清）张思齐等纂修：康熙《余杭县志》卷一《舆地志·水利》，曹中孚、徐吉军点校，西泠印社出版社，2010年。

至今，人名之曰'归长官塘'。"[1]说的是归珧在修筑溪塘时，洪水屡次冲垮堤坝，大功难成。归珧向神灵起誓：百姓遭受洪水之苦，而我又不能拯救他们，是我这个县令不称职。神灵请您同情、怜悯天下小民，怎么能忍视百姓受灾受难呢！堤坝终于修筑成功。清嘉庆《余杭县志》上记载："分洪、灌溉两利，湖成而身卒，后人称归令誓死筑湖。"可能在辟湖的过程中，归县令身心疲惫，积劳成疾，不幸去世。人们为了纪念归珧，就把这条堤坝称为"归长官塘"。后来还在南湖塘建归府君庙来祭祀他。余杭民间还相传归珧的夫人、女儿都被大水淹死，在余杭还有圣夫人庙和女儿桥，据传是为纪念归珧的夫人和女儿所建。据明万历《余杭县志》记载，圣夫人庙"在县东二里山西园。相传唐县令归珧夫人，与珧俱死水难，独夫人尸流至此，有显异，立庙祀之"。不过，据明代陈善考证，归珧誓死筑塘当为事实，但其夫人、女儿死难之说，为后人讹传。

经过晚唐宝历年间余杭县令归珧的治水努力，疏浚南湖，新辟北湖和整修东苕溪堤，从而初步形成了"上蓄、中分、下泄"的拦、滞、御、导洪水调节机制。

（三）修筑甬道

晚唐时余杭县官道当以水路为主，但陆路交通也开始得到了整修。归珧在修浚南湖和北湖的同时，也开始了甬道的修筑。修筑余杭甬道最早的记载为《新唐书·地理志》："北三里有北湖，亦珧所开，溉田千余顷。珧又筑甬道，通西北大路，行旅无山水之患。"

当时县城西北一带道路崎岖，坑洼不平，天一下雨，山水骤至，常淹害行旅。归珧取开湖之土，修筑甬道，直通西北大路，自此行旅无山水之患。这条甬道，后来成为北驿道的一部分，北驿道从余杭城北出发，过莲花桥（建于东汉）、沿二里亭、三里铺（石凉亭）、过苎山桥（建于元代）、新岭亭至邵墓铺、麻车铺、招兜铺、古城铺、独松关入安吉县境内的孝丰驿道，然后可达安徽宣城和江苏南京，全程百余里。

---

〔1〕（清）张吉安、朱文藻纂修：嘉庆《余杭县志》卷六《坛庙》，浙江古籍出版社，2014年（据清嘉庆年间刊本）影印本。

三、千秋堰与乌龙笕——钱镠治水

五代十国时，吴越国国王钱镠十分重视浙西水利建设。他曾设置都水营田使主持水利，并招募士卒治水营田，称"撩浅军"，主要从事太湖流域和杭州西湖的水利工作。修复千秋堰和修筑乌龙笕是钱镠在治理南湖时留下的两大政绩。

钱镠像

清嘉庆《余杭县志》卷十一《水利》载："千秋堰，在县东南二里，汉熹平间置，唐会昌五年坍坏，钱武肃王复置。"千秋堰为东汉陈浑所筑，但在中唐时坍塌毁损过，到五代时吴越国王钱镠又重新修复。北宋末政和年间，千秋堰因陡门涨沙而填土塞堰。1959年治理南渠河时在通济桥西400米处建幸福闸，引溪水经木竹河下游旧道入南渠河，至此千秋堰旧河道淤为平地，发展为千秋街。

钱镠一贯重视水利，还在南苕溪凤仪塘东筑乌龙笕（今作乌龙涧），引溪水入南渠河。《杭县志稿》卷九《水利》载："乌龙笕承千秋堰之水，南灌安乐直至钱塘。乃钱武肃王所置，最为冲要。是笕法创于唐，至吴越而设置尤备。""笕"的制造之法始创于唐代，到五代吴越国时更为完善。"笕"本意指引水的长竹管。以笕引水在古代应用颇为常见，唐代杭州刺史李泌开凿六井也用到笕。不过后代的水笕很可能是石笕，并非竹管引水。由于乌龙笕在地理、技术上的重要性和优势，在水利上颇具作用，因此历代续有修复。余杭县治位置的屡次变化也与水利治理大有关系。东汉熹平元年（172），南湖水溢，陈浑将县治由南苕溪南移至溪北。五代时南苕溪洪水又殃及溪北，钱镠再将余杭县城迁回溪南，到北宋初雍熙二年（985）再迁至溪北，至此，溪北为城、溪南为市的格局最终定型。

第三节　宋元时期

北宋建立后，设两浙路（浙东路、浙西路），苕溪流域的杭、嘉、湖地区属浙西路，朝廷设提举常平司，掌河渡水利之法令。北宋端拱二年（989），江南水利由两浙转运使分管。宋代地方政府在南湖建立严格的管理制度，将县令、主簿等地方官员的任内政绩与南湖水利挂钩，规定"县令主簿以管干塘岸入衔，任满无损者有赏，故随时修筑"[1]。并设置塘长，专职管理工程养护，但北宋庆历以后，养护管理制度松弛。

宋室南渡后，以临安府为行在，杭州成为国都。余杭成为京畿之地，钱塘县与仁和县并升为一等县赤县，余杭县升为二等县畿县。赤、畿县不仅在政治上有重要地位，而且在经济上也是相当发达的。余杭作为畿辅之地的地位正式确立。况且东苕溪上游的水利建设关系到国都的安危，政府对南湖、西险大塘等治理程度的重视也大大加强了，将治水成绩纳入官员的考核之中，身处天子脚下的州县官员对治水自然不敢轻慢。

水利建设为公共事业，须有足够的财力、物力、人力才能进行。历代对兴修水利的劳力征调和经费筹措都有不同的规定。余杭建县后，兴修水利主要靠强徭役征。宋代采用雇募方式，范仲淹所称"日食五升，召民为役而赈济"是最早的"以工代赈"。在重要水利工程出险时也有动用兵士抢修的情况。历代水利经费有政府出资、私人募捐、大户出钱、按田摊派等办法。宋代以前，凡较大的水利工程均由中央和地方政府动用国库出资。宋代以后大部分农田为地主所有，除大型工程仍由国家出资外，一般工程都由土地所有者出资，国家适当补助。宋元时期，苕溪治理的重点仍在南湖和西险大塘。

---

〔1〕　（清）张思齐纂修：康熙《余杭县志》卷一《舆地志·水利》，曹中孚、徐吉军点校，西泠印社出版社，2010年。

一、对南湖的整修

宋元时期，历代余杭县令，皆重视南湖治理，视疏浚南湖为地方事务之急要，不敢有所疏忽。据历史文献记载，南湖建成后规模较大的疏浚就有10余次。陈浑、归珧以后，宋代的章得一、李元弼、杨时、江袤、周童，元代常野先等均疏浚南湖，修筑南湖堤塘，有功于苕溪沿岸百姓。

（一）李元弼筑增堤岸

北宋景德四年（1007），余杭县令章得一复置千秋堰于县东南，亦号新堰斗门。此处原本有旧堰，为东汉陈浑所置。唐会昌二年（842）废。吴越王钱镠复置，北宋咸平年间又废。

北宋熙宁年间，南湖因受大水冲激，堤岸渐低。

北宋绍圣元年（1094），李元弼[1]任余杭县令。李元弼访问民间，地方耆老反映："往昔湖深水低，则引两湖之水，出此入安乐乡，其塍上下，各阔丈余。后湖堙塞，钦德、招德二乡之民，侵湖成田，梅月连雨，必苦大浸。欲其快于流泄，于是毁塍与桥而弗修。"[2]针对现状，李元弼带领百姓，用土石将南湖堤岸增高1米。同时派捍江兵士及濠寨官看管，一旦堤岸出现漏洞，即"以藁为箔捍护"。

南湖建成后，除了梅雨期用于泄洪，其余时间大多空置，这样很容易致使地方百姓占湖为田，如果地方官制止不力，很容易变本加厉，而且占湖的往往是地方豪强势力，地方官处置起来难度很大。久而久之，南湖被不断侵占，湖面缩小，淤塞严重，其蓄水功能受到严重影响。从史书记载上看，李元弼没有采取疏浚和退田为湖的措施，而是采取加高南湖塘的办法，来扩大蓄水量。这样做，虽能够在短期内解决问题，但是没有彻底解决占湖为田问题，南湖治理上的隐患依然存在。

---

〔1〕 清康熙《余杭县志》"南下湖"条下云："绍兴中，县令李元弼率民筑增三尺。"《官师志》又载："李元弼绍圣元年任。"似为矛盾。嘉庆《余杭县志》已发现这个问题，考《府志》《咸淳志》，绍兴年间县令为李之弼，并非李元弼。清康熙《余杭县志》很可能将李之弼误为李元弼。故笔者倾向于认为李元弼当为绍圣年间余杭县令。

〔2〕 （清）张思齐纂修：康熙《余杭县志》卷一《舆地志·水利》，曹中孚、徐吉军点校，西泠印社出版社，2010年。

（二）杨时捍卫南湖

　　杨时（1053—1135），字中立，号龟山，北宋南剑州将乐县（今福建三明市）人。杨时少年时，聪颖好学，善诗文，人称"神童"。十五岁时攻读经史，北宋熙宁九年（1076）进士及第，次年被授予汀州司户参军。他以病为由没有赴任，专心研究理学，著《列子解》。北宋元丰四年（1081），杨时被授予徐州司法，开始进入亦政亦学的生涯。北宋崇宁五年（1106），杨时奉敕差充对读官（科考校对官），转授浙江余杭县知县。在任期间，他"政先教化，爱民如子"[1]。当时权相蔡京以"便民"为借口，实际上是听信风水先生的话，准备引水入南湖，为其母墓地添景。杨时征询当地父老意见，皆言不可。"盖南湖承天目万壑之流，必平时空虚，然后暴雨洪水骤至能受也。若先潴水，则湖之量已满足矣，一遇急流，势无所容，必泛滥为邑患，此其地形利害，不难知也。"[2]因为南湖承接天目山万壑之流，平时必须放空水，然后暴雨洪水骤至才能容纳。若先蓄水，则湖之量已满，一遇急流，势无所容，必泛滥成灾，危害县邑百姓。当时杨时为民请命，力谏蔡京此举不可。当时人都认为蔡京权势熏天，杨时此举万难有效，而且很容易得罪权贵，影响个人仕途。但杨时不畏强权，以民为重，竭力劝阻，迫使蔡京停止该举动。

杨时像

　　历来对这件事有不同的说法，明代陈善认为，杨时所阻的并非蔡京葬母，而是蔡京拟将南湖田亩租给佃户收取租税之议，此事已无从考证。但杨时竭力保全了南湖，则是公认的史实。

　　面对权势和民意，杨时选择了民意。

〔1〕（明）戴日强纂修：万历《余杭县志》卷四《官师志·名宦》，浙江古籍出版社，2016年（据明万历年间刻本）影印本。

〔2〕（清）张吉安、朱文藻纂修：嘉庆《余杭县志》卷二十一《名宦传》，浙江古籍出版社，2014年（据清嘉庆年间刊本）影印本。

表面上看，这是县令杨时和权贵蔡京之间的较量，其实是杨时自己内心的抉择，是选择民众利益还是个人利益。作为理学家和"道南一脉"的创始人和主要代表人物，他的选择是理学精神的一次彰显。

旧志屡次记载"陈浑筑湖，杨时卫之"。余杭县民世代相传，南湖开于陈浑，恢复于归珧，保全于杨时，将他们并称为"南湖三贤"。后来杨时去官离开余杭县，余杭老百姓怀念杨时的恩惠，更仰慕杨时为政教化的嘉言懿行，就在余杭县城外南湖堤的东南隅，建造了一所书院，命之龟山书院，给杨时塑像祭祀。

（三）江袠对南湖的整治

北宋末，苕溪流域"溪湖皆高，堤堰俱圮"，南湖内淤滩多为豪强侵垦成田，蓄水减少，调蓄功能大大削弱。

北宋政和年间，县令孙延寿以新堰斗门涨沙，易冲决，筑土以塞之。新堰斗门即千秋堰。千秋堰自此废塞。到了北宋宣和年间，余杭知县江袠对南湖做了一次较大规模的整治。北宋宣和四年（1122），江袠出任余杭知县。他亲自踏勘，了解水利状况，组织百姓恢复南湖原貌。

史载江袠"遍诹耆旧，得溪湖利病甚详"，他考察了解水利详情，广泛咨询德高年劭的父老乡亲，详细了解苕溪和南湖存在的水利问题，他还向百姓征求修治溪湖的方法。江袠决心对南湖加以修复，当年冬天，工程开始动工。这一次的修复工程主要从三个方面展开。

首先是修筑西函陡门。西函陡门堵塞已久，造成"十岁九潦，民日益困，土脉沮洳，殆成弃地"[1]，修西函陡门时，正是冬季严寒季节，江袠"践履泥途，临视指顾，早暮不懈，忘疲与瘖"[2]，也就是说江袠每天都踏着泥泞的道路，奔波在工地上，察看、指挥工程进展。"民知其为吾劳也，亦忘其劳"，民工们看到县令的操劳是为了老百姓能够过上好日子，因而他们非常卖力地工作，忘记了疲劳，热情空前高涨。有一天，大雪纷飞，江袠对老百姓说，天寒地冻，大雪纷纷，你们休息几天，等大雪过后天气放晴了再来劳动。民工们没有一个人离开工地，仍然冒着大雪苦战在工地

---

〔1〕　（宋）成无玷：《水利记》，嘉庆《余杭县志》卷十《山水四·水》。
〔2〕　（宋）成无玷：《水利记》，嘉庆《余杭县志》卷十《山水四·水》。

之上。经过连续奋战，第二年三月工程按期完工。史载西函陡门"其高七仞，其袤一百三十丈，两崖横截，其中闭处少狭。从狭度截，相去寻有半加肤寸焉，故石之工九百九十，役庸万有六千三百，用缗钱四十三万，皆函下之氓，计亩乐输，不怼于素。函成，远迩纵观，愕然叹服。诸儒为文作诗以纪颂之"[1]。工程完工那一天，远远近近前来观看的人相拥如潮，人头攒动，没有一个不惊奇、佩服。

其次是修复五亩塍。五亩塍为汉时陈浑始修，到了北宋时，由于湖塞，不断加高堤坝，"若五亩塍者，他时盖为巨防，今不尽复，水无可趋，嗌中隔塘，且为城邑病"[2]。五亩塍的功用不再，且南湖已经成为县城的隐患。修复五亩塍，县志上记载比较简略，只说江衮"绍复前绩"，也就是恢复以前的功用，起到调节蓄泄的作用。成无玷在《五亩塍铭》中称赞五亩塍修复后"蓄泄得宜，高下成熟既坚既厚，旁郡蒙福"。

再次是整修沿湖堤岸。"当溪之冲者，曰紫阳滩、尹家塘。护郊之堤，曰中隔塘。次缘溪之岸，当西函之左右者，西逾明星溇，东接庙湾之塘。次上湖可泄者南渠河，受水处曰石棋桥。次缘溪之岸，当石门函之左，曰闲林塘。南岸皆全矣。凡北岸之塘，与南对修，由西门之外，曰五里塘。西山之横陇，当溪之冲者，曰龟边塘。及东郊之外，尽十四坝之防，一皆完治。于是决渠之岸，无偏强之患，曰下流远近，与钱塘接境之田，犬牙绮错，而塘在吾邑者，其庙湾曰许家坝，曰茭荡，曰塘口，曰蜃潭，曰化湾，与夫石濑曹桥之间，十余坝之岸，亦皆增葺。"[3]江衮对苕溪南北两岸的所有水利设施几乎都重修了一遍，一直修到钱塘县境内为止。

为保证修复工程的长期效用，江衮还恢复废除已久的塘长制度，制定五亩塍条令。"以绝盗决之弊，民之蒙惠无穷。"[4]

这次的修复事迹，由县丞成无玷作《水利记》记其事，又作《五亩塍铭》，刻于县城南凤凰山石。

〔1〕（宋）成无玷：《水利记》，嘉庆《余杭县志》卷十《山水四·水》。
〔2〕（宋）成无玷：《水利记》，嘉庆《余杭县志》卷十《山水四·水》。
〔3〕（宋）成无玷：《水利记》，嘉庆《余杭县志》卷十《山水四·水》。
〔4〕（明）刘伯缙等纂修：万历《杭州府志》卷四，明万历刻本。

（四）黄黻和周童恢复南湖旧堤

北宋时期，豪民占湖垦田现象一直得不到制止，碰到汛期，田淹、塍毁依旧发生。北宋宣和四年（1122）江袤重修以后，又过去了70余年，到了南宋绍熙年间，南湖水利之弊渐显，据徐安国之《记》记载："岁久，水势冲激，其塘岸低颓，湖坑之类皆有其名。今俱堙塞，隐然而见者什一而已。曰坑、曰港，不复可辨。故老云：或遇淫雨，湖水泛溢，遂由五亩塍溢入安乐乡，不可尽御。欲免水患，惟浚湖而已。"[1] 南宋绍熙五年（1194），全国性的水灾频发。北方黄河再次决口，向东北由济水入渤海，向东南由汴水、泗水、淮河入黄海。南方苕溪流域"霖潦不止，洪发天目诸山，倏忽水高二丈许，冲决塘岸百余所，漂没室屋千五百余家，流尸散入旁邑，多稼化为腐草"[2]。这次洪灾造成大塘决堤，冲毁房屋1500多间，朝廷派负责漕运的侍御黄黻到余杭赈灾。黄黻看到湖塘之废，重新成为三州六邑之害，决心加以修复。他请求朝廷修浚南湖。在朝廷同意后，他立即招募饥民修筑南湖，"取弃地于马监，发陈粟于丰储，出钱币于漕库，关器用于殿司，揆时庀徒，悉募饥民，羸者以畚，壮者以筑，日役数千人，所活甚众"[3]。黄黻采取的是以工代赈的方法，这项工作也得到了当时余杭县令周童的大力配合，两人通力合作，招募饥民数千人修筑南湖堤塘。"填筑败岸，帮广旧堤，列木以捍基，编竹以管土。增高既隆于旧，横敞复袤于前。环视上下，两湖数十里间，如连冈之隐起，坚壁之横亘。"[4]

这一次的南湖堤塘修复工程历时1年多，恢复并增宽了南湖旧堤。共用工204224工日，钱28292缗，米6616石，至南宋庆元二年（1196）初竣工。

但南湖时通时塞已成为常态。南宋末，南湖又复淤塞，《咸淳临安志》称："湖湮塞，今存无几矣。"

（五）常野先增筑南湖塘

元代，设置浙西都水庸田司，主持农田水利，但时立时废。元至正十三

---

〔1〕（宋）徐安国：《记》，康熙《余杭县志》卷一《舆地志·水利》。

〔2〕（宋）徐安国：《记》，康熙《余杭县志》卷一《舆地志·水利》。

〔3〕（宋）徐安国：《记》，康熙《余杭县志》卷一《舆地志·水利》。

〔4〕（宋）徐安国：《记》，康熙《余杭县志》卷一《舆地志·水利》。

年（1353），余杭尹常野先增筑南湖塘，又增筑县西官塘十八里。县志上未记载修筑详情。明代人修县志时，还说"迄今免水溢之患，民怀其惠"[1]。可见常野先那次增筑南湖塘和官塘，其效果还是比较持久的。

二、对西险大塘的整修

（一）张籍建龙光陡门

南宋初绍兴二年（1132）左从事郎、余杭县丞章籍在县东建龙光陡门。"陡门"是古代江南水乡常见的一种圩区水利设施，通常用上等石料建造，具有堰闸、桥涵等功能。据清嘉庆《余杭县志》记载，"龙光陡门在县东二里，招德乡西北隅"，从地理位置上判断，龙光陡门可能在今苕溪乌龙濑段位置。其功能主要是防洪和灌溉，明代人徐沛在《天竺陡门碑记》中曾记载："余杭古泽国也，邑西数里许，有曰天竺堰陡门，不知创于何代，今废，旧石有题，要之创于宋以前者。引苕溪水入泾子河，抵莲花桥，东流与龙光陡门合，灌溉千亩，膏泽万家，为余一大荣卫。"可见，龙光陡门是当时余杭人引以为傲的一项工程。闸门建成以后，专设闸夫一名，官给工食，明清延续。

（二）兴建"十塘五闸"

南宋建炎三年（1129），杭州改称临安府，南宋绍兴八年（1138）为"行在所"。吴自牧在《梦粱录》卷十二《西湖》中，描写当时的杭州十分繁华，"辇毂驻跸，衣冠纷集，民物阜蕃，尤非昔比"。杭州是自吴越国以来的"东南第一州"，一跃成为全国政治、经济、文化中心。其时，北方农民纷纷迁往江南，从事土地开垦，南方耕地面积日渐增多。为发展农耕，朝廷又修治了许多堰闸沟渠。余杭、钱塘境内的西险大塘为杭城屏障，朝廷自然不敢轻视，其中较大的动作是在西险大塘上兴建"十塘五闸"。

南宋淳熙六年（1179），钱塘县开始沿东苕溪分段筑塘，间以陡门，当时有所谓"十塘五闸"之称。十塘是黄鄱塘、烂泥湾塘、化湾塘、羊山塘、压沙塘、上林陵塘、中林陵塘、下林陵塘、唐家渡塘、大云寺湾塘。十

---

[1]　（明）戴日强纂修：万历《余杭县志》卷四《官世志》，浙江古籍出版社，2016年（据明万历年间刻本）影印本。

塘现总长约17.5千米。五闸为化湾闸、甬窦湾闸、安溪闸、乌麻涧闸、奉口
陡门闸，均为八字型条石干砌闸门，方木闸板。

这些塘、闸，有些名称沿用至今，其位置基本在今余杭区瓶窑镇、良渚
街道境内，当时属于钱塘县。这些塘、闸至今仍在发挥作用。

大灾之际，塘、闸的重要性得到有力的彰显，成了整个地域社会注意力
的集中所在，但这些塘、闸屡遭洪水冲击，容易毁损，需要经常性地加以
维修。

宋元以来，对北湖的治理未能像南湖一样受到官府重视，由于长时间未
加清理，淤积情形甚于南湖。

第四节　明代

明代苕溪流域的水利基本以县衙为主导，以知县为中心而展开。对地方官府而言，水利工作是一种政治责任，稍具规模的水利工程，必须由官府出面组织谋划。整个明代，由溪、湖、塘、闸构成的东苕溪流域水利系统及其重建情况，可以很好地呈现出地方与国家、公与私、官与民、区域与整体之间的关系，以及各方利益的平衡状态。其中，官府的控制与调配仍具有关键意义。但明代中前期，对南湖的治理却一直久无良策，致使地方豪强侵占南湖湖面垦殖的现象愈演愈烈，南湖一度湮塞与萎缩，失去了应有的泄洪能力，终于导致明万历三十六年（1608）大水灾的发生，给余杭县、钱塘县造成了巨大的损失。水灾的发生既有天灾因素，又有人祸原因，其中南湖蓄水泄洪功能的丧失是其重要原因。钱塘县令聂心汤为疏浚南湖，提出著名的《浚湖六议》，此论成为后世治湖的指导思想。余杭县令戴日强治理南湖，打击奸豪，厘清旧疆，疏通淤塞，历时3年终于告成，用实践践行了聂心汤的治湖理论。两位县令因其治水功绩而名留史册。

一、明代苕溪流域的治水管理

明代，由省按察副使或佥事兼管提学、兵备、巡海、屯田、水利、治河、驿传各专事。州、县两级除知州（府）、知县兼管水利外，有时州（府）也设水利通判、海防同知，县也由县丞管水利。明代后期，地方由按察使司的副使掌水利。

有关治水的政策法令历代都有明确规定，苕溪等水利设施历代有专门机构管理。自明代起由县管理，遇重大工程朝廷派员督办。如明成化年间土豪徐杲围占南湖，被巡抚吕钟解京问罪。明代在苕溪流域兴修的水利工程超过此前所有朝代，水利施行工役征派，根据里甲所编户民按当地当年工程所需劳力，轮流出工。

对浙西广布低山丘陵的社会来说，御水之法落实到具体工程上，就是坝、堰、陡门、笕或塘这样的设施，已经形成了一整套应对或调控机制。水利工作对地方官府而言是一种政治责任，稍具规模的水利工程，必须由官府出面组织谋划。地方官府领导环境考察、水利规复以及民生救护等工作。苕溪流域的南湖、北湖、化湾闸、瓦窑塘等水利设施，在苕溪水利体系中处核心位置，多由官方主导维护，与乡间一般塘、闸的地位有很大的不同。

明代聂心汤《浚湖六议》中提到历年疏浚南湖都是一个巨大的工程，需要大量的人力配备和完备的管理智慧来保证浚湖工程的顺利进行，在南湖地区先人的不断探索中形成了以官员筹划委任，乡贤管理调度和百姓施工浚湖的三位一体管理智慧。附近地区的县令、水利官员负责制定浚湖工程的详细计划（包括钱粮的供应和浚湖日程安排），并委任各个乡里富有民望的乡贤来进行管理。乡贤则招募各个乡里的民工，负责监管民工的工作情况和落实政府官员的浚湖计划。在官员、乡贤、百姓三方相互协作下，当地人民遵循着这一套完备的浚湖管理方案，使得南湖历年疏浚工程都圆满地完成。

值得注意的是，在东苕溪流域关键地段的水利重建工作中，地方精英的支持力量显得比较微弱，可以为官府支配的社会力量，都是一般乡村中常见的诸生、地方"父老"、正副塘长、圩长、坝夫，以及所谓的"董事""产户"这样的普通士民，反而是那些在官府眼中的"豪猾""大猾""奸豪""豪民"与"奸民"，对于水利的阻碍与破坏，影响较巨。可以说，地方利益是分裂的。或许是地方水利与公共工程记录的缘故，有意突出了官府及知县的能动作用，毕竟水利工程的主持、协赞、稽覆、综理、分委等工作，皆由省府州县的官员承担。

明代对地方水利设施其实有一套管理制度，为晓喻百姓，往往刻石立碑，碑文作为一种约束或处置的法律依据，如为了防止侵占南湖水面，明嘉靖十八年（1539），"沿湖立碑，永禁侵占，所围土埂，一概铲平。又于湖之东北堤及五亩塍一带，立置石碑二座，上刻察院禁谕，永远不许侵占，敢有倚恃势豪，仍旧围田盖屋者，许诸人首告，照先年奏准事例，从重问治，立界遵行"[1]。当然，以这种方式考验地方政府的行政能力和社会的认同度，并不是都有效的。

地方政府能够做到的是对这些水利设施的日常维护，采用招募专人管理的方式，并由政府支出其费用，当然这个费用最终还是出在老百姓头上。明代对苕溪沿岸一些重要的堤塘、水坝、闸门设置圩长、坝夫、闸夫等进行日常维护工作。据戴日强《南湖说》记载："且其沿溪两岸，上自临安，下抵钱塘，延袤五十余里，鳞次二十四塘，中置灙洞、陡门以备蓄泄，每塘设圩长、坝夫、塘正副侦守，工食取给不赀，修塘买桩、取土运石，费用浩繁，锱铢悉取之民间。"明万历《余杭县志》上也记载："南湖坝夫一名，银二两，加闰。""闸夫一十七名，每名银三两，共银五十一两，加闰。"这十七名闸夫包括西函陡门二名，罗涨陡门四名，下陡门、黄家陡门、寺中陡门、班少陡门、顿村陡门、石濑陡门、郭家陡门、姚坝陡门、黄坝陡门、天竺陡门、龙光陡门各一名。

对于历来治水有功的官员，政府有意倡导对其功绩的颂扬，建庙立祠进行纪念，民间也自愿祭祀。如明成化年间在南湖塘东南隅书院废址，重建惠泽祠（即三贤祠），合祀陈浑、归珧、杨时。

二、明朝中前期苕溪治水实践

明初，社会经济处在恢复发展阶段，明政府对水利建设还是比较重视的，扩大苕溪的治理范围，除了南苕溪、东苕溪干流以外，对北苕溪、中苕溪及其他支流的治理也开始进行，主要是开挖河塘，以蓄水灌溉为主要功能。

明洪武二十八年（1395），工部差办事官王真到余杭县，开挑唐坞、古城等二十七处河塘潴水，内筑田圩共一百三十四所。明嘉靖《余杭县志》上记载这些河塘坐落在唐坞、古城、双清、井坞、费墅、龟边、全坞、丁墓、五里、上湖、苎山、沌湖、鹿景、亭子、仇山、插坝、陶村、姚湖、系湖、石濑、陈家、祥坝、黄湖、感塘、庄前、吴山、曹村、夹堰、前村等，均在三苕区域，有的已经在余杭西北山区，覆盖了全县。

---

[1] （明）陈幼学：《南湖考》，浙江古籍出版社，2016年影印本。

明永乐元年（1403），浙西大水，朝廷特差户部尚书夏原吉督治水患。次年又派通政使赵居宸至浙添设治农官开辟圩区。

明永乐二年（1404），户部尚书夏原吉、大理少卿袁复赴浙西治水，督修余杭至武康、德清的苕溪大塘，并增筑南湖塘使其阔厚，创筑庙湾、瓦窑塘，以防水患。瓦窑塘是东苕溪的重要堤塘，在日后的治洪中发挥了非常重要的作用。

明永乐三年（1405），苕溪洪水冲决化湾塘，闸圮，朝廷又遣户部尚书夏原吉、通政使赵岳到浙，督修3年方成。

明永乐五年（1407），再修南湖坝。

明正统十年（1445），化湾塘又坍，朝廷派遣工部侍郎周经到浙江主持修复，动支仓米3700石，南关厂木3000株，才修复如故。

明弘治年间，水利郎中臧某，临湖踏勘，将各围占湖田，每一亩升谷一石，地一亩升谷三斗，荡一亩升谷二斗，俱候秋成另仓收贮。要求将所筑围埂，亦尽掘毁，务令坦平，目的是让这些湖田蓄水再难耕种，好让占者自退，并非为了那些税粮。但实际上这是一大失策，既然允许所占湖田纳税，那不是变相承认那些非法占田的行为吗？因而豪民乘此占湖田获利，但实际上又抵制纳谷。对于官府来说，实在是得不偿失。

明正德十三年（1518）十二月，提督苏杭水利河道工部郎中朱衮，经行余杭县，得知南湖囊蓄天目万山水势，保障杭嘉湖三府安全，于是在余杭县城建立起临时机构，派人查追

陈善《南湖考》（原载于嘉庆《余杭县志》）

各占湖田稻谷，筑堤造闸，将南湖边上临时搭建的庄房和竹木尽行拆毁，疏浚湖道，并勒碑于三贤祠内。

叙述到此，我们发现一个现象，主持南湖治理的往往是那些朝廷下派来的官员，而本地父母官却很少有作为。那些下派来的官员一方面也不了解本地情况，另一方面也多属于临时性行为，很少有非常负责的，有的制定政策失误，有的治理力度不够，走走过场，没有起到多大效果。而本地县令，也没有一个是本地人（明代制度使然），他们来到余杭当官，待不了几年就要走，他们也不想去触碰那些盘根错节的地方豪强势力，再说，余杭这个地方的民风彪悍他们也是有所耳闻的。据笔者统计，明代276年历史中，在余杭县担任知县（县令）的就有81人之多。[1]平均每三年多就要换一任县令。很多人没有干满任期就罢官或离任而去。究其原因，主要在于当地的民风彪悍而且"善讼"，如果地方官有侵犯这些地方豪绅的利益，他们就千方百计地向上讼告。如当时余杭进士田汝成所谓："余，险邑也！俗枭而善讼，豪魁伺持长吏，长短一字为忤，即千方诬诋。故为邑长于斯者，往往以坐法去，即不坐法去，亦必抵狱。"[2]这造成很多地方官往往"听其貌法无忌，不究诘"[3]。

地方官的纵容又使得这些豪强更加横行不法，进而对南湖的侵占有增无减。所以明代中前期，政府虽然多次禁止围湖开垦，但地方豪强侵占南湖的事情还是时有发生，并且愈演愈烈。当地豪强在明代中前期围占南湖的情况，如表2-1所示。

---

〔1〕 陈杰：《余杭历代县令补遗》，《余杭史志》2009年第1期。

〔2〕 （明）田汝成：《余杭县令东洛蔡侯去思碑》，嘉庆《余杭县志》卷二十一《名宦传》，浙江古籍出版社，2014年（据清嘉庆年间刊本）影印本。

〔3〕 （明）陈善：《南湖考》，嘉庆《余杭县志》卷十《山水四·水》，浙江古籍出版社，2014年（据清嘉庆年间刊本）影印本。

表2-1　明代中前期南湖被侵占情况

时间	侵占情况	处理情况或后果
明永乐年间	军民以育种的名义开垦南湖耕种	不能蓄水，以致决塘，漂没民庐
明成化年间	土豪徐杲等，围占成田	逮捕问罪，田地归还给官府
明嘉靖十八年（1539）	豪家徐衢等，复行占据	所围土埂，一概铲平 （仅仅是决议，未实行）
明嘉靖二十三年（1544）	奸民张景魁，将湖田阴献戚畹邵氏	邵氏推让还官
明嘉靖年间	豪军张洪、张镛侵占二百余亩	

资料来源：（清）张思齐等纂修，清康熙《余杭县志》卷一《舆地志》。

　　侵占南湖的除地方土豪，还有军队。明代时在南湖驻军放养军马，一些军官也加入了占湖者的行列，余杭县令拿他们根本没有办法。

　　明代，弘治、正德年间虽然政府曾三令五申禁止围湖垦殖，并多次掘毁围埝，退田还湖，但仍不能阻止豪强的侵垦。如果地方政府要对南湖进行疏浚，恢复南湖的水利功能，势必要退田还湖，势必要触犯当地豪强的势力。这一对矛盾和两种势力的斗争，到了明代嘉靖后期，便集中爆发了。

三、嘉靖年间的占湖现象

　　嘉靖后期，南湖被侵占的现象愈演愈烈。南上湖"已为民间占据无余，惟下湖赖以蓄水"，下湖也只保留了三分之二的湖面，"奸民规占，为害已甚，更复展转贸易，忘非己有"。当地民众也曾自己出钱出力修筑南湖，"本乡之民，先年皆自用财力"。但是仅靠民众之力还是相对薄弱，而侵占南湖的豪强又从旁破坏，"修筑堰坝，石易倾圮。而奸豪又从而阴决之"[1]。因此，南湖的面积日益萎缩，情况十分严重。

　　南湖巨大的湖面面积，对天目山的来水起着重要的调蓄作用。它不仅可以在洪水期蓄水，拦截洪峰，而且可以在枯水期放水，为湖下千余顷农田提供灌溉。所以南湖兴建后，"潴积有区，用以缓其澎湃洸漾之势，不致冲溃

---

[1]　（明）陈善：《南湖考》，嘉庆《余杭县志》卷十《山水四·水》，浙江古籍出版社，2014年（据清嘉庆年间刊本）影印本。

难御，而暵旱时引溉沟塍，三郡咸被其泽。数百年来称东南一大利薮矣"[1]。但有大利者亦有大害，南湖就是这样一把双刃剑。所以史载"南湖者，邑之大利大害也"。南湖一旦淤塞，可能使水灾连绵。因此历代对南湖都有疏浚。至元以来，人地矛盾日益突出。天目山植被遭到破坏，水土流失严重，同时南湖的湮塞与萎缩情况加剧。但南湖的湮塞与萎缩，主要还在于当地豪强对南湖的侵占和开垦。当时地方豪强侵占河湖进行开垦的现象，在太湖流域具有一定的普遍性。如《涵芬楼秘笈》记载，"西湖半为豪右所割筑圈治，所存无几"，"杭州府土民曾叩请官府进行清理，皆未果"。南湖的情况比西湖更为严重。南湖湖区内土壤肥沃，开垦耕种又可以逃避纳税，这些都是南湖"重利所在"。而南湖又"近湖皆豪右之家"，南湖周边的豪强力量非常强大，这使得南湖被侵占的情况也特别严重。南湖的湮塞与萎缩，造成南湖水利功能无法得到正常发挥，间接使得余杭水患频发，给余杭、钱塘及周边地区带来了极其严重的人员和物资损失。

明嘉靖十八年（1539），"豪家徐衢等复占据湖田，余杭知县陈天贵，申达巡按御史傅凤翔、通判王宗尹，亲诣湖所，酌量水势，议将湖南五亩塍，筑砌滚坝一所，浸盛浸泄，徭编坝夫一名，看守沿湖，立碑永禁侵占，所围土埂，一概铲平"[2]。傅凤翔"驻余杭七十余日，经理一南湖而侵占者清复矣"[3]。金学曾《南湖告成记》中说："侍

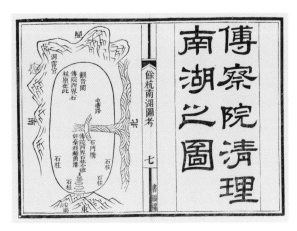

傅察院清理南湖之图（原载于《余杭南湖图考》）

〔1〕（清）马如龙纂修：光绪《杭州府志》卷五十五《水利三·余杭县》，清光绪二十四年修、民国十一年铅印本。

〔2〕（明）陈善：《南湖考》，嘉庆《余杭县志》卷十《山水四·水》，浙江古籍出版社，2014年（据清嘉庆年间刊本）影印本。

〔3〕（明）陈善：《南湖考》，嘉庆《余杭县志》卷十《山水四·水》，浙江古籍出版社，2014年（据清嘉庆年间刊本）影印本。

御傅公，始慨然以清复为已任，然考碑亦仅还湖八千一百六十亩。"南湖本来有一万三千七百亩，到嘉靖年间已不到原来的60%。主持兴修水利的地方官员大多任期不长，往往人走政息。当时已经议定重修滚坝，但这件事情可能刚刚开始做，就因为陈天贵离职他任而终止。[1]同年，钱塘知县陈惟又砌石筑滚坝，让洪水先经滚坝，缓和水势，以免洪水冲决五亩塍，又可灌溉余杭闲林及钱塘钦贤等乡田地。但嘉靖十八年（1539）的治湖，依然效果不大，地方权势富豪侵湖垦地之风依然日益滋长。

明嘉靖二十三年（1544），奸民张景魁，将湖田献给外戚邵氏作为护坟田，此事被负责水利的官员黄光升得知，劝说邵氏将此田归还官府。明嘉靖二十四年（1545），县令吴应征勘称，南湖故迹，唯下湖仅存，若不及时修筑坝堰，囊蓄水势，一遇淫涝，从五亩塍诸处溃入安乐等乡，为民之害，不唯余杭境内而已。但当时并没有采取任何措施。明嘉靖三十四年（1555），县民葛臣等，将此前南湖被侵占的种种危害，奏告于水利道王询，朝廷委派富阳县令桂辄、钱塘县令吴应征调查踏勘，两县令写出了详尽的《会勘申文》，向朝廷奏报。

《会勘申文》中说，余杭南湖，原有上下二湖，现在上湖被民间占据无余，唯下湖赖以蓄水，还有很多人看中下湖，欲承佃，此风不可长。南下湖已被占去三分之一。若不及时修筑堰坝，囊蓄水势，则祸害不可言说。南湖本来就是用来蓄水的，堰坝不修则泄，一泄则干涸。湖荡泥深而土地肥沃，耕之则为肥田，不耕则为茂草，因而那些豪民故意不修堤坝，希望水快速流掉而干涸。干涸之地每年可收获膏腴厚产，可独享其利。如果发生洪涝，他们坐视澎湃滔天，跟自己也无关。因而余杭地方，不愿修坝，而钱塘安乐乡十有六里，则实有剥肤之害也。靠近湖边住的都是那些豪强之家，今不修筑堰坝，日后势必被他们全部侵占，将来就没有南湖了，也要失去安乐乡十分之六的老百姓。所以必须杜绝湖田请佃现象，一定要修堰坝。因为堰坝修好了，则水可以长蓄。既蓄了水，湖就不能拿来种田了。既然没有种田

---

[1]　清朝人潘瑗《南湖水利论》："嘉靖十八年，县令陈公天贵，即就塍中筑设滚坝，低于塍数尺，俾湖易于南去。"但陈善《南湖考》又说这些措施"会陈令以迁秩行，未底成绩"。可见这件事已在做，但没有完成。在此采用同时代人陈善的说法。

之好处，豪强自然不会纷纷请佃，而当地居民也可以免除每年的诉讼告争。

两位县令特别指出，"南湖未耕之先，国课未闻减耗，南湖已请佃之后，军饷未见充盈，饰辞欺上，侵占不休。上湖既已湮芜，下湖日渐填塞，上司严文清理，而奸民广凑湖利，赂嘱权豪为之陈说，叠案歇灭，并无尺土还官。是以沿湖数姓永享其利，而浙西三郡均被其害也"[1]。但嘉靖年间，朝廷并没有对疏浚南湖采取实质性而有效的治理措施。明嘉靖三十六年（1557），组织过民工对黄郡塘等加高培厚，使之坚固。对南湖仍无实质性的疏浚举动。

明万历十三年（1585）会勘时，南湖面积仅余"七千四百一十三亩"。上南湖淤塞之后，"桑麻禾稻，面目全非"，已完全成为陆地。到明朝末年，下南湖"犹存六千九百余亩，荒荡九百余亩"[2]。

四、明万历三十六年（1608）的大水灾

水利不靖，水灾不断。有明一代，余杭水患频仍。从大的气候变迁角度看，明中前期正是我国东部地区气候转向寒冷的时期，也是自然灾害频发的时期。本来南湖巨大的湖面面积，可以对洪水起到重要的调蓄作用。但是因为豪强的侵占与开垦，南湖日益湮塞与萎缩，完全起不到相应的作用。据陆文龙《明代浙江南湖水利治理浅析》一文根据《浙江灾异简志》和清康熙《余杭县志》对明中前期余杭县水灾情况的统计和梳理，具体情况如表2-2所示。

---

〔1〕（明）桂辄、吴应征：《会勘申文》，嘉庆《余杭县志》卷十一《水利》。

〔2〕（清）仲学辂：《南北湖开浚说》，《浙江省通志馆馆刊》，1945年第2期，第105页。

表2-2 明代中前期余杭县水灾情况统计

年份	月份	具体灾情	备注
明洪武五年（1372）	八月	山谷水涌，漂没庐舍人畜甚众	
明洪武九年（1376）	六月	水灾，下田被浸者九十五顷	县志载
明洪武十年（1377）	九月	水灾	
明景泰七年（1456）	五月	霖雨	县志载
明成化七年（1471）		霖雨大水	县志载
明弘治十八年（1505）	七月	骤雨，山水大涌，漂屋舍溺人	县志载
明正德三年（1508）	五月	大雨水	县志载
明嘉靖四十三年（1564）	四月	大雨水	
明万历二十六年（1598）	九月	被灾八分	
明万历三十六年（1608）	六月	南湖北堤决，漂没屋舍，街市乘船举网	县志载
明万历三十七年（1609）		大水	县志载

注：本表采用年次法，即灾害发生一年内算一次。

这些水灾中最严重的莫过于明万历三十六年（1608）至三十七年（1609）的大水灾。这次大水灾是之前二百年来最大的一次水灾。它远远超过了一般而言的"区域性水灾"，堪称是超地域规模的特大水灾。当时"余杭塘南湖为居民溢决，水直灌钦贤乡二十余里，一夜水涨丈余。墙屋俱坍，溺水者无算，得脱者舣舟以居。逾月，水势始退，浩荡若云海，稍露一二树杪。盖二百年未见此灾。米价骤贵，一日斗米增百钱，居民汹汹思乱"[1]。明万历二十六年（1598）进士钱塘人黄汝亨（1558—1626）所撰的《化湾闸碑》记述了始建于宋代的东苕溪上游重要水闸——化湾闸在水灾中被冲毁的情况。"万历戊申夏四月，天乃降割，淫雨为灾，浃四旬不休。五月塘崩，闸复圮，苕水悬注，如倾三峡，大浸稽天，桑田为海，下民其鱼，屋庐荡拆，蒔种亡具，啼号流散，遍于四海。"[2]汹涌而来的大洪水

---

〔1〕 （清）马如龙纂修：光绪《杭州府志》卷五十五《水利三·余杭县》，光绪二十四年修、民国十一年铅印本。

〔2〕 《续修四库全书·集部》第1369册，上海古籍出版社2002年影印版，陆文龙：《明代浙江南湖水利治理浅析——以聂心汤、戴日强的治理思路与方法为例》，《长江论坛》2016年第4期。

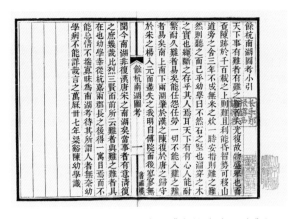

余杭南湖图考小引（原载于《余杭南湖图考》）

冲决大塘，毁坏水闸，涌入崇化、灵芝、孝女、钦贤、履泰等乡村，田地一片汪洋，居人房舍浸坏坍塌，哀鸿遍野。

与此同时，南湖水利另一重要堤防——瓦窑塘也在同年被冲击，岌岌可危。明代陈禹谟《瓦窑塘碑记》中记载当时的情况是"况瓦窑塘势居上流，天目直泄之水正当注射，塘势单弱不支冲御，岌岌乎殆矣"，而"上年新湾塘决矣，未几月湾塘又决矣！桑田为海，下民为鱼，庐舍荡析，杭嘉湖三郡几于陆沉"[1]。因南湖介于当时余杭和钱塘两县之间，洪水顺着余杭而下，由钱塘而至杭、嘉、湖，"漂没庐舍田畴以万万计。三郡之民日蚁集辕门告灾"。告状的百姓在雨中"荷蓑笠，以铲斧从者千余人"，当时巡抚高公和御史郑公都"蒿目焦心以兴湖为急务"，水灾造成损失如此之大，很大程度上是因为南湖因侵占而湮塞和萎缩严重，失去了泄洪的能力。因此某种程度上天灾源于人祸，抑或说人祸加剧了天灾。所以当时"（民众）沉泪漂流，惨不可言。众怒逞于佃占，揭竿一呼，万众响应，斫水毁庐，几为难首"[2]，几乎酿成民变。

五、聂心汤和《浚湖六议》

苕溪水患，影响最大的可能还是钱塘县。钱塘县处在东苕溪中段，地势更低，一旦洪水漫堤或是决口，受到的影响会很大。万历后期的钱塘知县聂心汤是当时有名的干吏，对治水也非常有心。

---

〔1〕（清）张吉安、朱文藻纂修：嘉庆《余杭县志》卷十一《水利》，浙江古籍出版社，2014年（据清嘉庆年间刊本）影印本。

〔2〕（清）张吉安、朱文藻纂修：嘉庆《余杭县志》卷十一《水利》，浙江古籍出版社，2014年（据清嘉庆年间刊本）影印本。

聂心汤（字纯中）是江西新淦人，明万历三十二年（1604）进士，在任钱塘知县时，十分崇拜宓不齐（孔门七十二贤之一）的为人以及在单父为官时"无为而知"的良效，"以父事兄事断一邑政"。钱塘是个剧邑（指政务繁剧的郡县），属冠盖轮蹄、簿书辐辏之地，聂心汤"沉粹明敏，事至即决"，是一位行政干才。"聂侯治钱塘之五年，士服教，民戴德，吏不敢为奸。"[1]明万历三十六年（1608）五月，化湾塘闸被冲塌，聂心汤主持先筑备塘，后修水闸。此外，他还倡议浚湖，并写下了很有名的《浚湖六议》。这为后面戴日强治理南湖提供了很多指导和参考。就像聂心汤自己说的，疏浚南湖不能仅仅靠一人之力，那些"指授方略"的人，也起到了"臂指相使"的作用。因为时代变迁，"上南湖地高阜不可为湖"而"国初履亩，编户分图，如上寿诸里，皆载粮一定，终不可复"，其被豪强侵占的事实基本上被默认，所以聂心汤想疏浚和能疏浚的只是南湖的下湖。聂心汤的六个建议环环相扣，层层深入，具体措施及要点如下表2-3所示。

表2-3　聂心汤《浚湖六议》要点表

措施	要点
议界址	确定南湖的区域范围和界限
议钱粮	查究侵佃田地价银；三府县仓谷，或无碍入官赃赋银，或加编钱粮
议人夫	召募之应役；汰其老弱，留其精壮；置簿稽查；钱粮则须县正官亲散
议委任	半月一次勘核毕，而本道总其成；登填查考；事竣，呈详本院，分别赏罚
议规制	非立形胜；盖期一劳永逸，为三郡垂永赖也
议善后	官募守役；迁徙丁徒盘踞之奸；盗掘而重惩之，无惮富豪

资料来源：聂心汤《浚湖六议》，陆文龙《明代浙江南湖水利治理浅析——以聂心汤、戴日强的治理思路与方法为例》，《长江论坛》2016年第4期。

聂心汤主张先确定南湖疆界，然后进行开挖疏浚。而开挖疏浚首先需要

〔1〕　《续修四库全书·集部》第1369册，上海古籍出版社，2002年影印版。陆文龙：《明代浙江南湖水利治理浅析——以聂心汤、戴日强的治理思路与方法为例》，《长江论坛》2016年第4期。

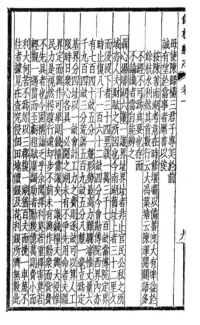

聂心汤《浚湖六议》（原载于清嘉庆《余杭县志》）

解决钱粮的问题，有了足够的钱粮，就要解决劳力的问题。解决了劳力问题，就要商议确定委托人和落实责任。在修筑设想中，他特别说明南湖的规制不是要建一个风景名胜，而是要成为杭、嘉、湖地区永远可以依赖的水利设施。最后他深知"事固难于经始，而善每隳于守成"，特别注重善后工作。针对当时"奸豪占佃"现象，他也提出了招募专人管理和迁徙"盘踞之奸"的建议。当时明朝中央政府也非常支持这件事情。聂心汤"乃依传院清复旧界疆理之，鸠工经费，议论凿凿，上疏题，以没入貂翼银四万余金，动四万众民力，而湖工兴筑"[1]。这四万余金的支出也为后来戴日强治理南湖提供了财力支持。但是因为调任京职，聂本人不得不赶赴礼部。他所主张的《浚湖六议》也未能实行。

后来接替聂心汤治理南湖的余杭知县戴日强曾经评价他说："维时钱塘聂令公，击目惨心，慨然擘画，申鸣当道，建议浚复南湖，置诸占佃者以法。举湖旧址，一清厘之。"[2]

六、聂心汤重建化湾闸

明万历三十六年（1608）夏大雨，由于南湖失去大部分调蓄作用，天目山区的洪水建瓴而下，"漂没庐舍、田畴以万计"，酿成百年未有的大灾，苕溪段化湾塘被冲毁，水闸坍塌。

〔1〕（明）戴日强《南湖说》，嘉庆《余杭县志》卷十《山水四·水》，浙江古籍出版社，2014年（据清嘉庆年间刊本）影印本。

〔2〕（明）戴日强《南湖说》，嘉庆《余杭县志》卷十《山水四·水》，浙江古籍出版社，2014年（据清嘉庆年间刊本）影印本。

化湾闸，原本坐落在钱塘县西北境。该闸始建于南宋淳熙六年（1179），重建于明代洪武年间，到永乐年间洪水多次满溢决堤，水闸坍塌被淹没，城镇百姓因之流离失散。于是，朝廷下诏，令大农夏公原吉和大纳言赵公岳，会同三个主管部门察看修筑，用了3年时间才完工。

化湾闸所在的苕溪河段，具有较大的开放性，接纳了北面径山、南面天目两地的水流，"承双流之要冲"，其功能是"水溢则阖，旱魃则辟，以潴以泄"，是钱塘县山乡重要的水利保障，其蓄水和泄流的功能，利弊得失对于三个县都有重要影响。这种既能挡水，也能泄水的陡门，在灌溉、排涝与航运等方面，都起着重要作用。化湾闸的安危直接影响到东南方向的良渚、杭州城区等地，间接地影响下游数百里的空间范围。清光绪《杭州府志》总结说："下乡几百里，悉倚此闸以为命。"

聂心汤领导县府应对水患的工作，先是建化湾塘，再筑闸，然后商议浚治南湖，既清治其源，又使杭、湖地区数十州县免遭更多的水灾。

面临明万历三十六年（1608）的特大水灾，在诸生徐懋升与地方父老们"具陈利害"的情势下，聂心汤考虑的，不仅仅是要如何渡过眼前的危机，而且注重水利重修后"一劳永逸"的效果。他坐船考察地理环境达十日之久，多次到水灾严重之区，与父老们商议，焦点仍在复述"闸不备塘，胡以御冲？冲则易溃，何以施筑？"最终确定的应对举措是用"黄河筑堤法，用六尺竹箅千余实之，以石下柱，水为两股，中填土而累之，高若干。发公帑可百缗，庾粟百石"。不到一月，完成了备塘修筑工程。当然，"无塘患水，亡闸亡以输水，则患旱焦烂之祸，与沦胥等，闸何可已？"紧接下来的工作，就在议修化湾闸，但经费估计需要白银一千多两，百姓已不堪二次工程的压力。聂心汤推行邻闸田地80里的范围按亩派征，同时动用官府资源以及捐俸的办法，解决修闸所需的财力、物力与人力问题。聂县令亲自参加劳作，带头干活，搬运奋斗，不辞疲倦。筑土坝高有四丈，雍土使坝厚达五丈，闸口可放水处有八尺宽。持续一年多时间，修闸工程也完成了。地方士民对此有高度评价："是役也，水无虞浸，旱无虞焦，以潴以洩，可桑可田，非侯畴其乂焉！"[1]

在知县聂心汤的率领下，钱塘县衙重振水利，取得了比较好的成绩，在工作主持、财政节约、工期缩短三方面的表面，都比以往为佳。水利兴复的成功，据说让地方民众获得了"水无虞浸，旱无虞焦，以堤以泄，可桑可田"的安全感。

诸生徐懋升与地方父老们将聂心汤的工作都做了记录，并在他们的要求下，由黄汝亨这位大乡绅负责撰写纪念文章。

仁和人黄汝亨是明万历二十六年（1598）进士，在隆庆、万历年间以时文名世，曾撰有一篇《钱唐聂侯重修苕溪化湾闸碑》，内容较长，叙述知县聂心汤主持的南苕溪水利维护工作，对其政绩有很高的评价："聂侯治钱唐之五年，士服教，民载德，吏不敢为奸。下令流水，沃焦润稿，所兴除不可胜纪。"[2]

七、戴日强治理南湖

明万历三十七年（1609），戴日强（号兆台，安徽蒙城人，举人出身，至明万历四十四年为举人陈士俊接替，前后任余杭知县达九年之久）莅任余杭知县。他履任之时正值闹水灾，"南乡十八里之民漂溺几半，而钱塘延被其害"。他本人可谓受命于危难之际，面临的形势非常严峻，既有"吏治多纾缓"的余杭官场，又有当地豪强盘根错节的势力。当地豪强势力之强，历来地方官也要退让三分。南湖治理难度很大，一方面需要上司全力支持与邻近县的通力配合，另一方面要敢于得罪地方的"奸豪"势力。就在戴日强履任余杭知县的同一年，陈幼学完成了他的《余杭南湖图考》。《余杭南湖图考》中绘制的《奸豪侵占南湖之图》揭露了当时南湖被侵占及当地"奸豪"吞并南上湖，将界碑移到鳝鱼港的情况。因此治理南湖，首要在于打击当地的"奸豪"势力，重新厘清南湖的疆界，然后进行疏浚引导。

---

[1]（清）魏峤修、裴琏等纂：康熙《钱塘县志》卷十六《名宦》，清康熙五十七年刊本。

[2]（明）黄汝亨：《寓林集》卷十三《钱唐聂侯重修苕溪化湾闸碑》，冯贤亮：《环境、水患与官府：明清时期南苕溪流域的水利与社会》，《浙江社会科学》2020年第2期。

从明万历三十七年（1609）十一月十一日开始，到万历三十八年（1610）十二月十五日南湖疏浚工程竣工，从筹划到具体分管都由省府州县的官员负责，参与官员多达16人。余杭县令戴日强无疑是参与具体工作最多的官员。

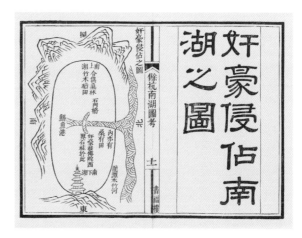

奸豪侵占南湖之图（原载于《余杭南湖图考》）

戴日强"独精敏，果于有为"，他治理南湖主要有以下措施。一是"请于督抚监司，悉置豪猾以重法"，对于当地的"奸豪"势力，戴日强依靠上级官府的支持，坚决予以打击，将他们绳之以法。史载戴日强"治有能名，豪党惮之"，"杖杀大猾陆万金，凡闾里暴黠为民害者，搜去之几尽"[1]。这就消除了治理南湖的阻力。二是"厘旧疆，躬率民尽辟湖址"。他率领民众厘清了南湖的疆界。当时为南湖定的四界是"以三官堂为东界，下凰山为南界，鳝鱼港为西界，石凉亭子为北界，东岳庙前为东南界，三贤祠为东北界，荒荡为西南界，石门桥为西北界"[2]，并立界碑八座。三是"率僚佐，督部早夜经营。塞者通之，淤者平之，缺者补之，坍者填之"[3]，又"用民之力以浚湖土，运湖之土以培湖塘"，"纵横十字，培原堤各五里亘湖中"，将挖掘的泥土堆在湖中筑成十字长堤，堤上植桑万株。十字堤东西长二里二百七十二步，南北长二里三百十一步，从而达到"既令土之出有所容，而亦藉堤之力，以暂缓洪波冲激之势"的目的。四是修筑了瓦窑、新湾等塘。历时3年，终于

---

〔1〕（清）张吉安、朱文藻纂修：嘉庆《余杭县志》卷二十一《名宦传》，浙江古籍出版社，2014年（据清嘉庆年间刊本）影印本。

〔2〕（明）陈幼学：《南湖考》，浙江古籍出版社，2016年影印本。

〔3〕（清）张吉安、朱文藻纂修：嘉庆《余杭县志》卷二十一《名宦传》，浙江古籍出版社，2014年（据清嘉庆年间刊本）影印本。

清嘉庆《余杭县志》有关戴日强治理南湖的记载

完成了对南湖及沿溪堤塘的治理。南湖治理成功后，他"仍于塘岸植桑栽柳，森然成林。湖藉堤而培，堤赖树而固。又召民承佃，计亩岁租四钱，使家自为业，人自为守"，通过在湖塘旁种植桑柳来巩固堤坝。戴本人非常亲民、爱民，这也为他治理南湖打下了坚实的群众基础，史载戴日强"拊小民孳孳，更予人以易近"，"独于七十三里父老，未尝轻有所答辱。后擢本郡丞以去。邑中祠祀焉"。[1]

治理以后，湖域除高田七百四十亩中三分之二补军屯，三分之一可以召民佃种外，其他菰蒲禾黍之区，无论在官在民，全部恢复为湖区。戴日强按组织要求，相度湖势，寻址开浚，湖边设界碑，湖中筑十字堤划分湖域为四个区，苕溪旁筑塘两座，湖堤内设闸两座，设水坝两座，四个湖区各设管夫两人，"以察损坏"，规制严整细致，在技术上与人力上都有很好的安排。主要由湖堤、龙舌嘴、五亩塍、西函等组成的南湖水利工程，布置相对合理，配合成了一个有机结合的整体，加强了蓄泄能力。

南湖治理的成功确实是"屹然不拔之业"。通过治理，南湖"湖身周围三十余里，湖塘高计四丈，阔五丈"，是治理之前的三倍多。整个南湖修筑工程夺回豪强侵占田亩八千多亩，募捐银钱三万两。戴日强和当地官员还"仍著为令，所在县官课绩，一切以湖兴废为等，牒上大司农，具疏请上，皆报可"[2]，这就把当地县官政绩与治理南湖直接挂钩。

清康熙十二年（1673）《余杭县志》也称赞戴日强治理南湖"规制划

---

〔1〕（清）张吉安、朱文藻纂修：嘉庆《余杭县志》卷二十一《名宦传》，浙江古籍出版社，2014年（据清嘉庆年间刊本）影印本。

〔2〕（明）陈幼学：《南湖考》，浙江古籍出版社，2016年影印本。

然，可垂久远"。清代宋士吉在《增筑南湖五亩塍辅坝纪事》里更是说"戴公日强，或充前人所未备，或竟前志所欲为，因时度务，咸无废绩，功与熹平间后先辉映者"[1]。从明代南湖的湮塞与萎缩到疏浚与治理可以看出，"南湖兴废，曷尝不由县令哉"[2]。县令的作用与素养很大程度上影响了当地的治理。

八、瓦窑塘的重建

整个苕溪大河的堤塘，曾有"西海险塘"之名，其重要性堪与浙江海塘并列。

从天目山始发的苕溪水流"直而小"，又无支港别派，所以一旦山水暴发，溪流无法容纳，往往形成泛滥之灾，因此"凿溪南田为湖，以暂囊而分杀之"。早在明永乐二年（1404），户部尚书夏原吉、大理寺少卿袁复主持增筑南湖塘，使之更为阔厚，而在苕溪南岸开始修筑的庙湾、瓦窑塘，加强了整个堤塘防范水患的能力。余杭县城以西二里的庙湾与瓦窑塘，关涉苕溪石门塘至通济桥一带的水利。明初的要求是每年要加意修护。

在余杭境内苕溪干流的三十六塘之中，溪南的瓦窑塘是险要的二塘之一，另一个是溪北的吴家潭塘。戴日强很早就指出："塘者，溪之关拦，塘不筑，则溪水以四分而为害。北塘毁，余邑十六坝首被之，浸溃于仁和、德清，而吴兴受其害。南塘毁，余邑灵源、章郑诸乡

瓦窑塘（2021），刘树德摄

〔1〕（清）宋士吉：《增筑南湖五亩塍辅坝纪事》，嘉庆《余杭县志》卷十《山水四·水》，浙江古籍出版社，2014年（据清嘉庆年间刊本）影印本。

〔2〕（明）陈幼学：《南湖考》，浙江古籍出版社，2016年影印本。

首被之，浸溃于钱塘、崇德，而嘉禾受其害。"[1]除官方强调瓦窑塘的工作外，这是地方上重视北塘水利的关键论述，当地人潘瑗有专文向官方申说，也援引了这段话，作为清代再议兴修的理据，"是一塘虽小，关乎三郡民生，可不慎哉"[2]。

在整个被后人称为"西海险塘"的南苕溪右岸堤防线上，瓦窑塘处于核心位置。

明代陈禹谟曾撰有《瓦窑塘碑记》，讲述的正是余杭县的南湖水利问题以及重要堤防瓦窑塘在明万历三十六年（1608）被大水冲溃的事件。陈禹谟特别指出，瓦窑塘是约束溪水的关键堤防，一旦维护不周，瓦窑塘正对着上流天目山溪直泻之水，"塘势单弱，不支冲御"，就要"岌岌乎殆哉"了。知县戴日强在咨访民瘼后得出了"水患为最"的基本认识，结合那次特大水灾的反思，将工作重点全部置于清复南湖与强化堤塘方面，毕竟"溪水约束，全赖塘以堤防，堤防不固，患仍决裂"。"由是重用民力，计亩加赋，畚锸数阅月，稍得底定。"戴日强亲率熟悉治水法的县丞与耆民等，按最险堤塘三百九十丈，次险堤塘五百一十丈展开施工。下用桩石，以固其基；上培泥土，以厚其势。戴日强还捐出俸禄六十金。他每天到工地巡视一次。瓦窑塘工程起于明万历三十九年（1611）七月，至次年十一月落成。然而，南塘既固，北塘可虞，除瓦窑塘外，戴日强还主持修复凤仪、月湾、土桥诸塘。这个工程历时3年告成。戴日强因治湖有功，朝廷下诏书，赐帑金。

陈禹谟在《瓦窑塘碑记》中盛赞戴日强"保障之功巨矣"，"为邑四载，美政未易更仆数，士服教，民怀惠，吏胥不敢为奸"[3]。这样较大规模的水利工程所需的常年修护使官民俱感疲敝。不过，乡间水利工程的维护与完善，不仅能使官府大大松了口气，而且缓解了民众与地方诸豪的利益冲突。

---

〔1〕（明）戴日强《南湖说》，嘉庆《余杭县志》卷十《山水四·水》，浙江古籍出版社，2014年（据清嘉庆年间刊本）影印本。

〔2〕（清）潘瑗：《议筑吴家潭塘说》，嘉庆《余杭县志》卷十一《水利》。

〔3〕（明）陈禹谟：《瓦窑塘碑记》，嘉庆《余杭县志》卷十一《水利》。

第五节 清代

清代的苕溪治理继续沿袭明代的那套实施和管理制度，以官府为主倡导并组织谋划，但清代更多地利用民间乡绅的威望和民间力量。道光以后，东苕溪上游棚民开山，大量水土流失导致南湖淤积更为严重。对南湖的治理，仍是水利之重。但清代在东苕溪沿岸及其支流流经地区修筑了大量的水利辅助设施，如塘、堰、闸、潭、坝、笕等，抗洪与灌溉兼重，水利功能得以拓展。

一、苕溪水利制度、技术及管理

清嘉庆《余杭县志》记载："堤防之设，所以为旱潦之备，依时修理，则水旱不能为害。余邑各庄塘闸、陡门，其有修筑，皆各庄有田者出资经办，每年推一人或数人为首，谓之塘正、圩长以董之，县丞时加省察而劝惩焉。"由此可见，清代苕溪治理的经费和人力主要依靠民间，塘正、圩长也是推举民间有威望之人担任，而县衙的作用主要是"省察"和"劝惩"。但是，"国朝以来，县令、主簿并以管干塘岸入衔，任满无损者有赏，故随时修筑"。与前朝一样，清朝对苕溪流域辖县官员的考核也与治理水利挂钩，地方官员对治理水利比较重视。

明、清时期，官府还采用奖励手段，动员富民捐募经费兴修水利，以为善举。郡、县官员也捐俸治水。据清嘉庆《余杭县志》载，清康熙十年（1671），县令张思齐捐资修筑天竺陡门，改旧井字为八字式，以便启闭，后开浚港道，引溪流入，灌溉田亩；清康熙二十二年（1683），余杭知县龚嵘捐银300两，县监贡生邵斯杨捐银200两，疏浚余杭塘河，修筑砌石堤塘。

利用民间力量特别是地方著名乡绅的势力，使之参与到治水的整个过程中，也是当时地方政府的一个重要手段。清光绪十三年（1887）十一月，粮

丁丙像

储道廖寿丰主持开浚南、北湖，命邑人丁丙、仲学辂对西险大塘择要挑浚，分段清丈。丁丙（1832—1899），字嘉鱼，号松生，别署八千卷楼主人、竹书堂主人等，钱塘县人。丁丙家世经营布业，富于资财。他自幼好学，一生淡泊名利，终身不仕，爱好收集地方文献，是晚清著名藏书家，著述颇丰。丁丙也非常热心公益事业，在民间享有较高的威望。仲学辂（1836—约1907），字昂庭，是钱塘长命乡仲家村（今属余杭区瓶窑镇）人。清同治元年（1862）举人，授宁波教授，是清代著名医家。曾进京为慈禧太后治病，后主持浙江医局，是钱塘医派的代表人物之一。仲学辂不但精医，对故乡水利事业也十分关心，著有《钱邑苕溪险塘杂记》《南北湖开浚记》等文。丁丙和仲学辂两人，是民间乡绅的代表人物，在地方上有较高的威望。清光绪十六年（1890）挑浚三苕，"发交南湖善后局绅董褚成信、潘曾寿具领兴办"。褚、潘两人亦为地方乡绅。

清代水利经费有"动帑开支""动帑借支""自行集资"三种渠道，官府直接投资为动帑开支；官府先行贷款或借支，以后按受益者田亩收取归还，称动帑借支；按田亩摊派收取工程款项称自行集资。兴修水利的劳动力主要依托于劳役制度，清代实行"按田出夫"，以田亩多少派定工役。

影响水利问题的因素除了自然坍圮、泥沙淤积外，也有人为破坏等。与社会问题的处理相比，水利技术上的应对相对简单，工程也不复杂。对于苕溪、南湖、瓦窑塘、化湾闸等水利防护工作的维护、重建，主要见诸清代康熙、雍正、乾隆、同治等时期。从技术上讲，是要调蓄山地径流，对山地水源有较好的控制。从整个水患发生到地方申请维护的过程，较为周折，不利于及时地应对水灾。因此日常的防护与社会应对，就变得更有意义。

溪南的瓦窑塘在清乾隆五十七年（1792）毁圮后，余杭县训导任昌运负责重筑，并修筑乌龙笕塘。维修瓦窑塘的技术手段，在任昌运《乌龙笕塘诗》自注的文字中，被简单提及："壬子五月，瓦窑塘坍，余力主囊泥塞决口。"

次年，知县张吉安提出讨论溪北吴家埠（吴家潭）塘坍陷后的修理问题，基本工作就在取土培护塘身，但经费无从着落。当地人潘瑗提出的方案，是改筑石塘脚以护塘身，可以由附近田圩每亩各留一条，以便取铺塘面。这样小规模的工程，具有较强的可操作性，易为官府所认可，便于民间组织实施。

清乾隆三十四年（1769），杭嘉湖三府发生大水灾，官方认为根本原因在于南湖的淤塞，朝廷要求地方"通湖复挖，并量设堰闸"。但已成平陆的上南湖"桑麻弥望"，开浚工作相当困难。当时预期的南湖蓄泄的良好状态，是苕溪涨而湖涨，溪涸而湖亦涸，溪水落则湖中之水仍退回溪中。直接受惠于这种调蓄功能的区域，包括余杭县东南十四里的范围以及钱塘县钦贤等乡。在湖身高于南苕溪丈余的态势下，即使开深数尺，如果溪水弱小，并不能激行而上，对容蓄无益，勘估的开湖工程太过浩大，提议因而寝息。

次年，浙江省府又提出挑浚南湖事宜，不过只令余杭县东南在城等二十四里之民承担，计划是按户派方，总计粮银一万八千两，而所去之

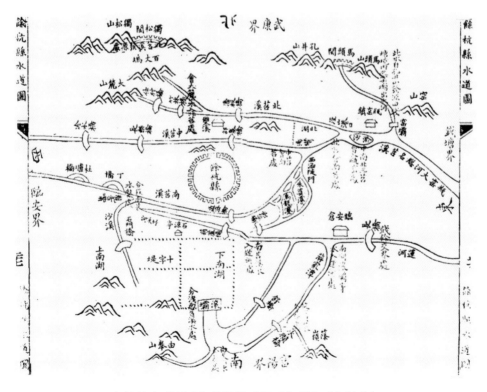

余杭县水道图（作者根据《浙西水利备考》制作）

土，沿堤阔只二三丈，深不及一尺。后来这被认为是"并无裨益"的工程。

到清道光四年（1824）时，南湖沙土淤积，几与高阜等同，五亩塍荒废而仅存遗址，石棍桥久圮不修；南湖塘堤尚未倾颓堙塞，不过是近沾水利的居民自行捍固的结果。此时，由于棚民在山乡大量地聚居生活，导致了山区沙土松浮，水土流失严重。此时对于南湖水利的疏浚之方，与明代聂心汤的"浚湖六议"、戴日强的"南湖说"等状况明显不同，需要当政者在水利事业上"因时制宜，因地立法"。乾隆年间的进士王凤生还提出了一个新的策略，他说："南湖屡浚屡塞，推原其故，系由河土易淤，难以善后。似可招募窑户，令于上南湖废址内筑窑，以烧砖瓦，任取湖土，不索其值。且土质坚细，尤与相宜，将两利俱得，后此不待疏而自治矣。"[1]

北湖虽然很早淤成平陆，也无堤岸，但如果按王凤生这个方案推行，既能以逸待劳，也可望逐步恢复北湖的调蓄功能。不过，清末官方推动的整顿南湖水利工作，仍以聂心汤的"浚湖六议"为基本方向，即开港道以浚全湖，修塘坝以资蓄泄，浚苕溪以畅上游，定界址以复旧规，拨绢捐以充经费，派大员以镇全局，委营员以资督率，谋善后以垂久远。

太平天国运动结束后，政府重振地方社会与秩序，重视山乡的水利工作与经济生活。杭州知府谭钟麟（1822—1905）在清同治五年（1866）三月提出，瓦窑塘水利的主要问题，在于山区的竹木各商运货，长期令簰户在瓦窑塘边钉桩，绊系竹木，溪流湍急，日夜动摇塘身而使其损伤。人为损坏塘身的说法，多与商人的活动相关。地方（如牙侩、篙工、劣董等）暗磨碑石，禁约文字，并贿赂吏役，以期破坏地方存在的水利维护秩序，也招致官方有力的抵制。官方断断续续发布禁约，期望调和公益维护与私利诉求之间的矛盾。清同治八年（1869），地方政府重申旧章，令将竹木放木香埠以下堤边桩系，不准在瓦窑塘绊系。倘蹈前辙，即将牙行、地保等严惩。复行勒石示禁。

又如南湖淤塞，由于临安、於潜二县棚民遍山开掘树根，栽种杂粮，致沙泥随涨下积。余杭人潘瑗曾论及：近年福建、温州籍棚民大为增加，这些

---

〔1〕（清）王凤生纂修、梁恭辰重校：《浙西水利备考》，《余杭县治南湖说》，道光四年修、光绪四年重刻本。

人多居山中，开荒种植玉米为生。现兵燹初靖（指太平天国被平定），很多田地荒芜，可令种山者下山种田，不得像以前那样开山，造成水土流失，环境恶化。请檄饬临安、於潜两县，永禁开山，违者严惩。浙江布政司出示告示，令临安、於潜二县棚民"尽行种田，永禁开掘山树，栽种十年"。清光绪三十一年（1905），官方发出的最后禁约："凡在港道以内，无论土客，永远不准搭棚私垦，以杜争端，而保水利。倘敢故抗，一经察出，定即饬提到县，照'侵占官田'例，从严究办，决不估宽。"[1] 但是，这种禁令效果有限。

清代，浙江巡抚兼管水利。顺治、康熙年间曾设水利屯田道和盐驿水利道。光绪年间，设立钱邑险塘公所，凡西险大塘一带修理陡门塘堤，开浚河流，均归公所录办。清宣统元年（1909），浙江省咨议局第一届年会决议，由杭、嘉、湖三府绅商在省城组织浙西水利议事总会，由杭嘉湖道监督；各府设分会，各府绅商有公益成绩，并不犯咨议局章程第六条各项者，可选为会员。

清代在南湖、苕溪堤塘修建了不少陡门、坝闸等水利设施，采用设立坝夫、闸夫等方式进行日常管理，"官给工食"，即由官府支付费用。据清代嘉庆《余杭县志》记载，设南湖滚坝坝夫一名，西函陡门闸夫二名，龙光陡门闸夫一名，倪、郭家陡门闸夫一名，黄家陡门闸夫一名，暗陡门闸夫一名，下陡门闸夫一名，天竺七里陡门闸夫二名，响山陡门闸夫一名，罗涨顿村陡门两处闸夫共五名，姚、黄二坝陡门两处闸夫各一名，石濑陡门闸夫一名，均"官给工食"。"各闸夫工食银五十一两。西函陡门二［名］，罗涨陡门四名，下陡门、黄家陡门、寺中陡门、班湖陡门、顿村陡门、石濑陡门、郭家陡门、姚坝陡门、黄坝陡门、天竺陡门、龙光陡门各一名，每名银三两。南湖坝夫一名，银二两。"

---

〔1〕（清）佚名：《续浚南湖图志》："遵饬循案出示勒石永禁私垦以保水利事。"冯贤亮：《环境、水患与官府：明清时期南苕溪流域的水利与社会》，《浙江社会科学》2020年第2期。

二、官方组织的治理

（一）对南湖的治理

清代，由于客民垦殖，苕溪上游水土流失严重，溪流挟持入湖的泥沙越来越多，南湖淤塞越来越严重，清康熙《余杭县新志》记载："岁计南湖暴涨，不下数十次，而慢水停泥，计次积毫厘，岁增分寸。""今湖水淤涸，甚至营马放牧。"虽然清康熙、乾隆时屡加挑浚，但因工费浩繁而未能深浚，加之侵占湖地继长不已，至清康熙十年（1671），经抚院范承谟勘察，南湖仅存5142亩。乾隆年间，抚臣方观承在《禁侵占官湖案》中称"上南湖尽成阡陌，势难浚复，且地势本高峻亦不能蓄水"，而下南湖"亦间断开垦成田，土名百亩圩、王毛圩、荒荡圩，共丈有入额完粮田地三百二十余亩。湖身窄小，不能多蓄，一经山水骤涨，节宣无地"。道光、咸丰年间，南湖已淤积成陆，完全失去了调蓄山洪的作用。光绪时测量全湖面积为"十五方里弱"[1]，清代浚湖的次数较前代有所增加。从清顺治十七年（1660）到清光绪十六年（1890），先后治理南湖六次，其中规模较大的有清康熙十年、清康熙十九年（1680）、清光绪十六年三次。

清康熙元年（1662），县令宋士吉鉴于滚坝日渐颓圮，就在滚坝内一侧筑辅坝，"凡木石费千金，人工以万计"，"其广袤高下一与滚坝等"[2]。清康熙十年，钱塘县令何玉如奏请浙江巡抚范承

南湖形势图（嘉庆《余杭县志》）

---

〔1〕 浙江水利志编纂委员会编：《浙江水利志》，中华书局，1998年，第366页。

〔2〕 （清）宋士吉《增筑南湖五亩塍辅坝纪事》，张吉安等纂修：嘉庆《余杭县志》卷十一《水利》。

谟，认为余杭南湖为钱塘县之咽喉。南湖一决，下游钱塘即遭其害，建议省府统筹，联合各县疏浚南湖。是年九月，巡抚范承谟酌浚南湖，捐俸委杭州知府嵇宗孟，会同仁和、钱塘、德清诸县分工疏浚，加高堤塘，"堆贮湖中积泥成丘十余座"。余杭知县张思齐，昼夜监督开浚，将抚院范公所发捐资，给散各县民夫，民众大受鼓励。经历三月工程完工。

清康熙十九年（1680），知县龚嵘根据地方士绅的呈请，严禁南湖周围乡民"私蓄鹅鸳及纵牛羊于湖"，并得到抚院李公的批示，以垂令典。是年开始，知县龚嵘组织疏浚南渠、木竹两河，增筑南湖五亩塍、滚坝辅坝，以护滚坝之四周，辅坝的高度和宽度与滚坝相同。又复修十字长堤和六桥，且于塘堤四周遍植桃柳，增建亭榭，在十字交叉处筑澄清庵，延僧居住，朝暾夕晖，男女老少游玩观赏，犹如今杭州西湖。至清康熙二十三年（1684），工程基本完工。后余杭人建龚明府祠以纪念知县龚嵘。

清乾隆三十四年（1769），浙江巡抚永德履勘南湖形势，以及建塘设坝原委，向朝廷奏报，议将下南湖西南隅所有新丈入额田地三百二十余亩，铲复豁粮，以还湖身之旧。又滚坝东皂荚泥塘，逼近深潭，易致冲决，议取湖中浮土填潭，使塘身宽厚，以成要工。凡一切塘坝，仍照旧例，民捐民修。永德认为，上南湖地势居高，每遇水满之时，上南湖民人恐垦田被淹，偷掘下南湖堤埂，以冀泄水，成为下游十四里民田之害。所以，他建议下南湖应修塘坝，仿照绍兴修筑南塘，官收民办之例，酌令应修之各里民人，每岁按亩出钱数文，交官存贮。如遇塘坝应行修筑，即令董事估计工价，按数发交该董事经理，不假书役之手。或有捐剩余钱，即挑土培塘，俾塘身日渐坚厚，湖沙日渐低浅。并添设坝夫三四名，责令巡查看守，以防偷掘。如此，铲复全湖坚筑塘坝，而又岁修以时，巡防有人，则下南湖节宣充畅，足以分杀南苕溪之暴涨，而湖水潴泄得宜，亦于余邑之东乡十四里及钱邑之钦贤等里，均可免冲决之患矣。十一月具奏。皇上谕旨："应将下湖通身浚挖，并量设堰闸，俾得容蓄来源，疏通泉脉，于水利农田两不相妨，方为妥善。"奉旨议行。不过，这件事实际效果如何，县志上所载不多，清嘉庆《余杭县志》上记载：清乾隆三十五年（1770），县令汪皋鹤增高湖堤八尺，"所

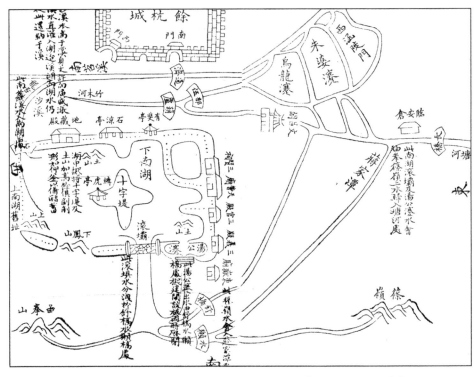

余杭县南湖图［原载于清光绪四年（1878）《浙西水利备考》］

去之土沿塘阔只二三丈，深不及一尺"[1]。清乾隆后，南湖疏于修浚，十字堤塌，六桥渐废。垦田者越来越多。政府虽明令禁垦南湖，然至清光绪十三年（1887），省城绅士，前户部左侍郎王文韶等呈称：余杭县南北两湖全行淤塞，有关杭嘉湖三郡水利，呈乞筹款浚治。又以两湖并举，无此巨款，请先浚北湖，从北湖东之龙舌嘴积沙浚起。经浙江巡抚刘秉璋批准，札布政使孙嘉谷、粮道廖寿丰，会同绅士丁丙、仲学辂筹议章程核办。所需经费，在粮道廖寿丰捐存浚湖经费五千两项下支给。如有不敷，再动善后经费。后来，余杭县知县路保和奏禀：据余杭绅士董震等禀称，北湖之利，不及南湖，与其先浚北湖，工巨而利仅一隅，不若先浚南湖，工省而惠及三郡。请移缓就急等情。经巡抚刘秉璋饬杭州府吴世荣会绅履勘。杭州府很快回复：南北两湖均宜开浚，但工程浩大，经费难筹，请余杭先挑浚竹木河，再浚南

---

[1]　（清）张吉安、朱文藻纂修：嘉庆《余杭县志》卷十《山水四·水》，浙江古籍出版社，2014年（据清嘉庆年间刊本）影印本。

湖汤湾以下，先挖河中积沙，兼培南北塘堤，再浚北湖。疏通竹木河，可先在进水口设立灓洞，这是最为紧要的。所有筑洞经费，应由该处绅民筹措。于是委令余杭绅士褚成炜，会同乍澉营务处万重喧开竹木河。钱塘绅士仲学辂，会同营务处徐春荣挖开汤湾以下积沙培堤。但是，竹木河最终未能全部开通，因为所捐城乡筑灓经费，有人缴也有人不缴，终因经费短缺而终止。

清光绪十六年（1890），又有重浚南湖之举，时任浙江巡抚崧骏钦奉上谕疏浚南湖，"挑浚三苕溪及修建石门桥石坝、燕子窝涵洞等，共筹拨赈捐洋十一万元"[1]，修石门，设闸夫。次年二月工竣。这也是中华人民共和国成立前南湖最后一次大规模的疏浚工程。

（二）对西险大塘、北湖及其闸坝河渠的治理

西险大塘系东苕溪的右岸大堤，位于杭州之西，堤塘险要，为杭城及杭、嘉、湖三地的西部屏障，东与钱塘江堤塘相对，故称"西险大塘"。清雍正七年（1729），钱塘县知县李惺在所撰《化湾陡门间议》（一说《化湾陡门议》）中，称东苕溪右堤为"险塘"。清光绪十三年（1887），粮储道廖寿丰、邑绅丁丙挑培西大塘，称："西大塘当三苕会合之中，形势尤其险要，故又称西险塘。"清光绪十五年（1889）将西险塘分段立石，西险一号为黄郜塘，西险二号为烂泥湾塘，西险三号为化湾塘，西险四号为羊山塘，四塘总长约5千米。当时的西险塘仅为局部堤段。西险大塘连成一线，大致在清末至民国初。

然限于条件，西险大塘仍常出现险情和坍塘圮闸，其中有明确记载的，自明永乐元年（1403）至清光绪八年（1882）就发生16次，其中清代8次："康熙五十五年，安溪闸圮；乾隆四十年，大云湾塘大溃；嘉庆十六年，羊山塘坍陷；道光三年，唐家塘冲塌；道光八年，压沙塘、大云湾塘坍溃；道光二十九年，大云湾塘、化湾塘、安溪陡门大崩；道光三十年，烂泥湾塘、化湾塘、羊山塘、龙岗塘、下陵林塘、唐家塘、安溪陡门冲坍；光绪八年，化湾塘、羊山塘、龙岗塘冲圮。"[2]堤塘闸坝，屡毁又屡修。如清嘉庆《余杭县志》卷十一《水利》所载："堤防之设，所以为旱潦之备，依时

〔1〕（清）佚名辑：《续浚南湖图志》，清光绪三十一年，浙江图书馆藏。

〔2〕（清）佚名辑：《续浚南湖图志》，清光绪三十一年，浙江图书馆藏。

修理，则水旱不能为害。"[1]清康熙五十五年（1716），知县魏嵊主持修复安溪陡门。清雍正三年（1725），西险大塘化湾陡门陷一丈五尺，崇化七里居民出资修筑，官府优免杂使差徭。清雍正五年（1727），浙江巡抚李卫派员携资整修位于瓶窑镇北的压沙塘五十八丈。清雍正七年（1729），巡抚程元章檄知县李惺查议化湾陡门。清道光十一年（1831），余杭大水，危及西险大塘，巡抚陈芝楣命仁和、钱塘等县兴修圩堤，官督民办，所修圩岸不下千万计。清光绪二年（1876），余杭大水，田庐淹浸，招集民工整修大塘。清光绪八年（1882）夏天，大水溢出堤塘，堤坝大的决溃有五处，陷落坍塌之类较小的事故几乎难以计数，当时三个县同时遭受沉没之灾，各乡捐资修整。

对北湖的治理远不如对南湖的治理。清代县志中记载，清光绪十一年（1885），粮道廖寿丰修浚相公庙一带，拨兵挑浚，三年毕事，其时尚有湖基万亩及西溪、南山等草荡数千亩。

清代也曾治理南渠河。南渠河在县治南一里，自在城隅葫芦桥起，连余杭塘河至钱塘长桥东止，计长二十里，南渠河于葫芦桥至邑东关三里内，两岸民居骈比，环桥叠舸，左右翼带，为余杭之商业中心。中有巨潭名坝潭，即明星渎。潭圆如釜口，广阔一里。旧载苕溪水由千秋堰，南湖水由尹家坝，汇冲于此，统结成潭。南宋绍兴元年（1131）大旱，南渠河断流，邑人益思此堰陡门之利。康熙年间，南渠河文昌阁及东关河堤石岸，每年受洪水侵啮，常有倾圮，"跻高埋下，水陆径危"。知县龚嵘，于清康熙二十二年（1683）捐俸三百两，县城监贡生邵斯扬又捐资二百两，选石筑堤，平整道路。在修路过程中，挖出一眼泉水，奔涌不绝，于是围栏筑井，老百姓名之曰"龚井"，以纪念知县龚嵘。

南渠河西通木竹河，从石门塘可达洞霄宫。康熙年间，木竹河淤塞，仅存带水。由于木竹河耗竭，导致南渠河水色腐浊，河水乌黑，不可汲饮。清康熙二十四年（1685），浙江巡抚令县境所属河道淤塞者悉行挑浚。"知县龚嵘，尊奉宪行，随于邑东关水次起工，一路疏浚，上及石门。疏南渠之

〔1〕（清）张吉安、朱文藻纂修：嘉庆《余杭县志》卷十一《水利》，浙江古籍出版社，2014年（据清嘉庆年间刊本）影印本。

浅阻，以通商舟；开木竹之湮淤，以溉田亩。诚一邑水利之攸关也。具报在宪，以俟竣工焉。"[1]

清道光三年（1823）水灾，皂荚塘倾塌，余杭县文山等十八庄及钱塘县之钦贤等二十五庄，均被其患。乡民自筑备塘，水势稍减。清同治三年（1864）春，巡抚左宗棠围剿太平天国在

南渠河上的古文昌阁
（韩一飞供稿，载王庆《余杭山水形胜》）

此驻营，修筑皂荚塘。当年夏天，洪水骤涨，西首塘身坍陷。十二月知县邹梓生禀请如式补筑，与东首新老各塘，一律完固。开新港二百四十三丈，阔二丈四尺，深一丈五尺，并通涵洞，浚木竹河引灌，溪水盘旋而出，势自纡缓。

三、辅助水利设施的修建

位于苕溪流域的余杭，多低山丘陵，下游钱塘，又遍布水乡。有清一代，除了对南湖的重点治理，就是在苕溪干、支流上广泛修筑坝、堰、陡门、笕或塘这样的设施，以达到防洪和灌溉的两利。历朝历代，在苕溪流域逐步修建了大量这样的辅助设施。到了清代，这些辅助水利设施已形成一定的数量和规模，山区多以塘坝蓄水为主，水乡以建造闸门（陡门）控制水势。重视高低田的环境差异，规划相应的水利举措，在清代地方社会生活中已构成常态。现据清康熙、嘉庆、光绪三朝的《余杭县志》，对南、中、北苕溪及东苕溪流域的这些辅助水利设施做一个概略的统计。

（一）塘

"塘"指面积大小不等的一片静止或缓流水域，或天然而成，或由人工

---

〔1〕（清）龚嵘纂辑：康熙《余杭县新志》卷一《舆地志》，曹中孚、徐吉军点校，西泠印社出版社，2010年。

挖掘。这里我们所说的塘指堤岸、堤防。据清康熙《余杭县志》记载，当时余杭县境内各乡有塘80余处。有些是古之即有，如北湖塘在县北八里，郎王界。高一丈，广二丈五尺。县令归珧开，溉田千余顷。清代每年加筑广厚，各一尺不等，明永乐三年（1405），户部夏尚书、大理寺袁少卿，到县增筑阔厚，明洪武二十八年（1395），工部差办事官王真等到县开挑，筑圩潴水。修建塘坝几十处，这些都是明代留下来的。到了清朝中期，嘉庆《余杭县志》上载有楼东塘、吴家埠塘、白塘、化湾坝塘、西海塘、下湖塘、东塘、皂荚塘等约110处，比前代多。清朝时，对有些塘进行了加宽加厚，如皂荚塘，"乾隆三十四年，巡抚永德取湖中浮土填潭，培令塘身宽厚"。《光绪余杭县志稿》上又补充了三里塘、清水湾塘、沙塘、沈家圩塘、风塘、上溪塘、新坝塘、旧坝塘、王家圩塘等9处，大多在光绪年间重修。如三里塘"在县北三十三里常熟乡。溉北岸畈、杨家圩、龙舌嘴、祝家兜、石濑坝、木缺口等畈田。高一丈二尺，上广九尺，下广二丈，长七百五十号。上通双黄，下达瓶窑镇。道光二十九年，里人喻谨法、王珍、王德其、盛朝佐请款，并倡捐重修。光绪八年，里人王有加等募捐复修"。清水湾塘"在县北山前一二庄。溪水泛涨，南苕、中苕、北苕三溪会合皆出于此，俗名十里险塘。道光三十年，坍十六缺，里人请款重修。光绪八年，又坍。里人复请款重修"。沙塘"在县北东林东庄。光绪十六年，知县杨炳灼请款重修"。沈家圩塘"在县北三十一里石濑镇东。光绪十九年，里人翁西山、郑兰芳捐修"。

（二）堰

堰是指修筑在内河上的既能蓄水又能排水的小型水利工程，其本义是指拦河蓄水坝，堰是苕溪流域最常见的小型水利设施，在丘陵山区和平原水乡都普遍修筑。在余杭，历史比较悠久的有东郭堰，在县东三里南渠河上。汉县令陈浑置，后废。又有千秋堰，在县东南二里，唐会昌二年（842）废。吴越武肃王复置，又废。北宋景德四年（1007），县令章得一复置，政和年间废。以其屡兴屡毁，欲其悠久，故号千秋堰，亦号新堰陡门。据康熙《余杭县志》记载，境内有曹村坝堰、黄公堰、尹公堰、乌龙堰、蒋堰、留功堰、唐家桥堰、矜功堰、全功堰、疏功堰、石母堰、姥山堰、秀女堰、徐公堰、天竺堰、席堰、积古堰、张堰、冯家堰、石塔堰、双堰、何婆堰、陈

黄公堰（2008），余杭区史志研究室提供

坝堰、香墩堰、张家堰、郏堰、麻车堰、官堰、白沙堰等30余处，散布于三苕流域。有的堰至今尚存，仍在发挥作用；有的荒废已久，但作为一个地名尚存。

《光绪余杭县志稿》记载了清代修建的一些堰，如陶村石堰"在县北二十五里，咸丰六年大旱，里人按亩捐筑。其水由北苕溪经陶村桥至堰，放至黄沟瀊进波罗坂，转小圩之东溪，由查湖塘大陡门出水，顺流至摇家桥、妙桥，直落至石濑。六里之人咸赖之"。又如陶村砂堰"在黄坑陶村桥之下。兵燹前，每遇大旱兴筑。光绪二十四年大旱，里人按亩捐资兴筑"。张堰"在县治东北二十里。咸丰六年及光绪二十四年大旱，皆里人按亩捐资堵筑"。沙草堰"在县东北二十里，张堰渡下半里许。每遇岁旱，农民堵筑，使北苕溪水旁流，进祥坝、陡门诸港，灌溉山前一二庄田禾，更可资双黄两镇，船筏输运百货至（瓶）窑镇。由顿村陡门出水，至官沟桥入钱塘界苕溪。道光十二年、道光二十三年、咸丰六年、光绪二十四年，农民均集资堵筑。咸丰六年有碑记，在庄村庙"。朱家堰"在山后庄，灌溉沈家圩、杨大坂田禾。水由白鹤山下，而经骑坑桥，至前村庙，落周家坂，经双桥进树根桥入堰。光绪二十四年旱，里人捐资重修"。此外还有亚头堰、金家兜堰、黄泥堰、借米堰、新堰、何家堰、和尚堰、新田堰、茶堰、鲤鱼堰、曹家堰等。清代堰的修建，基本上是民间行为，官府无力顾及。

（三）陡门（闸）

陡门是古代江南水乡常见的一种圩区水利设施，通常用上等石料建造，具有堰闸、桥涵等功能。有时候，陡门跟闸差不多是一个概念，故又称陡门闸。陡门既能挡水，也能泄水，在灌溉、排涝与航运等方面，都起着重要作用。

清康熙年间，境内有龙光陡门、义林围陡门、西函陡门、东桥陡门、许家畈陡门、芒山畈上陡门、芒山畈下陡门、喻家陡门、下山陡门、顿村陡门、黄坝陡门、姚坝陡门、郑家陡门、寺中坝陡门、湖坝陡门、祥坝陡门、中坝陡门、陈家坝陡门、插坝陡门、石濑坝陡门、天竺陡门、化湾陡门等，到了清朝中期，又增加了倪家陡门、班湖坝陡门、义林围陡门、许家畈陡门、何家陡门等。

清康熙十年（1671），知县张思齐捐资将天竺陡门改筑井字式为八字式，以便启闭。后开浚港道，引溪流入溉田亩，民利赖之。清嘉庆十年（1805），邑监生王掞具呈，请修天竺陡门，由于旧址太高，遇旱则溪流不能灌入，因而酌量稍低，独力改建，泾子河以东田亩得以灌溉。

陡门是比较重要的水利设施，清代设立陡门闸夫进行日常管理，"官给工食"。据清嘉庆《余杭县志》记载，当时设西函陡门闸夫二名，龙光陡门闸夫一名，倪、郭家陡门闸夫一名，黄家陡门闸夫一名，暗陡门闸夫一名，下陡门闸夫一名，天竺七里陡门闸夫二名，响山陡门闸夫一名，罗涨、顿村陡门两处闸夫共五名，姚、黄二坝陡门两处闸夫各一名，石濑陡门闸夫一名，均"官给工食"。

清光绪十六年（1890），浙江巡抚崧骏钦奉上谕，开浚南湖，并挑浚三苕溪及修建石门桥石坝、燕子窝涵洞等，共筹拨赈捐洋十一万元。委托地方乡绅兴办，次年二月工竣。清光绪十七年（1891），杭州候补知府阮土彬、同知黄瀛海、前余杭县知县周延祚，会同余杭县知县吴士恺、南湖局董褚成信、潘曾寿、章炳森、沈懋德等地方名流，邀同东乡二十四里各庄董，商议在石门桥内建闸坝一座，计高石只八尺，以四尺埋河底泥内，四尺高出泥外，两旁立石块各一，设石柱两根，柱皆凿缝闸板。其燕子窝涵洞设石闸板三重，洞口照旧洞广狭。每年霜降内河缺水，知照东乡绅董定期开放，如遇淫雨水满，毋庸启闸。至次年惊蛰节，三重闸板一律关闭。春、夏、秋三时无论内河水之多寡，均不得开，免致骤雨关闭不及。该二处皆议建屋设立闸夫，以司防守，并宜各设城乡绅董共同经理。

安溪陡门（1991），余杭区东苕溪水利工程运管中心提供[1]

（四）潭

潭是指比较深的水池或水塘，主要用于蓄水。康熙年间有凌湖潭、吴家潭、徐湖潭、蒋家潭、康湖潭等。

蒋家潭（2021），陈杰摄

清康熙《余杭县新志》记载："吴家潭在县城东三里西北隅。苕溪承天目山水瀑下冲突成潭，其深不测。岁久水频啮入塘底，塘最险害。每天时霖雨，里民鸣金聚众，不分昼夕，以防冲决。知县龚嵘，捐资纠工修筑，务期坚固，以便灌溉之利焉。""蒋家潭在县东南八里。南湖水由滚坝转折至此，下通诸港，三潭联注其侧。上有桥，桥下潭水清深，潜鱼泳沫，常聚不散。知县龚嵘，于康熙二十二年从里民呈请，东至锦云桥，西至蒋家桥西

---

〔1〕　本书此后照片若无标注，除部分选自网络外，其余均为余杭区东苕溪水利工程运管中心提供，不再一一标注。

洪坟山，排桩画界，永禁网罟捕捉，名之为'放生潭'云。"余杭知县龚嵘，对这两处深潭都进行了治理。

（五）笕（溅）

笕的本意指引水的长竹管，而溅的本义是泼（水）、倾倒（液体）。两者的意思完全不同。但明清《余杭县志》有时将两字混用。如"尹公溅"写作"尹公笕"，"乌龙溅"写作"乌龙笕"。其实准确的写法应写作"溅"，因乌龙溅一段河道变窄，又有落差，汛期苕溪水至此犹如乌龙喷水，切合"溅"意，故名乌龙溅。而现在又写作"乌龙涧"，涧指山间流水的沟或小溪，不符合苕溪段的地貌水势，希望能够改成"乌龙溅"。清朝任昌运曾写过一首《乌龙溅筑塘谣》，里面有"天罚乖龙割左耳，毒龙奋鬣冲溪塘。奔流直下三千丈，风饕雨骤势莫当"之句，形象地描绘了汛期乌龙溅的水势。

除尹公溅、乌龙溅外，清嘉庆《余杭县志》中还记载有亭子笕、李坝笕；《光绪余杭县志稿》上记有姚坝溅等。这些都是用于灌溉的水利设施。

（六）坝

这里的坝主要是指在河工险要处构筑的巩固堤防的拦水坝，历史最悠久的坝是南湖上的滚坝及滚坝辅坝。滚坝修建于东汉，滚坝辅坝创筑于明嘉靖年间，以减缓入湖水势，减轻对堤防的冲击，后损毁。清康熙十年（1671），知县宋士吉筑辅坝于滚坝之上流。清康熙二十三年（1684），知县龚嵘修筑滚坝，复增修辅坝，以护滚坝之四周。辅坝上下，皆阔二丈二尺，高一丈二尺，垒石积土，广袤上下，悉依五亩高塍焉。清严沆曾写有《新增南湖辅坝铭并序》一文，以记载其事。

清光绪年间，修筑窑坝，"乾隆初年，里人翁涛等创筑，长四丈有奇。同治八年，邑人翁方型、葛文贵、马廷祥重修"。还有龙潭坝，"在县东北三十里。长十丈，广五丈有奇。光绪二十四年，里人沈祝龄、徐广煜创建"[1]。

---

〔1〕 （清）褚成博、褚成亮纂：光绪《余杭县志稿》卷二《水利补遗》，曹中孚、徐吉军点校：《历史文献》，西泠印社出版社，2010年。

（七）港

港是指与江河湖泊相通的小河，多用于水名。有的港是天然形成的，有的是人工修筑的。港的主要功能是分流、灌溉及交通。清康熙年间有南湖中坑港、沙溪港、石门港、金湖港、吉都港、鳝鱼港、西山港、湖曰港、到进港、鲇鱼港、方家港、沿塘港、泥孔港、曹家港、孝墓港、闻家港、岱子港、下清港、铁步港、新港、老婆阙港等，不过有些港只存名，实际上已经淤塞了。比如《咸淳临安志》记载南湖就有十八条港，明嘉靖《余杭县志》仍留有十八条港名，不过，由于南湖埋塞，这些港自然也就不存在了。

清嘉庆《余杭县志》上记载的港有沙港、灵源港、天竺堰港、南湖中港、黄母港、径山港等。"沙港在县东三里。其水自余杭塘河流入灵源港，可胜二十余斛之舟。""灵源港在县东一十八里。其港脉络贯通灵源二三等保，故名。亦通钱塘县界，可胜三五十余斛之舟。"这些港作为余杭塘河的支流，有的承担了漕运的部分功能。而径山港则是一个水路的停靠码头，凡走水路经双溪至径山者，均停舟于此，从这里步行上径山寺。

第六节　民国时期

民国时期对苕溪的治理出现了两大变化：一是出现了专门的水利治理机构，从浙西水利议事会到省水利厅、水利局、苕溪水利参事会，延伸到市、县、乡，出现了专治水利的机构；二是治理思路发生了重大变化，近代水利学者提出了在东苕溪上游修筑水库的设想，意味着中国的水利事业从传统向现代转变。但民国苕溪治理依然步履维艰。

一、防洪思路及方式的演进

（一）浙西水利议事会等地方水利机构组织的建立

近代以来，受水旱天灾、兵燹破坏以及客民垦殖的影响，浙西水利遭受严重破坏。清末新政实施后，清政府鼓励地方实行自治，于是有设立浙西水利议事会之提议。

民国时期，与苕溪流域水利有关的省级机构先后设浙江省水利委员会、浙江省水利局等。各地水利曾先后由道台、专员公署下属的建设部门和县公署、县政府的实业科、建设科兼管地方农田水利。为辅助政府处理水利事务，地方上还依不同需要成立一些民间或官民合办的水利组织，主要有三种形式：一是按流域划分，跨专区、跨县联合组织的水利参事会、议事会；二是政府出面组织的乡水利委员会、水利协会、水利公会；三是民间的各种小型水利工程董事会。

民国二年（1913），浙江省议会第一届常年会议提出，由浙西各县议会各推举1人（不限于县议员），组成浙西水利议事会，筹划修复浙西水利事宜。民国三年（1914），浙江省政府建立浙西区测绘水利处，任命裴燮塈为主任，调查浙西水利测绘事宜，要求沿途各县提供人力、物力配合调查，并以白话文发布布告，晓喻民众。

民国五年（1916），浙江省议会召开第二届会议，省长吕公望提出修浚浙西水利修正案，通过表决，在杭州设立浙西水利议事会。同年11月省府公布修浚浙西水利修正案。民国六年（1917）秋，新任省长齐耀珊依法下令浙西十五县各选熟悉水利之士绅组成议事会，并委托杭县知事姚应泰、水利会员林大同和祝震筹备浙西水利议事会。9月21日，浙西水利议事会正式成立，为解决浙西河流修浚问题和农业灌溉问题提供了全面保障。

民国十六年（1927）8月，浙江水利委员会裁撤，水利事业由建设厅管理。同年，设大塘岁修专款保管委员会，并规定"凡西险大塘岁修工作，由地方合力主持"。民国十七年（1928），浙西水利议

浙江巡按使公署饬第二千一百二十四号（中华民国三年九月）：饬知杭县等知事浙西测绘员到县续测东苕溪并抄发前行政公署白话布告，分别张贴

事会改组，每县推举会员1人，呈请省政府委任，任期2年，连举得连任，并明确水利议事会是掌管浙西水利经费及浙西水利兴革事宜之机构，受省政府监督。

浙西水利议事会是在浙西水利设施遭到严重破坏，而政府能力有限，无法有效进行地方水利公益事业的特殊环境下产生的。在浙西水利议事会成立的最初十年间，它为浙西水利设施的修复作出很大贡献。浙西水利议事会不只是兴修了诸多地方水利工程，更重要的是，通过议事会的经费补助政策，鼓励了地方小型农田水利工程的兴建。但限于自身经费，囿于地方愿望，浙西水利议事会很难举办大型水利工程，只能是治标而非治本之策。浙西水利议事会的运行模式一定程度上为政府减轻财政压力提供了一种新的思路。民国十九年（1930），浙江省水利局开始试推浙西模式，按流域将全省划分为五个大区。

民国二十六年（1937），日军全面侵华，浙西水利议事会被迫停止活动。抗日战争胜利后，民国三十五年（1946）1月，浙江省建设厅改组，成立浙

江省水利局。浙江省水利局成立后，政府部门通过修改议事会章程、补助经费制度等，逐步剥夺了浙西水利议事会权力，使水利治权收归政府。是年10月，省水利交通会议提出："原浙西水利议事会应改组为水利参事会联合会，东苕溪、西苕溪应分别组织水利参事会，原浙西水利议事会所有会员依原属区域分别充任各该水利参事会参事员。"是年11月，在余杭县成立东苕溪南北湖水利参事会。民国三十六年（1947）11月18日，省建设厅建三字第1115号训令："东苕溪南北湖水利参事会及西苕溪水利参事会合并，改组为苕溪水利参事会，专员及吴兴、长兴、安吉、孝丰、武康、德清、临安、余杭、杭县等九县的县长为当然委员。"民国三十七年（1948）1月4日，苕溪水利参事会成立。

民国三十五年（1946）10月至12月，流域内各县先后成立水利协会，县长及建设科长担任主任委员与委员。此后，各乡镇先后成立水利协会或水利合作社。

民国时期的苕溪水利经费基本沿袭清代办法筹集资金。西险大塘等较大堤防堰坝由官府呈报批拨经费或粮食以工代赈，或向乡绅、商界募捐等方法筹措资金。还增加一项"置田法"，当时西险大塘岁修专款委员会就"置有基本金田201.36亩（13.42公顷）、地18.60亩（1.24公顷）、荡0.64亩（0.04公顷），共计220.6亩（14.7公顷），收取租米作为岁修支用"[1]。劳动力的使用也基本沿用清代之法，修西险大塘都按田亩和壮丁派工，为义务工。遇灾年，政府拨出少量米面补助，以工代赈。

（二）在东苕溪上游修筑水库的设想

民国时期，西方先进的测绘和工程技术传入中国，国内的水利专家开始学习和借鉴美国密西西比河的治理方法，在上游修建拦水坝和蓄水库也成为防洪的一种重要方法。民国十八年（1929）10月4日，太湖流域水利委员会技术长庄秉权和副工程师林保元两人前往浙西一带展开为期十天的考察，并合力撰写《浙西水力发电及防灾蓄水库地点调查报告》一文（简称《浙西调查报告》）。该报告对东苕溪流域的形势、水道现状、水文观测、生产能力和水灾损失等内容进行了详细论述，提倡对东苕溪防灾救旱，应该在上游的

---

[1] 杭州市余杭区地方志编纂委员会编:《余杭通志》，浙江人民出版社，2013年。

南、北、中苕溪的山地之间，各设水库一所，以资拦洪，而利灌溉，并利用所蓄之水，发展水力发电，以供小规模之工厂及灌溉之用；并对建立水库的地点作了详细的调查论证，认为南苕溪适宜的地方是临安的桥东村（今属太湖源镇）、中苕溪是水涛庄（今属临安区高虹镇），北苕溪是瓦窑坞（今属余杭区径山镇）。根据表2-4可知，东苕溪上游三座水库修成后的蓄水量是南、北湖的8.4倍，而建筑工程成本比疏浚南、北湖还节省21万元。不仅如此，水库的减灾和灌溉范围要远远大于南、北湖，且能利用水力发电发展工业。此外，文中还对筑坝地点、坝内承受雨量、蓄水库免除水灾效果、筑库费用，以及建筑蓄水库所带来的损失和利益等内容进行了详细说明。

表2-4　苕溪流域上游建筑蓄水库与疏浚南、北湖概况比较[1]

比较项目	上游蓄水库	疏浚南、北湖	备注
面积	30.76平方千米	11.26平方千米	由陆军测量局图量得南湖3.56平方千米，北湖7.7平方千米
容量	406.6百万立方米	48.6百万立方米	以南湖蓄水高5米，容量17.8百万立方米，北湖蓄水高4米，容量30.8百万立方米为计算标准
水之来源	只三苕上游之水	三苕全流域之水	三苕上游蓄水库以上流域面积为全流域面积的25.1%
减除水灾	减除瓶窑以上至蓄水库地点水灾及瓶窑以下水灾	只减除瓶窑以下水灾	山洪下流沿途时有冲堤溃决之灾的
农田灌溉	积水可用以灌溉山麓间旱田及下游平地农田	只能用以灌溉下游农田	无
水力利用	蓄水库水头可用以充小工业之用	无	无
疏浚	无	易于淤积，须时常疏浚	无
蓄水库地点损失	110万元	无	上游三坝合计用银180万元，加蓄水库损失110万元，合计290万元。南、北湖各浚深2米，合计土方777万英方，每方挖掘工资以4角计，合用银311万元
工程费用	180万元	311万元	

《浙西调查报告》的发表，意味着苕溪治理思路的转变，从自古以来传

〔1〕参见庄秉权、林保元：《浙西水力发电及防灾蓄水库地点调查报告》，《太湖流域水利季刊》，1929年第1期，第26—27页。

统的治理"两湖一塘"转到修筑蓄水库上。

民国十九年（1930）6月18日至21日，浙江省政府顾问美国工程师夏霭士偕同庄秉权和浙江省水利局工程师罗孝斌再次前往浙西地区进行实地考察，并撰写了《东苕溪防灾计划策议》一文。对于《浙西调查报告》中修建上游蓄水库的防洪方法，夏霭士认为"已根据有限之资料而详为分析，其所得初步结论，尚属合理"，并对于修建蓄水库的容量、坝高、筑坝地点、建筑费用以及其他技术问题做了补充说明。不同的是，他建议在北苕溪北支、黄湖镇上游建筑一座拦洪池。尽管前人已经在此进行了实地调查，并认为不宜修坝，但是他依然认为在此处筑坝，以节制数次暴雨之宣泄量，其所得利益之大，不可与中苕溪之拦洪池同日而语，虽中苕溪拦洪池之容量足敷

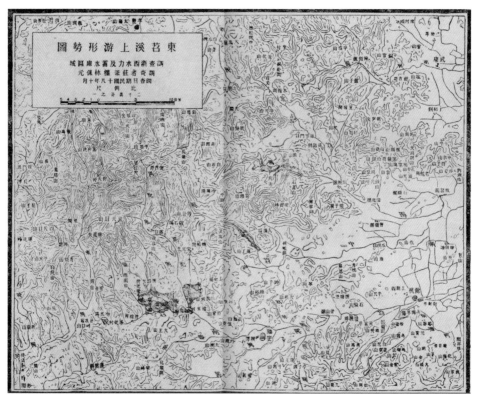

东苕溪上游形势图（原载于《中国建设》1930年第1卷第5期）

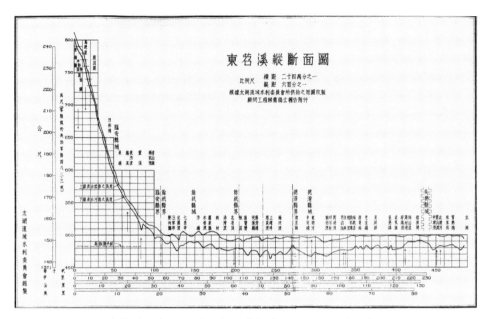

东苕溪纵断面图（原载于《东苕溪防灾计划策议》）

承受流域内全年之宣泄量，亦仍不足与其他比拟。[1]

《浙西调查报告》重点论述了在东苕溪上游修筑蓄水库的各项事宜，也并未忽视对南、北湖功效的继续利用。夏霭士在实地考察过程中发现，当时"北湖之全部及南湖之大部，实已淤至可以耕种之高度，并已有人实施耕种"。鉴于以上情况，他提出可以将南、北湖作为一个临时性的救灾蓄水库，平时"尽量施以耕种，盖该处土质肥沃，不应任其荒废"，在洪水最危急时，依然作蓄水之用。这样尽管"偶然之损失虽大，但耕种所获偿之有余"，同时还可以"辅助其他大计划之不足"。[2]

由此可见，夏氏在赞同东苕溪上游修筑水库的同时，还注重对南、北湖蓄水防洪功能的继续利用。

与此同时，中外水利技术专家通过在东苕溪上游山区修筑水库来抵御洪

---

〔1〕 （美）夏霭士：《东苕溪防灾计划策议》，刘衷炜译，《太湖流域水利季刊》，1930年第4期，第10—11页。

〔2〕 （美）夏霭士：《东苕溪防灾计划策议》，刘衷炜译，《太湖流域水利季刊》，1930年第4期，第3页。

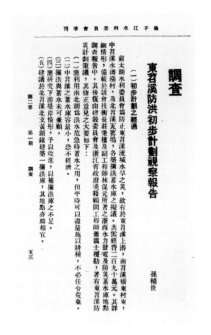

《东苕溪防洪初步计划视察报告》（原载于《扬子江水利委员会季刊》第二卷第一期，1937年3月）

灾的观点，逐渐得到了地方政府的认可。民国二十年（1931），位于东苕溪上游的临安县在水灾中遭受巨大损失，次年县政府请求浙江省建设厅分饬浙江省水利局暨第一区水利议事会，会同苕溪流域各县县政府，派工作人员进行实地勘察。在关键的地方分别修筑蓄水池，山洪暴发时，储蓄以杜直泄，久晴抗旱时，宜泄以资灌溉，远近获利，一举两得。[1]具体办法是浙江省水利局负责蓄水池的设计和工程施工，工程经费由第一区水利议事会在浙西水利经费项目下拨给，地方乡镇公所则负责蓄水池的日常管理工作。临安县政府的建议得到了浙江省政府的支持，随后制定计划纲要，并要求苕溪流域各县修筑蓄水池。[2]民国二十四年（1935），浙江省水利局根据建设厅的要求，并参考了水利技术专家、地方政府以及各县邑绅的意见，制定了东苕溪拦洪水库工程计划。该计划分为两项：一是拦洪水库工程，具体是在南苕溪上游桥东镇西北、中苕溪上游水涛庄村附近、北苕溪上游三十六村瓦窑坞和黄湖镇四处，各建拦洪水坝一座，高约20米，工程费用合计233万元。二是整理余杭南、北湖工程，主要是加固两湖四周堤塘，并建筑节制闸各一座，"以利用其现有之蓄水量，为调节旱涝之用"，其中水闸及整理堤塘工程花费30万元，水库征用土地以及迁移村庄等花费97万元。两项工程完成之后，将惠及临安、武

----

〔1〕 参见《苕溪发源各县应筑蓄水池案》，《浙江省建设月刊》，1932年第5期，第24页。

〔2〕 参见《苕溪发源各县应筑蓄水池》，《浙江省政府行政报告》，1932年第9期，第37页。

康、余杭、德清、杭县、吴兴六县五百万
亩农田。[1] 至此，浙江省水利局一改传统
的治水思路，将修筑水库列为浙西防洪减
灾工作的重点，同时兼顾南、北湖的蓄水
功效。

随后，东苕溪拦洪水库工程计划开始
进入实施阶段。民国二十五年（1936）
初，扬子江流域委员会派工作人员赶赴浙
江，筹备修筑蓄水库的计划。浙江省建设

《扬子江水利委员会季刊》第二
卷第一期，1937年3月

厅派人陪同至临安、余杭两县，实地勘定库址。勘测后发现，临安县桥东村
青云桥、余杭北乡后房村和瓶窑镇西溪村三处适宜修筑水库，只是青云桥的
库址占地过多，需要20余万亩，这将有碍当地农村经济发展，尚须考虑。同
年11月18日至21日，时任扬子江水利委员会总工程师、代理委员长、长江水
利总局局长的孙辅世先生会同浙江建设厅水利工程处处长周镇伦和扬子江水
利委员会第二设计测量队长章锡绶等实地踏勘了南、中、北苕溪，由于北苕
溪上游黄湖镇一带因地方不安定没有到达外，其他地方都前往了，根据历次
报告进行复勘，并写成《东苕溪防洪初步计划视察报告》一文。考虑到多方
面的因素，孙辅世提出了六条意见：防灾当以瓶窑以下之防洪为主；南苕溪
蓄水库损失太巨；中苕溪蓄水库容量较小；北苕溪南支蓄水库颇为合宜；增
进南湖蓄洪效率；东苕溪沿岸堤防应予以研究及完善。在六条意见的基础上
还提出了苕溪流域的测量方案。这六条意见，除了对北苕溪南支水库建设予
以肯定外，基本上否决了其他地方建筑水库的设想。

实际上，对于庄秉权、林保元、夏霭士等人的调查报告以及浙江省水利
局所拟的工程计划，扬子江水利委员会第二设计测量队长章锡绶所持态度并
不乐观，他认为虽然"研究精详，考察周密，深得治苕之病"，"精密讨
论，无微不至，深谋远虑"，但是因测验技术和资料的缺乏，只能作大概估
计，而不能作精确的规划。1937年抗日战争全面爆发，江浙地区逐渐沦为敌

---

〔1〕 参见浙江省水利局编：《浙江省水利局总报告》（上），1935年，第143—
144页。

占区，地方政府修筑水库以及疏浚南、北湖的计划彻底被打断。

抗战胜利以后，浙江省水利局开始重新规划东、西苕溪和南、北湖防洪工程。经估算，修筑四座拦水坝，在南、北湖各建节制闸一座，并加高、培厚四周塘堤，总共需经费约36亿元。但随着国共内战的爆发，国民党统治区经济崩溃、社会贫穷，政治离心力越来越强，地方政府无心治理苕溪，一则经费困难，二则地方政府的行政执行力也越来越弱。在三苕流域修筑水库的计划被束之高阁。

1948年，浙江水利局提出了《整理东苕溪第一期工程计划》，认为基于目前的人力物力，择其急要工程而亟须兴办者，计有：（一）择要培修西险大塘及南北堤与疏浚苕溪河床。（二）修补漏洞及涌洞等工程，提出工程设计概要：一、培堤；二、疏浚；三、护岸；四、修补漏洞；五、修理涵洞。[1]

可见，这时的东苕溪治理计划，基本上又回到传统的治理思路上来，现有的财力只能以治理西险大塘为急要，但大多只是计划，看不到实际效果，对南湖和北湖的治理更是无力进行，更不要说修建水库了。

（三）小结：东苕溪上游防洪治理思路的转变

综合前面各节所述，汉代至民国前期，南、北湖作为东苕溪上游蓄水防洪的水利功能一直被历代政府所重视，它们的兴废不仅关系到了周围各乡镇，更为重要的是涉及余杭以及东苕溪下游各县，这一观念在人们的防洪思想中根深蒂固。正如清代史料所言：南湖治，则县境三水无不治矣!自唐迄今，无不以治南湖为急务。由此可见，由于受中国古代治河思想的影响和水利技术的制约，地方政府对于东苕溪上游防洪办法大都局限于疏浚南、北湖和维修湖堤，亘古未变。

民国时期，西方先进的测绘和工程技术传入中国，修筑水库成为东苕溪上游防洪的一种重要方法。水利技术人员经过实地调查和勘测后认为，这项工程不仅所需费用少，且防洪效果要远远优于疏浚南、北湖。在参考各方意见之后，浙江省水利局一改传统的治水思路，将修筑水库列为浙西防洪减灾工作的重点，同时继续发挥南、北湖的蓄水功能。然而受资金、技术和战争等因素的影响，该计划一直没有实施，但当时进行的实地调查和测绘

---

[1] 参见《整理东苕溪第一期工程计划》，《浙江经济月刊》，1948年第5卷第4期。

工作，对新中国成立后的水库兴修以及水利建设起到了重要作用。整体来看，民国时期中国的水利事业开始由传统向现代转变，处于一个承前启后的重要阶段。

二、疏浚南、北湖和修筑西险大塘

（一）疏浚南湖

汉至明清的一千多年间，历代政府都视疏浚南湖为地方事务之急要。自东汉陈浑开挖以来，据历史文献记载，规模较大的疏浚就有十余次。民国时，政府虽明令禁垦南湖，然收效甚微。地方权势、富豪侵湖垦地之风日益滋长，屡禁不止。

民国四年（1915），余杭县绅民章筱等人条陈疏浚南湖办法，经巡按饬由水利委员会核议。水利委员会主任林大同认为"兴办工程必从测量入手，方有精确之计划"，遂命令浙江第二测量队队长赵臻有在苕溪测量，完竣之后，即先移测南湖，将湖面形势、淤塞状况以及历年侵占湖基情

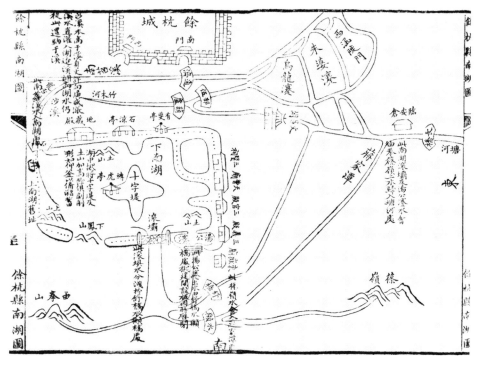

余杭县南湖图（原载于1935年浙江省水利局水利总报告书）

形，一一绘制成图志。5月，赵臻有率全队人员对南湖进行勘测。12月，勘测工作结束，并将结果报给浙江省政府。《南湖测量报告书》中指出："余杭南湖创于汉之陈浑，复于唐之归珧，守于宋之杨时，泊夫明季，则被奸豪占据强半，自傅院清理七十余日，而东至安乐，西至洞霄宫，南至双白（白泥、白阳），北至苕溪，旧址始复，嗣以南上不塘，仍为居民占侵，逐至观音阁之界柱移之于鳝鱼港，故明清时重于疏治，已只知南下而不知南上矣。南上周围二十里强，面积9740亩，村落相望，田畴交错，古制旧迹，荡然无存，失今不治，微特包藏南上且有并吞南下之势，余邑水利尚可言乎。南下周围二十二里弱，面积11200亩，东至三官殿，南至白洋山，西至观音亭，北至石凉亭，只以历久不治，遍地荒芜，数日不雨，湖身尽露，若逢盛涨，水即出槽，遂一片汪洋，并合而成巨浸。"[1]

民国十一年（1922），浙江发生严重水灾，旅京浙人电请浙江省政府，请求规复南湖，农田、水利各法团多数表示赞成。此后经地方官绅一再商议，最后决定用以工代赈的方式疏清南湖。浙江省省长沈金鉴颇为重视，并计划亲自前往勘察。余杭县实业局局长鲍储猷多方筹款修葺南湖石门涵、滚坝，增高苕溪大塘，修建丁桥和西函陡门抢水角。民国十三年（1924），浙江督办卢永祥查勘南湖之后，计划用兵工进行疏浚。随后，浙江省省长张载阳偕同钱塘道尹张鼎铭，政务厅长徐鼎年，水利会技正林大同、技士吴道隆和孙量以及银行监理官吴宪奎等人，亲自前往南湖进行查勘，共同商讨筹拨工款和编配工兵的方案。后因浙江战争爆发，地方防务紧张而未能进行，只是浙江省水利委员会派第二、第三测量队对南湖水域面积和地理形势进行勘测。直至4月，余杭南湖工程局才在钱塘道尹公署内正式成立，开始招工投标。时章太炎先生关心地方水利事务，曾致信孙传芳，要求拨款疏浚南湖，余杭县水利委员会得款后动工开浚。当时虽然受到战事的影响，但是疏浚南湖的工程依然照常进行。11月，整个工程完成三分之二，但是经费告罄，总办吴宪奎请求政府当局设法救济，但是迟迟未有下落。

民国十五年（1926），经过商议，疏浚南湖工程经费由华洋义赈会拨款补助。5月13日，杭州华洋义赈会华人委员吴静山、孙公度和外国委员明思

---

〔1〕 赵臻有：《测量南湖报告书》，浙江图书馆藏。

德、纽满等十人，前赴余杭勘视南湖疏浚工程，以便决定拨款开浚的具体办法。7月，全国华洋义赈会将南湖工程经费十万元汇存至中国银行杭州分行。疏浚工程按照原计划进行，工程局内部组织发生部分变更，吴宪奎仍担任主任一职。1927年，余杭绅民孙慕唐等人呈请浙江总司令部秘书处严禁开垦南湖，随后该县党部筹备处以"南湖关系湖西各属水利，至为重要，历次疏浚，因款绌停顿"，禁止地方乡民开垦，以重民生。[1]尽管如此，由于受经费和战事的影响，南湖的浚治效果并不明显，工程规模没有超过清末，此后地方政府的治理更多是在岁修费项下拨些经费维修湖堤而已。

对于余杭县来说，疏浚南、北湖一直是地方政府施行防洪减灾的重要举措。尽管修筑水库具有成本低、功效佳等优点，但因技术问题却迟迟没有施工建设，因而余杭县并没有放弃浚湖的计划。民国二十三年（1934）夏，余杭遭遇六十年来未有之大旱，田土龟裂，禾苗枯萎，灾象奇重。县政府召开会议商议救灾办法，最后决议"治本首应修浚水利，治标莫急举办工赈"。随后，县农会、商会和教育会等机构电请浙江省建设厅，请求领取1926年华洋义赈会汇拨的疏浚南湖工程专款七万三千余元及前任冯县长挪用的公款和利息五万元，用于举办工赈，疏浚南湖，以备"旱潦有防，民以安辑，治标治本"[2]。关于南湖疏浚的方法，地方政府和邑绅提出四种办法，即平溶法、设立砖瓦厂法、加高塘身法和另觅蓄水池法。[3]最终因双方意见不同，互有争议而不了了之。实际上，治理南、北湖的关键问题还是工程巨大，地方缺少经费。对此，浙江省建设厅曾坦诚道："余杭南湖有上下之分，上南已淤成平陆，桑竹成林，庐舍相望，以此十余万元浚湖专款，仅治下南，尚属不敷甚巨，更何余力治上南。"[4]虽然浙江省建设厅明令禁垦南湖，但效果甚微。至1949年南湖面积仅剩4.7平方千米。

〔1〕《关于禁垦余杭南湖事项》，《浙江省建设月刊》，1927年第4期，第10页。

〔2〕《饬工赈疏浚南湖》，《浙江省建设月刊》，1934年第5期，第24页。

〔3〕傅仁祺：《疏浚余杭南湖计划之商榷》，《浙江省建设月刊》，1934年第5期，第61—63页。

〔4〕《指示疏浚余杭南湖》，《浙江省建设月刊》，1934年第2期，第18页。

（二）北湖浚治的设想

相较南湖而言，北湖地处偏僻，湖区广阔。自从归坼开挖之后，历代都很少进行疏浚，导致湖底淤垫，乡民围垦，湖面日促。尽管清光绪年间廖寿丰对北湖进行挑浚，恢复湖基一万余亩，但是到了民国时候，北湖年久失修，淤成平陆，强豪侵占，填地垦种桑竹。民国四年（1915），德清地方士绅许炳垄在《浙西水利刍议》中记述："北湖之界应北至北苕溪之险塘，东至南苕溪之险塘，西北至陶村桥港、漕桥港合之处，东南至何家陡门，中苕溪会合之冲，与南湖反受南苕一溪之水者。较水量多寡相去倍蓰，故其面积亦较南湖为大。纵以辟在北乡无人注意，故南湖之浚，清家记载代有篇章，开浚之事亦每阅数十年而章，北湖反之。"民国五年（1916）省第二测量队队长赵臻有在《测量北湖报告书》中记述："余杭北湖，土名仇山草荡，古称天荒荡，位于县北五里许，原有形势图籍失传，无可考证。此次察勘天然现状，参考晚近图志，其界应东至南苕溪之险塘，东南至西函陡门，西北至漕桥，西至小横山，北至北苕溪之险塘，南至西山，周围60里有奇，原北湖草荡面积53260亩（内仇山面积340亩，土坝面积550亩）。幅员辽阔三倍南湖，淤成平陆，客民筑坝占垦，庐舍桑麻，变成村落，余剩荒地10220余亩，亦复强半侵占，日渐开拓，寻觅旧址几渺不可得。"他认为北湖的形状为三角形，"巨浸适当其冲，承受三苕之流，停顿湍急之势，与南湖仅受南苕一溪之水者，其水量多寡相去倍蓰，故北湖之形势较南湖尤为险要也"。对此，赵臻有提出解决浙西水利的正本清源之道，即"三苕亦宜择要与北湖并加疏浚"，且修浚之举"不能视为缓图"。同时，他还对疏浚三苕和北湖的工程费用进行了概算。

除了赵臻有之外，余杭北一区自治委员施广福也认为，"治本之要，厥惟开浚北湖，上有容纳之量，下无冲突之虞"。他认为，疏浚北湖主要有三利："其利一，潦则藉以储蓄，旱则资以灌溉；其利二，瘠土化为腴壤，险塘永庆安澜；其利三，但言之匪艰，行之惟艰。"对于时人所说的"工程之巨需数十万，际此财政竭绌之时，安能办此不急之务？"他却大不为然，认为如果北湖一年不遭水患，"丰收何可臆算，一邑计之固不足，三郡计之则有余"[1]。民国十六年（1927）南京国民政府成立之后，浙江省政府鉴于北湖年久失修，淤成平陆，强豪侵占，填地垦种桑竹，而"湖泽有关农田灌溉，年久淤塞者急应修理，以利耕泄"，遂组织清理委员会对北湖进行实地测量和勘界。由于历代乡民垦殖，湖界已经模糊不清，以致在清丈过程中

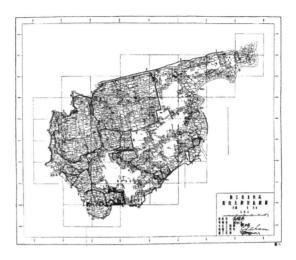

余杭北湖田亩总图（原载于浙江省水利局编《浙江省水利局总报告》下，1935年）

时有纠纷发生。次年，汪胡桢等人根据1914年浙江陆军测量局所测地形图对北湖面积进行计量，当时未垦区域"四周不及三十里，面积不过二十三方里，合一万二千四百二十亩"[2]。民国二十年（1931）江浙地区发生重大水灾，时人曾评述："北湖面积五万余亩，今则庐舍桑麻，均成村落，容受之量，因此锐减。"[3]民国二十二年（1933），浙江省政府鉴于"湖泽有关农田灌溉，年久淤塞者急应修理，以利耕泄"，遂组织清理委员会对北湖进行实地测量和勘界。最后界址委员会第七次委员会议议决，"此次清理之后，应请重申禁令，姚坝、黄坝不准再行升科，北湖草荡及仇山草荡等处应禁止升科及开垦，嗣后如有围垦情形，即可证明侵占"[4]。

由于勘界涉及利益复杂，工作实施困难重重，最后浚湖也就不了了之。当时北湖大部分已成田，无复湖形，"蓄波之能力仅在未垦殖小部分，约1.72平方千米之面积，于最大洪水位时，如民国十一年者，尚能容蓄二公尺之水

---

〔1〕 陈志根：《湘湖历史上官绅民间的合作与冲突》，《浙江水利水电学院学报》，2015年第2期。

〔2〕 浙江水利志编纂委员会编：《浙江水利志》，中华书局，1999年。

〔3〕 周可宝、卢永龙：《二十年浙江省之水灾》，《浙江省建设月刊》1933年第6期，第70页。

〔4〕 《清理余杭北湖界址》，《浙江省建设月刊》，1934年第10期，第21页。

量而已"[1]。然而由于资金缺乏、技术落后以及战争等因素的影响，清理委员会并没有对北湖进行有效的浚治。

从北湖浚治的设想可以看出，民国时期中国水利发展史处于一个承前启后的重要阶段，地方水利事业也从传统向现代转变。西方先进的科技理论和工程技术逐渐替代了中国古代的治河思想和水利技术，但是由于受到人力、资金、技术、战争等多种因素的制约，民国时期水利建设仍举步维艰。

（三）修筑西险大塘

民国《杭县志稿》卷九《水利》有记载：西险大塘起余杭迄杭县，绵亘八十余里，为杭、嘉、湖三属人民田庐性命之保障。其属杭县者，约有四十五里，抢修工作以杭县及余杭两县为主体，向有地方士绅组成西险大塘岁修专款保管委员会。

民国二十一年（1932）杭县县长因第一区之西险大塘、奉口陡门及永泰乡之西险大塘，均亟待兴修，饬修杭县各区险塘"乞迅令会估拨款施工等情到厅。当查各该处工程，迭经令饬第一区水利议事会及省水利局会同勘估在案。至修筑西险大塘，前经该会议决补助工费七千元，并准该县在二十年度建设经费收入超溢项下补助工款三千元，当即令县从速兴工"[2]。

《杭县志稿》卷九《水利》"西险大塘"条

民国二十二年（1933）3月，因奉口陡门岁久失修，"汪澜约诸乡人士呈请杭县县政府，经县长叶风虎会同建设厅、水利工程局、浙西水利议事会，叠次查勘，测绘图案，审议工程分拨款项"[3]，于民国二十二年（1933）3月动

---

〔1〕 章锡绶：《浙西东苕溪防灾计划之商榷》，《扬子江水利委员会季刊》，1936年第2期，第11页。

〔2〕 《浙江省建设月刊》，1932年第6卷第3期。

〔3〕 民国《杭县志稿》卷九《水利》。

工，全部拆除至基部木桩，首次采用水泥重建陡门，闸孔宽4米，用钢筋混凝土浇筑桥面板。由地方公推沈心田监工，县建设科技士项享指导，至9月完成。

抗战时期，塘堤久失养护，千疮百孔，几濒坍陷。抗战胜利后，地方当局一再呼吁，民国三十五年（1946）10月间，由一区专署召集各县代表，组织东苕溪南北湖水利参事会。由此，开始疏浚东苕溪与抢修西险大塘。

民国三十六年（1947），杭县发动11个乡镇对东苕溪局部河道进行疏浚。同时，对西险大塘进行培修加固，抛石护岸，修补漏洞，由县政府派员监督实施。次年，杭县水利局《整理东苕溪第一期工程计划》提出，杭县工作要点约分五项：一培修塘堤，二疏浚淤沙，三抛石护岸，四修补漏洞，五截弯取直。整个工程共计石方4800方、土方40000余方。石方部分由东苕溪南北湖水利工程处招商承办，土方部分规定由县政府配合本年度国民义务劳动实施，发动11个乡镇民工从事工作。县政府为加强督导起见，特于工作地点成立督导处，担任发动民工、监督工程实施之责任。工程自1947年2月开工，同年4月完工。

1947年1月19日，余杭县政府召开疏浚东苕溪、南湖工程会议，定于2月1日开工。为便于指挥管理起见，特在工地设立办事处，会同派员常驻工地工作。该项工程进展疲缓，县政府要求在5月2日前完工。但工程进展并不顺利，"本县奉令抢修西险大塘工程，进行已二月有余，令调民工达十五乡镇之多，而检视工程土方完成尚不达十分之四，今农忙瞬届，春洪期近，深堪忧虑。据报令调抢修之乡镇中，除灵东、闲林、金梧、环和、支巷、在城、西社、舟枕、九峰等乡镇尚能遵从命令努力抢修外，其余灵西、何母、仓前镇或民工过少，或工作松懈，尤以负责抢修新湾塘段之苕北镇迄今尚未动

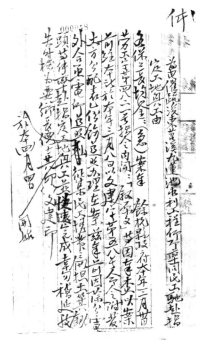

东苕溪九连池工程文件（1947），
杭州市临平区档案馆藏

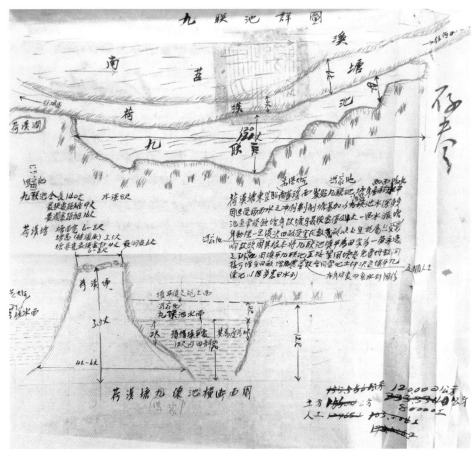

东苕溪九连池段维修详图(1947)，杭州市临平区档案馆藏

工，殊属不合"[1]。鉴于此，1947年4月29日，余杭县政府在九连池工地办事处召集有关乡镇召开抢修西险大塘临时座谈会，县长薛祚鸿主持，县各参议员参会。县长在会上报告：苕溪水利关系杭嘉湖三府，险象环生，今□□峰拨助赈粉[2]，动工已二月余，尚有大部分土方未完成。省方严催必须于农忙前完工，受上峰惩罚事小，春水冲破塘堤事大。会上分乡检讨执行情况，对工程任务做了相应调整，薛祚鸿要求各乡镇长负责，各乡、保长亲自到塘督工，按任务完成土方，增派民工，迅行赶修，要求在5月10日前完工。

---

〔1〕《余杭县政府训令》，1947年4月，民国余杭县政府档案90-5-168，杭州市临平区档案馆藏。

〔2〕赈粉，指联合国救济署下拨的面粉，以工代赈。

并由县政府将会议纪要发文，对各乡镇进行督促。

5月21日，余杭工务所呈报各乡镇工作情形，5月29日，浙江省东苕溪南北湖水利工程处电令余杭县政府，称"1. 灵西乡培修之土桥湾填高及坡脚均未依照计划培修；2. 在城镇培修之皂角塘第十保尚未照样填高；3. 金梧乡及九峰乡培修之木香埠其填高和坡脚与计划稍觉有差，惟金梧乡民工不听指挥，任意在塘脚傍近取土，实有危塘身安全；4. 九连池塘各乡培修段，坡脚均未能照计划开展，塘面亦未培修完整；5. 六里公塘、庙湾塘、新湾塘及支巷乡所

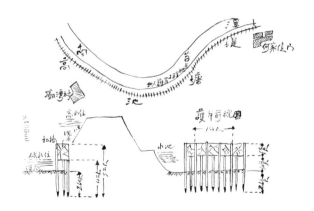

东苕溪护岸工程图（1947），杭州市临平区档案馆藏

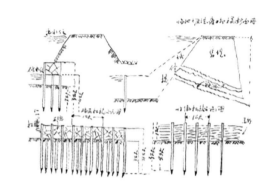

临池塘堤护脚模断面图（1947），杭州市临平区档案馆档藏

培之北高池塘其沉陷部分尚未派工修理外，所有各乡培修塘堤均系坡脚未能依照计划培修；6. 在城镇负责补漏之月湾塘早已挖开，迄今一月有余，尚未派工修理，遂经数次通知，亦置之不理"[1]。可见，此次西险大塘整修并未完成原计划和达到预期效果，效率也很低。民工在修筑时，缺少技术指导，所以会导致挖堤塘坡脚泥土填高塘面这种不应该发生的情况发生。

1947年9月，白冲浩担任余杭县长。白冲浩在其任上，对兴修水利比较着力。县政府指导拟订本县水利工程三年计划并完成全县水利工程初步测

---

〔1〕　《浙江省东苕溪南北湖水利工程处代电》，1947年5月29日，民国余杭县政府档案90-5-194，杭州市临平区档案馆藏。

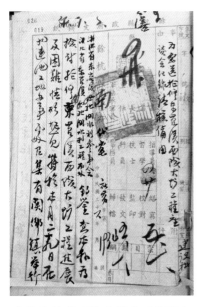

余杭县抢修西险大塘临时座谈会记录-1（1947），杭州市临平区档案馆藏

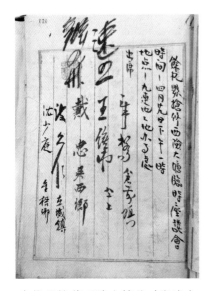

余杭县抢修西险大塘临时座谈会记录-2（1947），杭州市临平区档案馆藏

勘工作，要求限期完成各项水利工程。西险大塘的治理是水利之重。民国三十七年（1948）1月，余杭县政府派员查明较为险要而亟待兴修之塘堤计土桥湾塘、草湾塘、王家塘、九连池塘、北高池塘五段险塘共计土方19845立方米，业已拟定计划发动国民义务劳动服役整修，预期于农闲时间逐步完成。抛石护岸工程则由东苕溪南北湖水利参事会招商承包。1948年1月12日，余杭县长白冲浩主持召开西险大塘工程座谈会，形成如下决议：定于本年2月16日为开始兴修日期，修堤主力为国民义务劳动服役者，为避免服役者多为年老者及幼童前来代役，县府命令各乡镇依照劳动赋役组织规定自十八岁起至五十止，如年龄尚未及格或已超过服役年龄者概不准前来代役；严格管理劳役以工作效率为标准，发签计工；中苕溪第一支流决定同时发动疏浚；等等。事实上，到了国民党统治后期，国民义务劳动服役制度已经很难实行，之所以会出现以老者和幼童来代役的情况，主要原因还是农村劳动力缺乏，很多人被抽壮丁，送往内战前线，还有一些人为避抽壮丁而流落他乡。而农民贫困，政府经费、物资极度缺乏，主要靠义务劳动来兴修大型的水利工程注定是行不通的。而且将维修工作划给各乡镇分别进行，缺乏统一的调度和指挥，各乡镇在进行时，也缺少物资，习惯性地将困难上交，推诿和拖延成为常态。虽经县政府屡加催促，但效果甚微。

当然，对西险大塘的治理还是取得了一定的成绩的。1948年，余杭县完成东苕溪西险大塘培堤工程计土方10800立方米。此外完成安平乡澄清险塘培修工程、闲林镇三里塘培修工程、新修里安乡塘堤工程、闲林镇茹家桥塘堤工程，舟枕乡钱家井塘、大坞塘、双荡、郎宅塘、天打山荡等工程，黄湖镇何四坊坑工程等，完成在城镇燕子窝水闸、安平乡俞家涧水闸二座闸门工程。

然因内战期间，地方经费严重缺乏，治理效果甚微。至解放前夕，塘身依旧低矮、单薄，大堤顶宽仅2～3米，尤以劳家陡门、下杨湾一段更险，防洪能力很低。

三、"永远禁止筑坝碑"背后的故事

民国余杭县"永远禁止筑坝碑"，又称余杭县公署文碑，其内容是余杭县公署布告第玖柒号，全部碑文共2618字。此碑立于民国十四年（1925），迄今已有近一百年历史。之所以要采用立碑的形式布告天下，是因为碑文的内容比较重要，跟地方百姓生活休戚相关。此碑共发现两块，一块位于余杭区径山镇四岭村，当时已断裂成两截，2007年，经当地政府修补后移入新建的双碑亭内保护。2009年，被列为杭州市文物保护单位。

位于径山镇四岭村的"永远禁止筑坝碑"，陈杰摄

位于鸬鸟镇彩虹谷景区的"永远禁止筑坝碑"，
陈杰摄

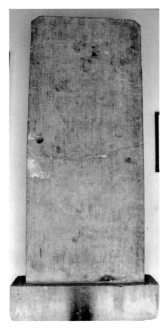

"永远禁止筑坝碑"（余杭县公署文碑），陈杰摄

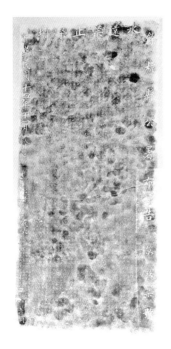

"永远禁止筑坝碑拓片"（余杭县公署文碑）

另一块发现于鸬鸟镇太公堂村太公庙，2021年，鸬鸟镇政府将此碑移至彩虹谷景区龙潭飞瀑附近，亦筑亭保护，名曰"阅泉亭"，此碑也曾中部断裂，但破损处较少，文字较为完整，但字迹较模糊，不如双碑亭的文字清晰。这两块碑的碑文内容一模一样，可互相印证。之所以放在两个地方，是因为碑文的内容跟当时北苕溪支流太平溪上游和下游一带民众生活密切相关，上游是山户和撑户（指以撑竹排为生的人）集中居住区，下游多碓户，立同样的两块碑，是为了将县署布告分别告知这两地民众。那么，这两篇碑文讲的是什么内容，其背后又有怎样的故事呢？

（一）碑刻背后的一场"官司"

碑文最重要的内容就是它的标题"永远禁止筑坝"，也就是在北苕溪及其支流上，永远禁止民众私自筑坝。为什么要做这个规定，其实在这背后，是山户和碓户之间的一场利益纷争。碑文详细记载了这场纷争的来龙去脉。现将其简述如下：

民国十二年（1923）冬，因久旱未雨，北苕溪支流太平溪一带水流偏小，这可苦了沿溪一带生存的山农（又称山户）和撑户。我们知道，旧时交通运输以水路为主，北苕溪上游的山货（如毛竹、苦竹）都要通过水路运输到下游瓶窑一带出售，这就催生了以撑竹排为生的撑户，民间称"撑排佬"。撑户将包头收购来的毛竹等大量山货，捆扎成竹排，首尾连在一起，借助水流的力量，将货物从上游运输到下游。这种运输方式必须满足一个条件，就是水流量要足够大。在水量比较小的情况下，可以通过筑坝来集聚水量，到一定程度开闸放水，就可以将货物运送出来。1923年冬，因久旱无雨，水量偏小，撑户无法将毛竹运送出去，而此时瓶窑一带毛竹收购价上涨，撑户心急如焚，急于将毛竹运送出来。于是他们想了一个办法，就是将溪流上原有的堰坝加高，以围筑溪水，待到达一定水量时，再开坝放水，就可把毛竹运出去了。但筑坝这一举动却损害了另一部分人的利益，这就是碓户。碓户大多是依靠水碓为生的农民，当时在北苕溪上游有水流落差的地方，多建有水碓，水碓是利用水流力量来自动锤竹或舂米的机具，以溪水流过水车进而转动轮轴，再拨动碓杆上下捶打竹子或舂米。将竹子锤烂是造纸工艺的一个流程，当时三苕流域有很多农民用此种方法生产黄烧纸，以维持生计。北苕溪下游当时的双溪仕村、竹山村一带，多有民众用水碓造纸。有的地方，一个村就有几个或十几个水碓，而水碓也往往不是一户独有，多有几乎或十几户农民集资建造。农闲时，碓户依靠水碓造纸，来增加家庭收入，以维持全家生计。而撑户加高水坝，截断水流，导致水碓无法工作。碓户一日不作，就一日没有收入，严重影响了生计。因此碓户群起反对，将筑高之坝拆毁。撑户以盛经荣为代表，一边筑坝，一边告之于县署，县署发布布告，不准碓户毁坝。这样一来，碓户不服，以高羽经为代表上诉至县署，要求县署撤销布告，并不得筑坝。这样双方的矛盾就尖锐了，矛盾的焦点就是一个：可不可以筑坝。不得筑坝，山户和撑户的利益受损；可以筑坝，碓户的利益受损。当时的余杭县政府是如何处理的呢？

（二）余杭县公署的裁决

1923年冬，双方矛盾爆发，分别诉之于县政府。当时的余杭县金知事并没有全面了解情况，可能只听了撑户的一面之词，发布布告不准碓户毁坝。碓户不服，立马上诉要求撤销不准毁坝的布告。金知事派了警察所长详查此事。但由于警察所长和金知事先后奉调，导致悬案未结。碓户又分别呈诉省、市相关部门，上面要求余杭县史知事再查，不久史知事又卸任，由陈毓璿接任。陈知事于民国十四年（1925）1月，派职员会同黄湖警察所马警佐召集地方士绅并传陈锦荣、柴金山等双方代表呈诉案情，并在黄湖警察所集议，以商讨解决办法。双方各执己见。山户代表认为"竹货成本甚巨，市价时有涨落，若俟盛水放竹，亏耗自必甚大"，碓户代表认为"造纸成本虽轻，生计亦微，大都赤贫为多。若任囤水放竹，囤水一日即一日无纸可碓，一日不（碓）即一日无粮"，而且以前并无囤水放竹之例，双方意见相左，无法妥协。余杭县署认为，"山户与碓户同属生计攸关，不得不兼筹并顾，为将来水涸放竹计，应由双方各举公正代表磋商办法，订立条呈具备案"。当天并无商量结果。

1925年3月21日，余杭县署再次召集双方代表到警察所集议，但"双方仍执己见，丝毫无可通融"。县署认为此港（即太平溪）历来有顺水放竹之例，习惯已久，两各相安，核准仍旧依照旧例，顺水放竹，不得筑坝囤水。商定于4月16日协同双方代表前往现场察看，同时将案情和处理结果上报省署。

6月14日，县公署再次召集各方代表（含山户、田户、碓户、撑户等）24人在县署集议，但"各方仍趋极端，多方开导，仍无结果而散"，靠调解已经无法解决问题，县署再次将案情通报省署。9月8日，省水利委员会派水利专家赵臻有到县，会同县署职员孙祖燕前往实地查勘。查勘结果称南港（太平溪）之水，发源于临安，直泻而下，由双溪而达瓶窑。其间本有官堰十二，并无坝之名。称民国十二年（1923）间盛锦堂等就原有各官堰加上数尺，现在已经全部拆毁，恢复原状。山户方面也有人松口，据山户徐方来等面称，今后仍以"有余之水顺水放竹，即使过水小时，碓户停止工作，不使受绝大之影响，并由双方各举监理人监理之"。这样，在县署的调解下，山户也被迫同意"仍照旧习，只有顺水放竹并无囤水放竹之例"，双方均愿依照旧习，不得筑坝，原金知事所颁布禁止毁坝布告废除。同时上报省署核准，重新布告。

在余杭县署的许可和支持下，官司获胜方纸业碓户命人刻了同样内容的两块石碑，不惜笔墨，将事情的起因、处理过程及结果全部刻字晓喻民众，并将两块石碑，一块立于山户、撑户集中的三十六村之太公堂（今鸬鸟镇太公堂村），一块立于碓户和田户较集中的太平溪下游仕村（今径山镇四岭村）。之所以判定立碑者是纸业碓户代表而不是县政府，是因为碑的落款是纸业碓户代表35人，碑文虽属于公文，由知事签署，但立碑是民间行为。所以，这块碑不是县政府立的，而是官司的胜方纸业碓户代表们立的。

（三）此碑引发的几点思考

1. 这个官司历时两年，余杭县公署最终作出"永远禁止筑坝"的判决，可能是县署权衡利弊后作出的无奈之举，是为了避免节外生枝，最大限度地平息矛盾，但并未解决山户、撑户和碓户之间的生计冲突。原县知事允许筑坝，禁止毁坝，固然是为山户、撑户生计所考虑，但也引起了碓户的强烈反对，并向上级申诉，事情越闹越大，也越闹越僵，两者利益并未有调和的可能。最终裁决"永远禁止筑坝"，可能考虑到碓户的经济比重更大一些，也有可能考虑到"顺水放排，历史上并无筑坝之举"，其所带来的处理后果的影响可能会小一点。当然也不排除官司判决过程中的人为因素的影响。无论案件如何判决，都会损害一部分人的利益。县政府拿不出一个令双方都能接受的方案，可见政府的执行力是比较弱的。最终这样一个完全偏向碓户的结果判决也是比较草率的。此案判决生效后，太平溪上游山户、撑户不服，将帮助碓户打官司的后坞村一个姓毛的讼师杀害于今径山同安顶景区附近，据说用苦竹打入其双耳致其死亡。[1] 山户、撑户对官府的判决不敢不服，只好迁怒于帮助碓户打官司的人，他们杀人的举动实际上是表达对此案判决的不服。

2. 当时余杭县北乡民众的主要收入来源是销售毛竹等山货以及制作黄烧纸，这是当时除农业外的两大副业，同当地民众的生活息息相关，一旦无法生产或是销售不畅，将严重影响到当地民众的生活。因而山户、撑户和碓户的利益不可调和，实际是背后的经济因素所致。

3. 此布告为余杭县政府文稿，但从只有纸业碓户代表署名看，立碑这件事当为纸业碓户所为，并得到了县政府的支持。因为此官司由纸业碓户获胜，自然想把结果晓喻天下，特别是借用县政府的名义威慑山户、撑户不得违背，故立此碑刻。而山户、撑户官司失败，自然不会去立碑的。政府通过或允许民间以立碑方式将重要公文晓喻民众，强力推行政令的执行，是民国前期地方治理的一种常用方式。另一方面，文末纸业碓户代表35人的共同署名，也是一种民意的显示，可见近代地方民治观念有所增强。

---

〔1〕 此事为径山镇四岭村村民裘光锐（时年77岁）叙述，碑文中纸业碓户代表署名之第一人裘福喜为其曾祖父。

4. 1923年前并无出现大旱情况，而1923年冬的那场大旱，是否预示着近代以来环境、生态的破坏越来越严重？

5. 苕溪治理涉及官民利益，余杭历代官署都不敢掉以轻心。对民众来说，苕溪之利害，关乎其生活和生存；对官府来说，对苕溪的有效治理是维持社会秩序，彰显县令、知事政绩的重要举措，余杭历来都有以苕溪治理来考核官员的规定。围绕苕溪所发生的事，都是余杭地方上的大事，必须郑重对待之。今完整保存的两块石碑既留下了一段真实的解决纠纷的记录，也是苕溪治理史上的一段历史见证。

附：

永远禁止筑坝
余杭县公署布告第玖柒号

案照"县署北二区南港地方撑竹包头盛锦荣等于民国十二年十二月间，因旱冬水涸，擅将该港的原有一带官堰加高囤水放竹。硪户方面因生计顿绝，群起反对，将筑高之堰拆毁。盛锦荣等呈经金前知事示禁毁坝后，迭据硪户高羽经等环请撤销布告，维持生计"等情，复经金前知事训令县警察所孔所长详查具复，嗣孔警察所长、金前知事先后奉令赴调，遂致案悬未结。硪户高羽经等又分别呈诉省署厅道令饬县查复后，经史前知事令前黄湖马警佐察酌情形妥拟具办，去后史前知事放又卸任。本知事莅任后，据硪户高羽经等呈同前情并据盛锦荣、柴金山等呈请检举前来，业经本年一月间委令本署职员孙镜轩会同前黄湖马警佐召集地方士绅并传同盛锦荣、柴金山等及双方代表证明呈诉情形，据实具复，以凭核夺，各在案。旋据该委员等呈称委员等奉令，后遵即传知双方代表并撑工盛锦荣、柴金山等到所开会集议。据双方代表所称各节与原呈情词相同，惟据委员等查得该港上通临安下达瓶窑，该处毛竹全由是港运出，在十二年以前，双方向无争执。因十二年冬旱涸过甚，竹货塞途。山户等以损失不赀，加高官堰囤水放竹，硪户等以生计攸关合群拆毁。金前知事不察，率准盛锦堂等禁止毁坝之请，突发布告严禁，因此发生是项问题。据山户代表盛济川等以"竹货成本甚巨，市价时有涨落，若俟盛水放竹，亏耗自必甚大"。据碓户代表高羽经等以"造纸成本虽轻，生计亦微，大都赤贫为多。若任囤水放竹，囤水一日即一日无纸可碓，一日不碓即一日无粮"。矧向无囤水放竹之例，两造各执己见，因此涉讼至柴金山等呈请检举。柴金山面称是实，当令具结。盛锦荣未据报到，无从询问等语具复查。南港放竹由来已久，未闻碓户与山户发生何种冲突，是案争点在山户囤水放竹，碓户不能造纸。枘凿相争，绝对不能容纳。惟盛锦荣等初呈有"水少之时，由撑工筑坝放竹"等语，姑无论事实如何，是前次加高官堰、囤水放竹原为暂时救济办法，似无布告严禁之必要。且据盛锦荣等以"上年请禁毁坝系被山户背毁"来检举。经此次委员传讯，盛锦荣虽未到场，据柴金山面称，"背毁"是实，出具甘结附卷。惟山户与碓户同属生计攸关，不得不兼筹并顾，为将来水涸放竹计，应由双方各举公正代表磋商办法，订立条呈具备案。庶于撤销原案之中，仍具双方兼顾之意。经由本公署查明情形，报具解决方法，呈请省公署核示祗遵。旋奉指令第一〇五号，内开呈悉，准如所拟办理，仰即知照此令等因，奉当经本公署令行前黄湖马警佐、王自治委员传知双方，各举公正代表共同集议，妥拟规条呈案核夺。去后即据该警佐等呈复遵于三月十一日召集双方各举代表在所集议，无如双方仍执己见，丝毫无可通融。警佐等思维至再只得一面饬警勒令各山户将所筑之坝先行拆去，一面于四月十六日协同双方代表前往该处察勘一周，以免有所藉口。查该溪上自临安下经双溪而达瓶窑，该溪港四周大都没有水碓，该处人民恃水碓造纸为生活者，居甚多数，故山上所产之竹大半为做纸原料，各山户虽将毛竹经过是港运往瓶窑，然做纸者多属赤贫，甚至一碓为数十家共有者，故该处向有顺水放竹之例，习惯已久，两各相安。近因竹价日昂，加之前岁天旱水涸，各山户急于放竹，特在沿溪原有官堰上筑高数尺以使放竹，冀得重价。各碓户因生计攸关，是以群起反对，以致双方缠讼至今。若长此不已，将来难免酿成巨祸。警佐等为思患预防计，拟请仍照旧例以息争端等情到署。本公署以该处既向有顺水放竹之例，习惯已久，两各相安，拟仍照旧例以息讼争，办法尚属平允，即据情转呈省公署鉴核指令祗遵。复奉省公署第三六六○号指令，内开呈悉。既据称该处向有顺水放竹之例，习惯已久，两各相安，拟请仍然照旧例以息讼争等情，应准仍照旧例，仰即知照此令等因，奉经本公署令，行该警佐等知照。去后复奉省公署第三公署第四三二八号指令，本公署呈三件"余杭北二区田户徐子云等、山户俞德良等、撑竹包头盛锦荣等呈为南港筑坝囷水放竹一案，请派员查办由"，内开"此案前据先后查复盛锦荣等在县呈明，上年请禁毁坝系被山户背毁。委员传讯有柴金山出县甘结，续派警佐等定期会同召集双方各举代表在所集议，双方仍执己见"等情，核准仍照旧例顺水放竹，在卷。兹据该县北二区田户、山户、撑竹包头盛锦荣等迭呈称"囷水放竹为南港三十六村人民之同意，非少数碓户所能否认。其盛锦荣等在县声明背立之呈，系高羽经等贿通柴金山一人冒捏三月十一日县委等在黄湖镇召集会议，因散处三十六村，通告以迟不及到场"云云，核与该县先后查复情形大不相同，应由县定期召集双方会议呈夺，并预先早日通知双方及各村人民各举公正代表到场集议，以资折服，仰即知照。迭呈均抄发此令等下县遵，经本公署定于六月十四日召集双方及各村人民各举公正代表来署会议，令行黄湖警佐陈耀、自治委员王承栋遵照先期转行知照，以资解决。是日到会者有山户代表徐方来等，田户代表徐观荣等，碓户代表喻子亭等，撑竹代表盛锦荣等，共计二十四人在署集议。各方仍趋极端，多方开导，仍无结果而散。嗣有本署据请呈复省公署鉴核，请派员查勘，俾明真相，以昭折服。嗣奉省公署第五八二九日指令，内开呈悉。候令水利委员会派员到县会同勘明拟办具报此令等因，奉此旋准核令派赵委员臻有于九月八日到县，会同县委职员孙祖燕前往该处实地查勘。据孙委员复称查得南港之水，发源于临安，直泻而下，由双溪而达瓶窑。其间本有官堰十二，并无坝之名。称民国十二年间盛锦堂等就原有各官堰加上数尺，业已一律折毁，恢复原状。据山户徐方来等面称，嗣后仍以"有余之水顺水放竹，即使过水小时，碓户停止工作，不使受绝大之影响，并由双方各举监理人监理之"等语，据碓户吴全林等面称，以仍照旧习，只有顺水放竹并无囤水放竹之例，委员会商南港地方今昔情形既无不同，双方均愿依照旧习，是案办法尚无不合。业经本公署察核，既经此次查明，南港一带本无坝之事实，是金前知事之严禁毁坝布告及随时查禁之令文，自应一并撤销仍照旧习惯顺水放竹，不使节外生枝，徒呈请省公署核夺。兹指令第八四九六号，内开呈悉。准如所请将从前禁止毁坝布告仍照旧日习惯办理，重行布告。仰该处人民一体遵照，切切！特此布告。

知事陈毓璂
中华民国十四年十一月二日

纸业碓户代表：

袭福喜、吴源达、高有峻、潘观福、高名扬、罗克俭、阮乃坤、高羽经、李相法、竺以煜、顾廷涌、杨金义、盛长生、阮雪龄、毛端福、吴金忠、潘永连、高羽彩、高金鳌、高士杰、李英齐、吴金章、颊礼成、王国定、高景福、钱福生、何云林、潘国田、李相在、高有奎、郑维则、李湘桂、徐长寿、陈高云、许阿鳌

同登

注："永远禁止筑坝"碑文原载于2014年版《余杭水利志》，但无标点，并有个别错讹。现经作者重新加以标点，并赴径山镇、鸬鸟镇两处碑刻现场仔细对照石碑原文，修正了《余杭水利志》中该碑文八处别字，增加了"知事陈毓璂""纸业碓户"九个字。呈录于上。

四、半途而废的南渠河治理

南渠河在旧县衙前一十步,大溪之南。阔一十五步,深五尺。源出于县南上、下二湖,东连五福渠。以其在旧县南,故名。旧时南渠河西通木竹河,从石门塘可达洞霄宫。向东与余杭塘河通,实为余杭塘河之上游段。全长二十里。南渠河通过余杭塘河东流至杭州城北江涨桥,入运河,被誉为京杭大运河之最南端,属于古时漕运及商旅运输之要道。

南渠河两岸民居、商铺鳞次栉比,商贸繁荣,河上桥梁众多,历来是山区与平原商运的重要河道,是临安、富阳甚至安徽歙县等毗邻地区的山货云集之地。沿河的山货、黄纸、茶叶、笋干、竹木薪炭商行不少,还有酒楼、茶馆、点心店。这一带是旧时余杭县城的繁华区域。最初,苕溪水由千秋堰,南湖水由尹家坝流经南渠河,但后来南湖淤塞,千秋堰废,南渠河也就容易淤塞和干涸。清康熙年间,木竹河淤塞,导致南渠河水色腐浊,河水乌黑,不可汲饮,所以历代对南渠河都有疏浚。但到了民国后期,南渠河"年久未疏,河岸倒塌,河床阻塞,货船及大船不能直达,商运困难"[1],"河床淤塞,水流污秽,既妨水上行驶,复碍市民卫生"[2]。南渠河已经到了非治理不可的

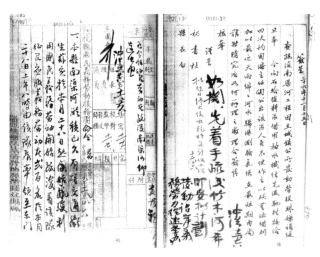

民国时期南渠河治理档案文件(1947),
杭州市临平区档案馆藏

---

〔1〕 《余杭县在城镇举办小型工赈申请表》,1946年,民国余杭县政府档案90-4-113,杭州市临平区档案馆藏。

〔2〕 《余杭县政府命令》,1947年11月27日,民国余杭县政府档案90-5-192,杭州市临平区档案馆藏。

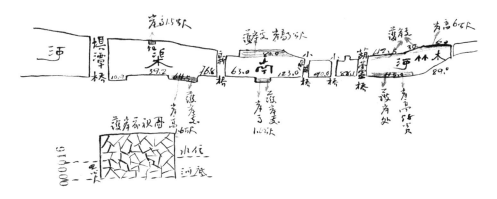

民国南渠河工程示意图（1947），杭州市临平区档案馆藏

程度了。

　　民国三十六年（1947）9月白冲浩担任余杭县长，年轻有为（时年33岁）。他想在余杭干一番事业，无奈时运不济，很难有作为。对南渠河的治理就可见一斑。

　　1947年11月2日，白冲浩下达余杭县政府命令，决定对南渠河进行疏浚。因为南渠河地段分属于在城镇和文治乡，故由在城镇和文治乡分段包干疏浚。在城镇负责疏浚葫芦桥至太平桥段，文治乡负责疏浚太平桥（即哑婆桥）至文昌阁段。工程首先从文治乡开始，白冲浩要求文治乡长倪士其"即日动员应服义务劳动者五百名，驰赴工地，并由该管保甲长常驻工地，指挥服务者工作。工程完成时，应即报县，由县派员，依照规定工程标准验收"[1]，要求在五日内完成。疏浚期间，所以船只"应俟文治乡疏浚地段完工后，推进至巴潭桥，迨在城镇疏浚至巴潭桥以外，所有船只逐段退让"[2]。

　　文治乡负责的这段疏浚工程并未在五天内按时完成，大约经过20天以后，才完成了一部分。因为直到11月底，在城镇负责疏浚的这一段才开始。1947年11月26日，白冲浩以余杭县国民义务劳动服务团团长名义，要求县直属第一大队长李梦野"于本月二十八日起，利用国民义务服务劳动开始疏

　　〔1〕 《余杭县政府命令》，1947年11月2日，民国余杭县政府档案90-5-192，杭州市临平区档案馆藏。

　　〔2〕 《余杭县政府训令》，1947年11月，民国余杭县政府档案90-5-192，杭州市临平区档案馆藏。

浚，着该队征召应服义务劳动者贰佰名，二十八日上午八时，由该队长率领至东门外文昌阁集中，听候指示工作。应召劳动者，应随带工具铁耙锄头扁担等（土箕由本团发给应用）。该队应携带水车四部至文昌阁，以供使用"[1]。11月27日，白冲浩又令本县国民义务劳动服务团第二大队长倪士其自"本月二十九日起，即征召应服义务劳动者二百名，于同日上午八时交由该乡长率领至文昌阁口集中，听候指示工作"，同样要携带铁耙、锄头、扁担等工具及水车四部。由此可见，11月初开始的文治乡的疏浚工作并未完成。同日，白冲浩发布余杭县政府命令，令在城镇长李梦野"每日应动员民工一千名自葫芦桥至巴潭桥地段，限半月内完工。巴潭桥至太平桥段，限十二月二十五日前完工，不得有误。各完工地段，仰即呈报县府。由县派员，依照规定工程标准验收"[2]。从上面余杭县政府发布的命令来看，我们可以归纳一下：疏浚工作由县政府统一领导，县长兼国民义务劳动服务团团长白冲浩是第一责任人。疏浚工作分段进行，分别由在城镇镇长兼县国民义务劳动服务团第一大队长李梦野和文治乡乡长兼县国民义务劳动服务团第二大队长倪士其负责，要求完成的时间是当年12月25日。这里，我们可以看到，参与疏浚工作的劳动力由两部分组成：一是民工，由乡、镇长负责动员招募，这是主要力量，这是给付劳动报酬的，由专项水利经费支出，当时余杭县政府也在积极争取战后联合国善后救济总署下拨的工赈经费。二是国民义务服务劳动团，这是义务劳动，并且要自带工具。国民义务劳动制度始行于1943年12月，当时国民政府颁布《国民义务劳动法》，明确规定，中华民国男子年满18岁至50岁，依法之规定服义务劳动，义务劳动的内容包括：筑路、水利、自卫、地方造产、其他公共福利事业等。劳动时间则为利用农暇、业余及假期时间，每年共进行10日80小时的义务劳动。这在战时具有政治教育的深意，用来激发国民义务观念，促进地方生产的建设，但是在国民党统治后期，这种拉丁派夫制度日益成为农民沉重的劳役负担，为民众所痛

〔1〕《余杭县国民义务劳动服务团命令》，1947年11月26日，民国余杭县政府档案90-5-192，杭州市临平区档案馆藏。

〔2〕《余杭县政府命令》，1947年11月27日，民国余杭县政府档案90-5-192，杭州市临平区档案馆藏。

恨。当时余杭县的国民义务劳动服务团团长由县长兼任，各乡、镇长兼任大队长。国民义务劳动服务团下设总务组、征调组、作业组、卫生组四个组。设总干事一人，总干事受团长之指挥监督襄助团长处理一切业务，团长因事不能执行职务时由总干事代行之。[1]虽有规章，但是这种制度在地方上是很难执行的，民众没有积极性，服役时多以老者或幼童应付充任，因而注定也没有多少效果。

南渠河的疏浚工作进行到当年12月中旬，出现了一个新的情况：就是在疏浚河床时，发现了泉水潭，水源不绝，今日抽去，明日复满，致工程进行遭遇困难，况且当时缺少抽水设备，抽水机是向石蛤复耕区[2]借用的，先后驰往，接洽四次均因复耕区潘主任公出，该区人员未便作主，以致无法借到。正设法补救间，天忽降雨，淫雨崇朝，河水陡涨，而天气在短期内尚难转晴，加上年关将近，商店正值纷纷购入年货之际，货运交通亟待恢复，若疏浚工程长此迁延，不免影响商业，招致物议，若就此停顿，则前功弃于一旦，况河水一涨，日后排水工作倍增困难，进退两难之际，12月15日，在城镇镇长兼直属第一大队长李梦野向县长请示下一步该怎么办？白冲浩也没有好的办法，第二天批示：先着手疏浚竹木河，希即妥拟计划，发动沿岸义务劳力从速举办，拟克日停止，候水干时，再计议办理。12月19日，以余杭县国民义务劳动服务团指令直属第一大队长李梦野"本年十二月十五日报告，南渠河在城境内所辖地段，准暂缓疏浚，俟河干，再行继续办理，仰即遵照"[3]。实际上，疏浚南渠河工程就此停止了。1948年，国民党统治危机日益加重，加上西险大塘的抢修工程被提上了议事日程，余杭县政府也就无暇顾及南渠河的治理了。

---

〔1〕 《余杭县国民义务劳动服务团组织规程》，1947年，民国余杭县政府档案90-5-180，杭州市临平区档案馆藏。

〔2〕 石蛤复耕区：1947年3月，行政院善后救济总署浙江分署（联合国善后救济总署下设的分署）在余杭县石蛤设立的垦田区，耕地面积2357亩，耙地面积711亩。此处原是一片荒地，不能耕种。复耕队以美国人为主，运进拖拉机等机械进行耕垦，改成良田。复耕队不向农户收取任何费用，复耕之土地所有权仍归原农户所有。

〔3〕 《余杭县国民义务劳动服务团指令》，1947年12月19日，民国余杭县政府档案90-5-192，杭州市临平区档案馆藏。

第七节　中华人民共和国成立后

中华人民共和国成立后，苕溪流域水利史翻开崭新的一页。苕溪流域的治理开发，遵循全面规划、统筹兼顾、标本兼治和综合治理的方针，以控制西部苕溪山洪与增加东部平原排涝出路为重点，合理开发水资源，发展供水、灌溉、水运和水产养殖等水利事业。经过70多年的治理开发，取得了历代不可比拟的伟大成就。

一、苕溪干流治理

东苕溪位于杭州西北，杭嘉湖平原上端，处于浙西山区与杭嘉湖平原的过渡地带，其主流南苕溪源出东天目山，系浙江省的暴雨中心之一。支流有中苕溪和北苕溪。经历代修建整治，形成南湖、北湖和东苕溪右岸西险大塘。自汉、唐始，历代曾相继修筑堤塘、涵闸、湖，筑堤塘为防御洪水侵袭，建涵闸为放水灌溉之用，筑湖为分杀洪水。中华人民共和国成立后，起初以维修加固为主，20世纪60年代起，遵"上蓄、中分、下泄"的治理方针，按省、市、县统一规划，陆续建造调洪水库、加高加固堤塘、改建沿塘涵闸、整修南湖北湖、河道截弯取直、拓宽束窄河段，经数年努力，至21世纪初，初步形成以拦、滞、御、导为主的较为完整的防洪体系。

（一）加固西险大塘

西险大塘系东苕溪的右岸大堤，因位于杭州市西，堤塘险要，为杭城及杭嘉湖平原的西部屏障，东与钱塘江堤塘相对，故称西险大塘。自余杭街道石门桥起，经余杭、瓶窑、良渚、仁和等镇街至湖州德清大闸，全长44.94千米，其中境内长38.98千米。历朝以来，西险大塘屡毁屡修。1949年以后，由余杭、德清两县政府多次组织受保护地区的群众，对西险大塘工程抢修加固。1984年"6.13"洪水后的水毁修复与西险大塘一期加固工程结合进行，1995—2001年进行二期加固工程，2022年，以200年一遇标准修建。

1. 管理制度

（1）管理机构

1949年后，西险大塘仍按所辖堤段，分别由余杭和德清两县的水利部门负责管理。20世纪90年代西险大塘按100年一遇标准进行加固建设，由于塘线拉直，大塘长度缩为44.58千米（其中余杭段38.73千米，德清段自劳家陡门至新德清大闸为5.85千米）。余杭段，1962年建立堤防工务所，归属县农业水利局领导，1969年建立西险大塘水文站，1978年1月更名为余杭县堤防工务所，1984

苕溪堤防河道管理所旧址（20世纪六七十年代）

苕溪堤防河道管理所旧址（20世纪八九十年代）

年7月更名为余杭县苕溪堤防管理所，1986年更名为余杭县苕溪堤防河道管理所，2000年有管理职工34人。此外还有机电排灌总站、四岭水库管理所等，归属区（县、市）林业水利局。2001年撤市设区后更名为杭州市余杭区苕溪堤防河道管理所，2020年更名为杭州市余杭区东苕溪水利工程运管中心，隶属于余杭区林业水利局，是具有独立法人资格的公益一类事业单位。运营中心主要承担东苕溪防洪工程（余杭段）的日常运行管理工作；承担东苕溪干流涉河工程建设的初审工作；承担东苕溪干流水资源配置和环境保护的事务性工作；配合做好东苕溪干流及西险大塘（杭州段）管理范围内的水政执法等工作。

余杭和德清县的西险大塘管理机构，负责大塘（包括沿塘水闸）的日常

瓶窑水文站（2022），陈杰摄

余杭区东苕溪水利工程运管中心（2022），陈杰摄

西险大塘九连池防汛物料堆场（2022），陈杰摄

管理养护。在洪水时期大塘的巡查和抢险，除了由专管机构负责，还规定沿塘乡镇居民群众参加巡查与抢险。

西险大塘的防汛通信，历史上均以鸣锣为号，20世纪50年代开始由管理所至各防汛仓库装有单线电话。1986年，自青山水库至瓶窑（余杭县苕溪堤防河道管理所）至奉口水闸，架设沿塘通信专线一对。1990年以后，主要防洪地点均已装设程控电话，通信专线取消。

西险大塘沿线原有20多座防洪站、防汛仓库，随着公路交通发展，逐步改为集中设库，到2000年尚有乌龙涧、新凉亭、羊山、安溪、上牵埠等5处防汛物资仓库。

西险大塘防汛仓库是保障堤防安全的重要设施。西险大塘防汛物资储备始于1953年，历经1984年、1996年、1999年、2013年多轮特大洪水后，余杭区更加重视防汛物资储备，物资种类和数量逐年增加。到2023年，包括1处主仓库和4处露天堆场。主仓库位于瓶窑镇，占地面积7018平方米，由3个仓库组成，1、2号仓库建于1999年，建筑面积1951平方米。3号仓库建成于2016年，建筑面积1654平方米，采用仓储式货架储备模式，配置了2台2吨电动桁车，从桁车起吊至装车一次约一分半钟，装载一车16吨钢管约20分钟，与传统人工装车相比，节约时间约2小时，为抢险救灾赢得时间。

西险大塘物资储备仓库

西险大塘防洪抢险物资属水利工程专用物资，由区东苕溪水利工程运管中心负责储备。对照省市相关标准，防汛仓库目前储备各类物资77种，传统物资有麻袋16万条，土工布7500平方米，木桩1670根，钢管2300根等；新型物资有卫星电话10部，全方位自动移动工作灯1台，汽油打桩机10台，大功率泵车4辆，冲锋舟10艘等。2017年，仓库作为西险大塘标准化管理的重要组成部分，通过省级验收。

（2）护塘制度

1949年后，西险大塘设立护塘委员会，以区、乡（镇）划分设防地段。各乡（镇）设立护塘领导小组，由乡（镇）长任组长，组织以民兵为骨干的群众性抢险队伍。每年汛前（4月15日前）将护塘领导小组和防汛抢险队伍人员名单登记造册，明确各自的任务和责任。建立岁修制度，每年冬、春发动群众培土修理。1984年5月，余杭县政府发布《关于保护西险大塘的布告》，规定沿塘的任何单位和个人都不得损坏西险大塘和南、北湖滞洪区的堤塘；不得在堤塘上开垦种植、挖泥取土、破堤开缺、建房造窑、埋设管道、挖穴葬坟等；不得在苕溪河道内倾倒垃圾、废土、废渣和设置任何阻水障碍物等禁止事项。1996年"6.30"洪水，西险大塘乌龙涧堤段出现严重滑坡险情，经驻浙部队、武警大力抢险保住大塘安全。事后，在省防汛指挥部指导下，余杭市制定西险大塘抢险预案，对可能出现的各种险情制定抢险技术方案，对抢险组织领导和人力，抢险材料、工具储备，通信照明、交通运输保障等都作出明确规定。余杭市政府于1997年4月批转《西险大塘余杭段防洪抢险预案》，并规定在瓶窑水位可能超过7.5米并接到市防汛指挥部通知后，沿塘乡镇巡塘人员及时到划定管护堤段上岗巡塘，每100米配巡查人员1名，每300米配巡查组长1名，如在巡塘时发现险情，要以最快速度向市防汛指挥部报告，并与苕溪堤防河道管理所取得联系，组织抢险队伍上塘。

2. 整修加固

（1）1949—1983年

1949年7月，新成立的余杭县政府发动组织群众对西险大塘进行抛石、打桩、培土修补，完成土方7022立方米，抛石790立方米，打桩100多支，在经费极其困难的情况下，仍投资4480元。

建立大塘岁修制度。这一时期，东苕溪发生较大洪水的年份有1954年、1956年、1962年、1963年、1984年、1996年、1999年，南湖滞洪工程均开闸分洪，瓶窑的最高洪水位均在8.0米以上，西险大塘的防洪情况见下表。

表2-5　1949年以来西险大塘防洪状况

年份	余杭通济桥站水位（南湖分洪后）		瓶窑站水位		西险大塘防洪状况
	最高水位（米）	日期（月、日）	最高水位（米）	日期（月、日）	
1954	10.17	6.29	8.19	6.29	在长时间多个洪峰的高水位下，西险大塘多次出险，余杭县日夜守卫，组织1500余人护塘抢险
1956	10.68	8.2	8.33	8.3	西险大塘发生滑坡8处，以及裂缝等险情，8月2日龙舌嘴段被冲塌决口20米，余杭镇连夜组织1200人投入抢险
1962	9.37	9.7	8.25	9.7	南湖分洪后，余杭、瓶窑洪水位比1956年的洪水位要低，险情不重
1963	10.58	9.14	8.62	9.13	9月14日晚，南湖滞洪区的泄水闸两翼填土被冲决口，东苕溪洪水泄入运河水系。西险大塘多处出险，杭州市、余杭县组织抗洪抢险，驻浙部队出动抢险，保住了西险大塘
1984	9.94	6.14	8.98	6.14	大涧、五马陡门等地段出现严重险情。全塘共有滑坡29处、裂缝2处、漏洞137个。经驻浙部队、武警部队大力抢险，保住了西险大塘

年份	余杭通济桥站水位（南湖分洪后）		瓶窑站水位		西险大塘防洪状况
	最高水位（米）	日期（月、日）	最高水位（米）	日期（月、日）	
1996	11.21	7.2	9.07	6.30	经1984年以后工程加固，出险处数明显减少，但乌龙涧段50米发生滑坡险情（该段堤防原为第二线，未经加固，因为修乌龙涧船闸，第一线堤被挖除，第二线堤临水），经余杭镇抢险突击队、驻浙部队、武警部队突击抢险，转危为安
1999	10.39	7.1	9.18	6.30	虽然瓶窑站出现了历史最高洪水位，但西险大塘已经过工程加固，全线仅有24处渗水及2处表层滑坡

表格来源：《苕溪运河志》2010年版第1061—1062页。

20世纪50年代至60年代初，以土方为主加固堤塘，险段抛石，重点砌石护岸等。1951年发生洪水，瓶窑水位达到8.48米，是年冬和1953年春，全县发动10473人上塘，全线39千米堤塘进行加宽加高，完成土方64.40万立方米，石方1.15万立方米，投工74.15万工，投资27935元。1952年为搞好施工放样和掌握质量标准，培训农民技术员152人。1953年冬进行修补，完成土方15.10万立方米，石方1.10万立方米，投工8.56万工，投资25126元。1954年发生特大洪水，当年冬至次年春组织14348人再次加固加高。尤其对瓦窑塘进行加固，用块石砌磋护塘堤。对凤仪塘增筑1米土堤。1955年冬至翌年春又发动12289人上塘，继续进行培厚加固，两年共完成土方58.65万立方米，石方1560立方米，投工60.19万工，投资18.07万元。1957年6月10日，洪水造成瓦窑塘滑坡百米以上，余杭镇组织500多人连续抢修4天5夜，投入劳力1.2万余工，麻袋泥包2500余包，完成土方500立方米。

1963年至20世纪80年代初，修筑重点是挑土培堤、全线砌石护岸。

1963年9月，遭台风暴雨袭击，由于当时上南湖、永建、潘板等近10万亩圩区都已溃决纳洪，瓶窑站的最高洪水位仅为8.62米，西险大塘安然无恙。为预防更大的洪水出现，省水利电力厅提出大塘堤顶高程按最高洪水位超高1米，要求达到余杭11.58米，瓶窑9.62米，劳家陡门7.82米，堤顶宽4米，边坡1：2～1：2.5，内坡平台宽3～5米，高于田面1米，当年冬至次年春全县发动2万多人上塘，连历来没有大塘培修加固任务的临平片区也发动2600人支援维修与大塘连接处之南湖堤塘，共完成土方51.35万立方米，投工73.12万工，投资15.36万元。

是年，浙江省副省长王醒到西险大塘检查防汛工作时，要求西险大塘险工地段采用砌石护堤，将原抛石护脚提高一步。后经省水利水电厅批准，从1964年春开始，由国家投资在9个险工地段进行干砌石护坡，组织13个建筑单位及沿塘群众，一年内完成大方脚3.51千米，护坡3.5万平方米，使用经费34.5万元。第二年完成大方脚5.14千米，护坡6.37万平方米，投资24.10万元。1966年又完成大方脚1.70千米，护坡1.80万平方米，投资11.21万元，当年还组织1.3万人上塘挑土加固，完成土方20万立方米，投工22.13万工。

1977年，根据省水利厅意见，余杭县革命委员会决定对西险大塘进行标准塘建设，堤顶高度要求按1963年最高洪水位超高2米，顶宽达6米，迎水坡1：2，背水坡1：2.5。部分地段继续砌石护坡，塘面建成简易公路。施工期自1977年冬至1979年春，基本达到上述标准，堤顶高程达到1963年洪水以上2米，塘面修建简易公路，部分地段砌石护坡，共完成土石方156万立方米，投工103万工，投资74万元。同时建成余杭镇至劳家陡门34.48千米简易路面。

1983年6月23日至7月10日，连续降雨，洪水猛涨，瓶窑水位达8.49米，西险大塘发生滑坡6处，堤脚坍方18处，堤顶裂缝3处，渗漏18处，大小漏洞95个。为预防洪水和台风的再次来袭，县人民政府作出突击抢修的决定，省水利厅增拨抢险经费22万元。组织沿线乡村和个体拖拉机100余辆，运输砂石料抢修，并动员余杭、瓶窑、三墩区范围内凡有货车的厂矿、企事业单位支援运输，每一吨位抢运石料10吨，是年8月底，完成9715吨的支援运输任务。是年底，砌筑内坡平台3600米，堤脚砌石6308米，开挖导渗沟609米，土方46683立方米，石方6758立方米，石碴46010吨。修复堤塘并完成部分加固工程。

（2）1984—1994年

1984年6月13日、14日连续暴雨，瓶窑水位达到8.98米，超历史纪录水位，在青山水库拦洪错峰，南湖和北湖滞洪区分洪和中、北苕溪部分堤塘决口进水的情况下，西险大塘大涧、乌麻陡门相继出现险情，发生大小滑坡29处，堤身裂缝2处，漏洞137处，渗漏29处。为确保西险大塘的稳固和度汛安

西险大塘套井回填作业
（1997）

劈裂灌浆机械在应家塘段试机（1988）

全，据省水利厅"根治隐患，提高标准"要求，对渗漏地段进行套井回填[1]
处理，并在堤内筑成黄土防渗墙。当年完成石碴6.35万立方米，浆砌块石1.27
万立方米，土方10.61万立方米。12月，经省人民政府批准，列为全面加固工
程，第一期工程从余杭土桥湾至瓶窑压沙塘填筑石碴14千米，渗漏地段继续
套井回填，省、市拨款311.04万元。

1984年12月26日，省政府办公厅印发《西险大塘第一期工程计划审查会
议纪要》，决定全面加固西险大塘，防洪标准为20年一遇。工程主要内容
是：在堤塘背水坡堤身1/3高度处建石碴平台；对1983年、1984年洪水中漏水
地段堤身进行劈裂灌浆[2]、套井回填黏土防渗处理；对沿塘涵闸进行改造。
其中土桥湾至压沙塘（堤塘里程桩号6K~20K）14千米堤塘为1985年计划先行
施工。县政府建立"余杭县西险大塘加固工程指挥部"，由分管农业的副县
长指挥，苕溪堤防管理所具体组织实施。是年，省水利厅下拨抢险经费95万
元，抢险加固工程着手进行，当年完成石碴平台6.35万立方米，浆砌块石1.27

---

〔1〕 "套井回填"指用冲抓钻打10米深孔，孔直径1.05米，两竖井间连环搭接，搭
接处厚度70厘米，形成一道10米深连续防渗黏土心墙。

〔2〕 "劈裂灌浆"是引自湖南省的防渗技术，即在堤顶中轴线每隔4~5米用钻机钻
孔8~10米，用泥浆泵将黄泥浆压入堤身，使堤身产生一条纵向裂缝，堤内形成5~8厘米
厚的黏土防渗帷幕。

万立方米，土方10.61万立方米。

1987年，省水利厅批复当年施工计划，第一期加固工程展开，因大塘除险加固安全度汛时间紧迫，《西险大塘第一期工程修正初步设计书》直至1988年才编制完成，明确防洪标准为20年一遇。工程项目为堤塘背水坡填筑石碴平台，部分地段防渗漏处理，沿塘大树清理，苕溪河道急弯段抛石固脚，奉口闸、安溪闸、化湾闸改建。改建加固涵洞16处。一期工程从1984年开始到1994年年底完工。其间，苕溪堤防管理所干部职工分段负责，责任到人，落实周边10多处矿山订购石碴和块石，组织200余辆手扶拖拉机投入运输与填筑，按路程和数量支付报酬。共填筑石碴平台36.50千米（时余杭集镇及獐山杨梅山段未列入计划），累计填筑石碴107.28万立方米，块石护脚3.39万立方米，临池塘处抛石9.68万立方米，填筑土方2.18万立方米，急弯道抛石1.95万立方米。堤塘清挖大树41株（另保留4株古樟）。防渗漏处理4.09千米，其中套井回填784.25米，劈裂灌浆3.3千米。一期加固工程堤塘背水坡石碴平台填筑，共拆迁房屋33639平方米（每平方补助10～23元），征用土地840.9亩（耕地每亩补助1000元，旱地每亩补助600元）。工程总投资2307.8万元。

一期加固总经费3387万元，其中余杭段2365万元，德清段1022万元。经费来源有三方面：在1984年"6.13"洪水后，国家防汛总指挥部在逐年特大防汛经费安排时，对西险大塘工程给予单列经费；在省防汛岁修经费中，每年安排西险大塘加固经费；在实施余杭镇至瓶窑镇段应急工程中，杭州市地方财政也安排一部分补助经费。另外，为建石碴平台，征地近千亩，拆迁4万多平方米，省拨补偿标准较低（征地每亩1000元，拆迁每平方米10～23元），余杭县财政和沿塘乡镇也负担部分补偿。

西险大塘砼墙立模工程（1995年12月）

（3）1995—2005年

1995年10月，开始第

二期加固苕溪西险大塘工程，根据《太湖流域综合治理总体规划》，西险大塘加固工程被列为东、西苕溪防洪工程的组成部分。1996年7月，省水利水电设计院完成《东苕溪防洪工程西险大塘加固工程初步设计》，同年，二期加固工程被列为太湖流域综合治理十大骨干工程之一。1997年1月13日，余杭市人民政府发文，建立余杭市西险大塘加固工程指挥部，设办公室，分设行政后勤、工程技术、政策处理3个小组，负责工程建设。西险大塘第二期加固工程除6千米试验段外，共分28个标段，经公开招投标，由省、市及萧山、诸暨、余杭等7家水利建筑工程公司分段承建，分期分批施工。同时组建工程监理部和项目质量监督组，实行现场监控与检查监督。

1996年底，土桥湾至何家陡门6千米试验段（6K～12K）完成。1998年10月至2001年6月，实施瓶窑

西险大塘乌龙涧防渗沟工程（1997年10月）

西险大塘柏树庙段砌石护坡工程（1999年8月）

余杭干部群众参加西险大塘水利劳动（1998年12月）

西险大塘加固工程（1999年冬），陈理清摄

西险大塘高喷试验（2000年11月）

西险大塘土桥湾段白蚁情况（1988年8月）

镇段（桩号19K+060～530）470米退堤，退堤后河道宽度从69米增加到104米。同时改建瓶窑老大桥（19K+530），新桥从原3孔69米改建为4孔104米。

1998年11月至2000年5月，实施安溪段（桩号24K+025～780）755米退堤工程，最大退堤幅度28米。同时拆除1985年移位重建的安溪新拱桥。原址改建120米长，桥面净宽9.5米的平桥。

二期加固工程按100年一遇防洪标准和国家二级堤防设计施工。堤顶高程为13.18～9.06米（吴淞标高，下同），堤顶增设混凝土防浪墙，分别为20K以上段墙高0.3～1.4米，20K以下段为0.3米，内外坡均达到1：2；迎水面全线筑成干砌块石护坡，局部为混凝土防渗面板，以防水流冲刷；背水坡撒布草籽或种植草皮，以保护堤坡，堤脚石磴镇压平台普遍拼宽至8米，弯道险段适当加宽到10米，外侧筑石砌挡墙，植树绿化。全线铺成泥结碎石路面，余杭、瓶窑集镇段为水泥路面，作为防汛公路。余杭、瓶窑、安溪3处拓宽，新筑退堤2.37千米，大塘基础及堤身防渗，以套井回填黏土防渗墙为主，局部堤段高压摆喷防渗，全线防渗处理共38.15千米，其中套井回填30.6千米。大堤防渗还重视防治白蚁危害，共挖除大小白蚁主巢1970穴。二期工程于2001年6月基本竣工，余杭段全线加高加固，堤身套井回填黏土防渗（包括局部高压水泥灌浆）防渗32千米，退堤切滩3.3千米，堤身加筑防浪墙并干砌块石护坡，改建涵洞22座，封堵涵洞2座，余杭闸等5座水闸均已完成改建，新建、拆建桥梁3座。

表2-6 2010年西险大塘沿线水闸情况

闸名	位置（桩号）	原建情况	改建情况
余杭闸	2+621	1966年建成，单孔净宽4米	1997—1998年移位改建，净宽2米，净高2米，箱式涵闸
化湾闸	16+089	始建于南宋淳熙六年(1179)，小闸	1991年改建成单孔净宽4米水闸
安溪闸	24+282	始建于南宋淳熙六年(1179)，清光绪十六年(1890)重建为净宽2.4米水闸	1992年改建为单孔净宽4米水闸
上牵埠船闸	30+509	1986年建成船闸，勾通东苕溪与运河水网	上下闸室均净宽7米，船闸室长100米，可通100吨级船只
奉口闸	31+941	始建于南宋淳熙六年(1179)，民国二十三年(1934)重建为净宽4米水闸，可兼通船只	1988—1989年在老闸后兴建总净宽3.8米，净高1.5米，2孔箱式涵闸，下接祥符桥水厂输水管，成为水厂专用取水口

　　西险大塘第二期加固工程共开挖土方108.2万立方米，回填土方145.7万立方米，块石砌筑13.3万立方米，抛石12.89万立方米，石碴填筑35.32万立方米，浇筑混凝土4.28万立方米，套井回填35.48万立方米，混凝土灌注桩2.24千米，沥青路面约21.8万立方米，绿化40.45万平方米。拆迁房屋45514平方米，征地1301.91亩，借地2047.51亩。建造安置房176户计14631.83平方米。工程总投资32118万元。

　　西险大塘二期加固工程持续到2005年年底完工。2006年1月19日至20日，由省水利厅主持，进行工程初步验收。2007年8月8日，通过竣工验收。

　　西险大塘经一期、二期加固加高，达到100年一遇防洪标准。堤塘堤顶

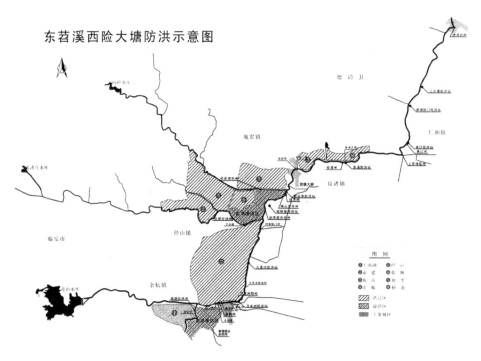

东苕溪西险大塘防洪示意图（2000），余杭区林水局绘制
原载于《余杭通志》2013年版。

高程达到9.06～13.18米，堤顶宽5.5～7.0米，堤坡1：2.0。堤塘迎水面全线干砌石护坡，其中里程桩3K+140～200，18K+140～225计145米为混凝土顶板护坡。堤顶增设混凝土防浪墙，20K以上防浪墙高度0.3～1.4米，20K以下段为0.3米。堤塘背水坡散播草籽或种植草皮，面积41.58万平方米，种树1.79万株，既防水土流失又成绿色护坡。西险大塘全线防渗处理38.15千米，其中套井回填30.60千米，其余为高压摆喷防渗及振动沉模混凝土板墙防渗。堤塘背水坡脚全线填筑石碴镇压平台，宽度8米（弯道险段增加到10米），高度为堤塘高度的三分之一，并于2005年7月至11月全线浇筑沥青混凝土路面，用作防汛公路。

（4）2005年后

西险大塘二期工程完工后，整个东苕溪内部防洪体系得到完善，形成一个较为完备的拦、滞、御、导、排的防洪体系，但堤防结构单薄，存在的渗漏、滑坡等风险隐患并没有根除。随着杭州市城市发展，重心西移，杭州城西区域内布局有城西科创大走廊、未来科技城、云城、之江实验室等重要保护对象，经济要素高度集聚，按照国家防洪标准和杭州市城市规划，西险大塘防洪标准需从100年一遇提高至200年一遇。

2022年8月31日，杭州市重大水利工程现场调度推进会暨东苕溪防洪后续西险大塘达标加固工程开工活动举行，涉及新开工重大水利工程10项，总投资221亿元。其中，余杭区西险大塘达标加固工程总投资58亿元，是浙江省新开工重大水利工程中，投资体量最大的一个。工程计划将西险大塘防洪标准由原设计的100年一遇提高至200年一遇。

此次达标加固工程计划工期48个月，将针对原堤坝防洪标准低、存在渗漏、滑坡风险隐患等问题，采取堤身拼宽、全线防渗、固基增稳等措施，达标加固西险大塘（杭州市段）、中桥塘（直接保护之江实验室）等52.9千米堤防。工程建成后，东苕溪干流右岸西

东苕溪西险大塘三官塘段
（原载于《余杭水利志》2014年8月第1版）

东苕溪西险大塘獐山段
（原载于《余杭水利志》2014年8月第1版）

西险大塘景观点（2016年12月），刘树德摄

西险大塘达标加固工程（2023）

险大塘、中桥塘、南湖东围堤和铜山溪左岸堤防防洪标准将提高至200年一遇；上南湖区块排涝标准将提高至50年一遇，24小时降雨24小时排出，进一步提升区域防洪能力，提高城市安全系数。该工程还将深度挖掘沿线河道历史上的人文风情，融入景观、休闲、运动、文化、旅游等多元功能。这座始建于东汉的西险大塘将更坚固地守护杭、嘉、湖东部平原和杭州城区1500万百姓，承担起城西科创大走廊区域科研重器的防洪安全重任，成为余杭建设城市新中心强有力的后盾与支撑。

（二）整修南湖

我们通常所说的南湖，实际上是指南湖滞洪区。其总面积为5.26平方千米，100年一遇水位9.96米，相应滞洪库容2413万立方米；20年一遇水位8.66米，相应滞洪库容1731万立方米，常水位5.16米。东、西围堤全长9.7千米，其中东围堤5.881千米，为100年一遇防洪标准，工程级别2级；西围堤3.819千米，为20年一遇防洪标准，有穿堤涵闸4座。其中南湖分洪闸为6孔6米，最大分洪流量为650立方米每秒。

南湖自古至今为余杭重要水利设施。自汉至民国，历代虽有治理，但由于泥沙淤积、围湖垦殖等原因，面积日益缩小。至1949年5月余杭县解放时，南湖面积只有7050亩（470公顷）。

1. 20世纪五六十年代的整修

中华人民共和国成立后，对南湖滞洪工程进行多次整修。1951年，余杭县政府征收南湖内部分被占用土地，加高加固环湖堤塘9530米，共投入劳力17.65万工日，完成土石方18.43万立方米。余杭镇组织500员工参加治理工作。1952年春，县人民政府发放补偿，动员湖内农民迁移，实施退田还湖。

1953年，对南湖的进水闸和泄洪闸进行改造。将进水闸（分洪闸）改建为自跌式闸门，出水闸（泄洪闸）改建为螺杆启闭式闸门。进水坝坝长90米，高9米，坝顶设1米×1米高自跌式闸门90扇，当水位达9.9米时，闸门自动翻倒进水。同时改建原来的泄水建筑——滚水坝，改建成2孔，高3米×宽2.55米（底高程3.66米）

建于1953年的南湖分洪闸（1995）

螺杆启闭式泄水闸。加固后围堤，由沿塘乡镇负责养护。1953年，全湖蓄水量1862万立方米。1954年到1963年，南湖共分洪29次。

表2-7　1950—1999年南湖滞洪区分洪情况[1]

分洪时间			闸前水位（m）	余杭通济桥流量（m³/s）	分洪时间			闸前水位（m）	余杭通济桥流量（m³/s）
年	月	日			年	月	日		
1954	6	25	10.26	570	1959	6	4	9.88	375
1954	8	21	9.98	475	1959	6	9	9.84	367
1955	6	28	9.28	277	1960	3	25	9.80	402
1956	5	8	10.08	280	1962	9	6	9.37	316
1956	8	2	11.40	725	1963	9	12	11.47	1070
1956	9	24	9.88	365	1964	6	14	10.25	221
1957	5	5	9.99	375	1984	6	14	10.30	——
1958	5	2	9.65	293	1996	7	1	10.50	——
1959	4	11	10.30	491	1999	7	1	10.65	——

注：在1953—1963年间，南湖滞洪区进水闸未建前自然分洪29次。1964年，青山水库建成后南湖滞洪区使用频率减少。

〔1〕 根据2014年版《余杭水利志》"1950—2010年南、北湖滞洪区分洪情况"表制作。

20世纪60年代，在"大办粮食"口号影响下，大片湖区又复垦为田。1963年9月12日台风，因暴雨引发洪水，南湖泄水闸两翼墙被冲坍，南湖水经蒋家潭港、和睦港泄入运河，下游农田被淹没，杭州拱宸桥水淹二尺余，涝情严重。是年秋冬，组织2600余民工加固加高南湖堤塘，完成土方3.8万立方米。

2. 南湖农场的创建

1960年始，政府采取"垦蓄兼顾，垦殖服从于分洪"的政策，有计划开发利用南湖。是年9月，省劳动改造管理局、杭州市公安局分别创办南湖农场、石门农场，南湖滞洪区内中泰乡的农民也有一部分垦种面积。为了保证南湖滞洪区的性质，1961年5月，由杭州市副市长邱强主持在余杭镇召开有关南湖的使用与管理问题的会议。1963年2月，在省人民委员会副秘书长林锦章主持下，召集有关部门和湖内生产单位协商，在南湖基本功能是调蓄洪水的前提下，对湖内农田用水、堤塘管理、水面养殖收益分配、护塘责任等达成协议，并作出规定。

1963年，南湖农场、石门农场两场合并，1964年起，省劳改局、农垦局先后在南湖办农场进行垦殖，紧急时仍作滞洪区。1965年1月，定名"杭州市南湖农场"。1966年，下放余杭县管辖，改为"余杭县南湖农场"。1970年5月，组建浙江省生产建设兵团一师四团，1976年兵团撤销，恢复为余杭县南湖农场，由余杭县农垦局管理。

1996年和1999年两次"6.30"特大洪水，紧急滞洪，农场遭受严重损失。1999年12月15日，省政府召开专题会议，决定南湖滞洪区内单位人员全部外迁。根据省政府决议精神，2000年1月14日，杭州市政府下发《关于解决余杭市南湖农场滞洪区问题有关事项协调会议纪要》，同时，余杭市政府成立南湖滞洪区职工搬迁

南湖农场曾经的粮仓（2021），陈杰摄

安置工作领导小组，组织实施住户外迁工作。2000年8月，经批准，成立南湖滞洪区管理站，2001年3月，滞洪区土地等资产移交管理站管理。

3. 20世纪90年代开始的综合治理

20世纪80年代，对南湖堤塘进行过整修加固。1984年8月，在燕子窝附近堤塘进行套井回填施工，以防止堤塘渗漏。是

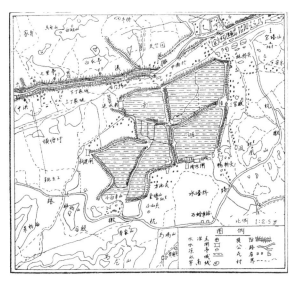

南湖图（1985），
原载于《余杭水利志》2014年版

年冬，又对南湖薄弱塘段进行加固，投入劳力2.5万工，完成土方5万立方米，耗资3.5万元，将堤塘加高到11.5～12.5米。20世纪90年代初，经省水利厅立项批准，将南湖滞洪工程列入东苕溪防洪工程进行重建加固。20世纪90年代南湖滞洪工程重建加固的主要任务是：根据东苕溪防洪规划要求，南湖滞洪工程与青山水库及其他紧急分洪区联合运用，保障西险大塘达到100年一遇防洪安全。南湖滞洪工程开闸分洪水位由20世纪80年代的余杭通济水位9.5米提高到10.2米，最大分洪流量达到650立方米每秒；南湖西围堤达到20年一遇防洪标准，南湖东围堤达到100年一遇防洪标准。

1992年12月，余杭县成立东苕溪防洪工程指挥部，重建南湖滞洪工程进水闸和加固南湖围堤。根据省水利厅浙水政〔1993年〕260号文件，南湖滞洪区重建加固工程于1993年12月动工，1994—1995年封堵老闸，重建新闸和加固围堤，拓宽分洪闸至东苕溪主流南苕溪的引河长565米，引河上口宽75米，下口宽25米。重建加固工程共完成土方49.71万立方米，混凝土0.98万立方米，石方5.1万立方米，铺砂石路面1.75万平方米。总投资2178万元。重建加固工程主要包括以下几个方面：

（1）重建分洪闸

南湖分洪闸位于余杭街道石门桥，南湖之西北角，南苕溪右侧，古时为

石门涵，是开辟南湖时蓄泄南苕溪洪水的进水处。1994年7月，将原闸拆除封堵，重建新闸，1995年4月完成大闸主体工程，建成6孔净孔6米新闸，闸底板高程7米，闸顶高程12米，钢筋混凝土闸门，门高5米，安装16千瓦6台套，2×25吨上提式电动卷扬机启闭，分洪流量从150立方米每秒提高到650立方米每秒。建有机房操作室237平方米，管理房200平方米。为确保引水河道畅通，拓宽挖深闸前580米引水河道，上宽75米、底宽25米、河底高程4米，挖土方12万余立方米，土方运到东围堤加固，并拆除原有通仙桥，移位重建。共征地94亩，拆迁民房500平方米。1997年10月通过省水利厅验收。

（2）加固东围堤

东围堤，从余杭石门桥分洪闸至中泰街道蔡家山，长5.88千米，分为两段：第一段自分洪闸至浮山脚，俗称南湖塘，长度5.53千米；第二段自野旺山至蔡家山长度0.35千米，俗称将军塘。东围堤因与西险大塘起点相连接，故加固标准与西险大塘等同，按100年一遇防洪标准加固加高。东围堤加固工程分两个阶段实施，第一阶段为1994年冬至1997年8月秋，对堤塘土方加固加高，部分因紧靠民房无法加高土方，则采用堤顶筑混凝土防浪墙，墙高0.3～1.5米不等，长度3.44千米（里程桩号东围堤1K+160至4K+600），迎水坡堤脚多数临池塘，采取抛石固脚以防侵蚀，堤顶铺设石碴路面，作防汛通道。同时

正在砌筑南湖分洪闸前翼墙（1995年3月）

南湖分洪闸（2021），陈杰摄

完成泄水闸改建及2处涵洞重建，共完成土方1.98万立方米，混凝土0.24万立方米，抛石1.44万立方米，砌石1.65万立方米，砂石路面工程量17.47万立方米，征地24亩，拆迁民房154平方米。1996年"6.30"洪水后，对东围堤渗漏和散浸较严重的5处堤段，计780米长堤塘实施防渗处理，历时三个月，于1997年8月23日完成，套井回填长度583米，进尺5.68千米，劈裂灌浆187米（其中充填式灌浆19米）。第二阶段为2001年1月至2002年8月。1999年"6.30"洪水后，堤塘出现渗漏和表面滑坡等问题，经省水利厅批准，对东围堤全线防渗加固处理。迎水坡贴坡帮宽，黏土斜墙防渗，堤坡达到1：3；背水坡削坡至1：2，增设5~8米宽石磴镇压平台，堤脚线浅井截渗；堤顶加高及拆建防浪墙，堤顶高程达到13.4~13.9米，堤顶宽6米以上；内外坡种植草皮14.8

南湖出水闸旧貌（1996年4月）

南湖通仙桥（1986）

1995年建的通仙桥（2021），陈杰摄

万平方米，种树1.71万株。共开挖土方19.08万立方米，填筑土方45.88万立方米，石碴填筑5.71万立方米，干砌块石挡墙1.19万立方米，混凝土6100立方米，共投资4377.02万元，征地338亩，拆迁房屋7517.75平方米，三线迁移13.20千米。

（3）加固西围堤

西围堤，从南湖分洪闸南端至杭昱公路，长3.82千米。1992年12月15日开始，余杭镇、中泰乡组织民工3000余人，并在当地部队支援下对堤塘加固加高。中泰乡负责地段450米（桩号5K+900～6K+50），余杭镇负责地段1030米（桩号8K+040～8K+070），部队410米（桩号7K+630～8K+040）。尚余1929米因堤塘临水，组织手扶拖拉机从外地运土填筑，至1993年3月底完工。共计填筑土方13.58万立方米，其中人工挑土7.7万立方米，机械运土5.88万立方米。加固后堤顶从原来的10.2米增高至12米，堤顶宽从4米扩展到5米，内外堤坡1：2.5，达到20年一遇防洪标准。1997年4月，余杭市防汛指挥部重新划定南湖围堤分段护塘责任，其中围堤的0K+000～2K+400、7K+270～9K+350由南湖农场负责；2K+400～5K+851由余杭镇负责；5K+581～7K+270由中泰乡负责。1997年10月20日通过竣工验收，工程总投资2117万元，当湖内水位达10.5米时，可滞洪2400万立方米。

（4）重建泄水闸

泄水闸指1953年将原滚水坝改建成的2孔泄水闸，每孔净宽2.55米。重建加固后，改建成1孔净宽4米泄水闸，泄水经闲林溪入余杭塘河。

此外，开挖引河一条，长580米；新建2跨16米通仙桥一座；拆建2台55千瓦排涝站一座，新建管理房139平方米；涵闸改造等。

4. 进入21世纪的南湖综保工程

进入21世纪，南湖滞洪区的整治开发工作多次被提上议事日程。2003年，中共余杭区委、余杭区人民政府决定，确保满足分洪、滞洪功能的前提下，将南湖开发建设成集分洪、滞洪、旅游度假、人居为一体的国际度假休闲区。2005年10月，杭州市政府决定将南湖滞洪区改建为杭州"新西湖"，在确保分洪、滞洪功能的前提下，开发旅游、休闲、度假功能。是年10月18日整治工程奠基，计划投资25亿元。2008年，南湖滞洪区综合整治工程被列入杭州市休闲之都建设工程重点实施项目。当年，完成投资10.52

亿元。至年底，累计完成土方挖运940万立方米，占整个湖区应挖土方的85%，已基本形成湖面。2009年10月，东围堤整治加固工程开工建设。该工程位于南湖东围堤桩号2K+300～4K+700段，长2.4千米。整治加固沿原堤线进行，设计堤顶高程11.96米，加宽至20米，迎水侧坡度1∶3，在迎水坡坡脚设置宽10米、高程5.5米的亲水平台，断面外侧根据实际情况适当培土拼宽。2010年，南湖滞洪区综合整治与保护工程历时5年竣工，湖区挖土累计1100多万立方米，沙滩公园代建及绿化景观优化工程（绿化113.33公顷）、电力线"上改下"、东围堤整治加固、南湖东路中段道路顺利建成，累计投资15亿元。同年10月，南湖滞洪区综合整治工程（湖区）和东围堤整治加固工程（一期）通过竣工验收。工程自2006年6月开工，至2010年9月完工。投资26610万元（不含尾留的滞洪区补偿工程），完成土方开挖1119.7万立方米、水土保持绿化53万平方米、堤塘整治加固2.41千米。工程的顺利竣工，对增强滞洪区滞洪蓄洪功能，保护西险大塘安全和杭、嘉、湖地区的防洪安全，改善水生态环境，提升城市品位具有重要的作用。

2021年9月，南湖综保（一期）工程正式开工，总投资21.96亿元。项目位于余杭街道、中泰街道，计划于2026年12月完工。项目包括南湖城市阳

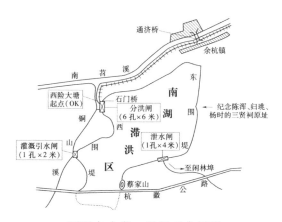

2000年南湖工程平面布置图
（原载于《苕溪运河志》2010年版）

南湖滚坝新建工程施工（2022年10月），刘树德摄

台、环南湖道路一期工程、环南湖景观一期工程以及环南湖游步道。

（三）整治北湖

北湖滞洪区位于东苕溪支流中苕溪的左岸，余杭街道以北8.5千米，瓶窑镇西南，介于中、北苕溪之间，原为一片草荡，古称天荒荡，今称北湖草荡，俗称仇山草荡。北湖同南湖一样，也是苕溪流域著名的历史悠久的水利工程。主要功能是潴滞中苕溪洪水，以减少东苕溪的区间洪水，直接减轻中、北苕溪圩堤防洪威胁，间接减轻西险大塘的防洪压力，干旱时蓄水以溉农田。

自古以来，由于北湖缺少疏浚，至1950年，北湖草荡尚存8000亩（533.33公顷），堤防坍损，成为无屏障的天然滞洪区。荡内钉螺泛滥，已成血吸虫病流行区。中华人民共和国成立后，经多次修复，堤防加固，水闸更新，对分泄洪水、减轻西险大塘压力发挥了重要作用。

1971年，余杭县革命委员会组建北湖围垦指挥部，指派农业局副局长宋竹友全面负责，对北湖草荡筑堤围垦，一可以人工调节蓄洪，减轻东苕溪洪水压力，二可阻止农民再行侵占，三可灭除传播血吸虫病之钉螺。即按照调洪、垦种、血防（防治血吸虫病）三原则进行综合整治，把北湖改建为可控制的中苕溪滞洪区。

北湖图（1985），原载于《余杭通志》

1972年，余杭县组织13个公社1.2万余人改造北湖草荡，新筑围堤10.09千米，加固老堤4.6千米，堤顶高程9.2～9.5米，宽2～5米，堤坡1∶2.0。围区东侧与东苕溪的沈家坝、下木桥相接，经东南由中苕溪向西南延伸，以白龙庙、九庙坝为界，西与杭长铁路相隔，西北与张堰村堤塘为邻，东北侧以北苕溪为界，围区总面积5.3

平方千米。在杭长铁路下游100米处新建溢流式进水坝一座，坝长80米，坝顶高程7米，装有宽2.3米×高2米立轴式钢丝网混凝土活动门35扇，设计分洪流量315立方米每秒。当水位到达9米时，相应滞洪库容2173万立方米。在东苕溪左侧之汤湾渡新建2孔宽3米×高4米的泄洪闸1座，底板、闸墙、闸墩等均采用浆砌块石，闸上面为钢筋混凝土拱板。新建庄村渡及横山1.8米×2米和1.5米×1.8米的泄洪涵洞各1座，装有立轴式钢筋混凝土门，靠水压力自动启闭。以上工程挖填土方79.18万立方米，投工71.8万工，投

北湖新建桥（1971）

北湖庄村渡北湖大桥（1972）

资59.07万元（不包括民工补贴）。为便于周边群众出行和交通运输需要，同时在北湖南北两端建桥。南面在中苕溪出口上游新建下木桥，为单跨30米的双曲拱桥，桥面宽3.5米，桥面高程8.5米；北面在北苕溪庄村渡新建北湖大桥，为25米×30米×25米三孔钢筋混凝土双曲拱桥，全长90米，桥面宽4.5米。为连通104国道，又在北湖圣塘村低田畈新建18米长的平桥。将新围湖内部分可耕地分给缺粮的百丈、鸬鸟、泰山、太平等乡村耕种，国家不设征购任务，分洪淹没投资损失不予补偿。

北湖建闸控制后的运用问题，由余杭县政府决定，当中、北苕溪发生大洪水，危及中、北苕溪堤防安全时实施分洪。20世纪70年代以后，每年汛期西险大塘的管理机构派专人在北湖滞洪区的分洪闸值班，一旦需要即可开闸

纳洪。1971年后北湖滞洪工程分洪次数见表2-8。

表2-8　1971年整治后余杭北湖滞洪区分洪情况

分洪时间				闸前水位（m）	瓶窑水位（m）
年	月	日	时		
1974	8	20	17:00	9.05	8.25
1977	9	26	20:00	9.15	8.29
1983	7	5	19:40	9.30	8.44
1984	6	14	21:00	9.25	8.27
1990	9	1	2:35	9.25	8.00
1993	7	4	1:00	9.45	8.30
1996	6	30	16:15	9.40	8.56
1999	6	25	18:45	9.37	8.40
2001	6	26	7:50	9.68	8.17
2009	8	11	1:00	7.39（9.23）	8.88
2010	3	6	19:00	7.07（8.91）	8.27

资料来源：表格根据《余杭水利志》2014年版制作。

1972年余杭县农业局确定，北湖滞洪区在不影响调洪的前提下种植利用。当时滞洪区围堤内已垦种2198亩，尚可开垦5283亩，分配有关社队种植。在北湖滞洪区内垦种的有百丈、太平、鸬鸟、泰山、博陆、长命、北湖、永建、吴山等公社（乡）和余杭蚕种场。整治围堤垦种后，有关公社（乡）在北湖滞洪区垦种，国家不计征购粮食任务，分洪淹没损失国家也不予补偿。自1972年以后北湖滞洪区历次分洪淹没均按此原则执行。

1978年，因35扇钢丝网闸门强度不足，闸门有破损现象，重新浇制钢筋网闸门。汤湾渡泄水闸因破损严重，改建成钢筋混凝土梁板式闸门，安装2台电动螺杆式启闭机。

北湖滞洪工程自1972年建成后，经长期运行，暴露出标准偏低、设施老化、塘堤坍陷等诸多问题。1995年10月，经省水利厅立项批准，北湖滞洪工程被列入东苕溪防洪工程进行重建加固，工程由余杭市东苕溪防洪工程指挥部组建的北湖分洪工程办公室负责实施。北湖滞洪工程重建加固的主要任务是：根据东苕溪防洪规划要求，北湖滞洪区分泄中苕溪洪水，北湖滞洪工程开闸分洪水位由20世纪80年代的瓶窑水位8.2米提高到8.3米，原进水闸立轴式转动门扇废除，另行新建6孔钢筋混凝土平板分洪闸，最大分洪流量560立方米每秒；围堤加固达到20年一遇防洪标准；原泄水闸改建以及滞洪区内增建排灌机埠4座、抗旱机埠11座、拆除老桥后新建80米长下木桥1座。

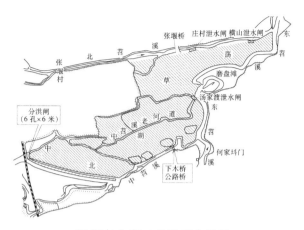

2000年北湖工程平面布置图
（原载于《苕溪运河志》2010年版）

北湖整修工程于1995年10月开工，1998年4月完工，总投资1523.8万元，完成土方29.02万立方米，石方1.08万立方米、石碴1.65

北湖分洪闸

万立方米，混凝土0.59万立方米，征地36.27亩，拆迁房屋4089平方米，并经1999年"6.30"洪水运用考验，2001年4月通过省水利厅验收。经过整修，有以下几处重建加固工程的主要建筑物。

北湖分洪闸 位于瓶窑镇张堰村南的中苕溪杭长铁路桥下侧，系1971年重筑北湖堤塘时新建的进水闸，闸底高程7米，闸顶高程9米，设2.3米×2米立轴式钢筋混凝土门35扇，最大流量315立方米每秒。1995年10月移位重建，于1996年11月完工。将原80米宽的立轴式活动闸门拆除封堵，重建6孔净孔6米新闸，闸底高程6米，钢筋混凝土闸门，门高4.5米，安装15千瓦电机6台套配2×25吨上提式电动卷扬机启闭，分洪流量从315立方米每秒提高到525立方米每秒，建有机房操作室373平方米，管理房280平方米，共挖填土方4.19万立方米，石方0.52万立方米，混凝土0.40万立方米，投资590余万元。当湖内水位达到10.4米时，可蓄水2052万立方米。

北湖泄水闸　北湖滞洪区有汤湾渡、庄村、横山3座泄水闸。汤湾渡泄水闸于1971年构筑围堤时建成，为2孔高3米×宽4米出水闸，闸底高程2米，1992年改建部分闸室和闸门，新建启闭机房。以手电两用启闭机启闭，同时重建庄村、横山两处泄水闸。1997年，将穿堤涵管及进出口部位重建为混凝土箱涵，重新埋设沿塘16处机埠穿堤涵管，共完成土方2.38万立方米，砌石及混凝土0.25万立方米，投资101万元。改建后汤湾渡闸2孔，每孔净宽1.5米；庄村闸单孔净宽1.8米；横山闸单孔净宽1.5米。

北湖围堤加固　1996年10月开工，1997年10月完成。自杭长铁路信桥起至张堰村之塘角上，全长10.14千米。按10年一遇防洪标准，加固加高堤塘，临池塘地段抛石固脚，堤顶铺设厚度0.3米的简易砂石路面，共填筑土方20.57万立方米，铺石碴1.32万立方米，石方0.81万立方米，混凝土0.02万立方米。堤顶高程从9.2～9.5米提高到10.76～10.87米，堤顶宽度从2～5米增加到4～5米，内外堤坡为1：2.0。

1996年5月至1997年5月，拆除重建于1971年建成的横跨中苕溪的下木桥阻水桥梁，新桥为三跨预应力平桥，桥长80米、桥面宽5米，桥面高程抬高到11米，确保水流畅通，完成土方0.59万立方米，砌石0.14万立方米，钢筋混凝土0.07万立方米，工程总投资95.6万元。

北湖分洪工程累计投资1523.8万元，征用土地2.41公顷，拆迁房屋4040平方米，完成土石方31.75万立方米。

北湖滞洪区庄村分洪闸
（原载于《余杭水利志》2014年8月第1版）

2007年10月至2009年5月，利用东苕溪土桥湾拓宽工程切滩弃土，对围堤0K～3K和5K～9.7K堤段内坡进行拼宽，堤顶宽达到5～6米，内外坡1：2.0～1：3.0。

2009年10月～2011年8

月，在东苕溪北塘标准塘建设期间，又对北湖滞洪区北侧围堤（即张堰东南塘）拼宽加固4370米，其中套井回填防渗150米。2010年11月，苕溪堤防河道管理所对部分围堤进行水泥搅拌桩防渗处理，长度1700米。

2009年8月10日晚，苕溪流域因受"莫拉克"台风影响，突降暴雨致山洪暴发，为确保东苕溪堤塘安全，在8月11日1时启用北湖分洪闸开闸分洪的情

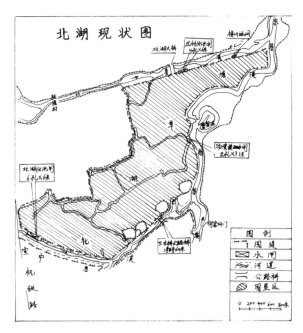

北湖现状图（2010）

况下，又于同日8时15分对北苕溪右岸40米庄村渡处堤塘（北湖滞洪区北侧围堤）实施人工爆破分洪。洪水过后，水利部门多次论证分析，拟新建分洪闸，可及时分泄北苕溪洪水。经杭州市余杭区发展和改革局批复立项，在原爆破地段新建庄村分洪闸。工程位于瓶窑镇张堰村北苕溪右岸北湖大桥下侧，由杭州市水利水电勘测设计院设计，闸孔净宽4孔6米，闸底高程4.0米（5.84米），闸顶高程8.80米（10.64米），闸门形式为伸卧式钢闸门。变压器1台100千伏安，采用11千瓦电动机配QXQ2×150KN固定卷扬机启闭。设计最大分洪流量366立方米每秒。工程于2009年12月18日动工，2011年4月10日竣工，工程总投资2358.59万元（审计前数据），开挖土方2.60万立方米，回填土方5.18万立方米，浇筑混凝土0.89万立方米，抛石0.10万立方米，固结灌浆0.02万立方米，砌石0.14万立方米。同时拆除庄村泄水涵闸。

目前北湖滞洪区面积5.3平方千米，东与东苕溪的沈家坝、下木桥相接，东南有中苕溪与流乌港向西南延伸，经白龙庙、九庙坝为界，西与杭长铁路相隔，西北与张堰村堤防为邻，东北以北苕溪为界。100年一遇水位8.41米，相应滞洪库容2050万立方米，围堤长10.14千米，为10年一遇防洪标

准，堤顶高程8.26~9.03米。有穿堤涵闸9座，其中北湖分洪闸为6孔6米，最大分洪流量为525立方米每秒；庄村分洪闸为4孔×6米，最大分洪流量为366立方米每秒。

（四）退堤扩桥

东苕溪有多处束窄河段，主要集中在余杭通济桥段、土桥湾铁路桥段、瓶窑大桥段、安溪大桥段附近。大桥建于河道狭窄处，桥身小，桥孔窄，已成为水流障碍，影响洪水畅通，威胁两岸堤防安全。整治措施是拓长桥身，扩大桥孔，堤塘退后，河道拓宽，以减轻阻水压力。

1. 安溪退堤工程

广济大桥是苕溪上最大的五孔石桥。史载，安溪广济大桥始建于宋代，据南宋咸淳年间修纂的《临安志》记载，那时已有"安溪大桥"。广济大桥全长59.2米，宽4.5米，高9.2米。中孔最大，跨径16米。桥两边设置狮头望柱、石栏，石栏两边配置抱鼓砷石。大桥曾几次被洪水冲垮，明朝弘治十五年（1502）重建。

安溪五孔老石拱桥

安溪广济大桥是东苕溪上最具规模的古代桥梁，苕溪各支流上的古桥，无法与之相比。民国十八年（1929）以前，瓶窑尚无横跨东苕溪的大桥可过，翻九度岭越安溪广济桥是杭宁古道的必经之路。乡人用竹木运输，商贾南北往来，均走此道。乃至行军作战，广济桥也是必经之地。大桥连接桥南、桥北两大片集镇中心，屹立五百年而不倒。由于大桥年久失修，加上苕溪运量大增，过往船只频频撞击桥墩，以及出现不均匀沉降、桥身扭曲、边孔变形等情况，1985年，有关部门以大桥阻洪、不利水上交通运输为由拆除大桥。同时在下游200米处建成钢架拱桥，1986年6月竣工，全长83.4米，跨径60米，宽6.42米。

1998年，安溪河段拓宽。工程于1998年11月开工，2001年5月竣工。河宽从原最小堤距64米拓宽到76.5米；重建安溪大桥，由原单孔净宽65米扩大到4孔120米，桥下航道达到6级标准。退堤拓宽面积0.8万平方米，拆迁房屋面积0.58万平方米。完成土方11.3万立方米，石方0.98万立方米，混凝土0.73万立方米，工程经费761万元，拆迁等处理经费349万元。

2009年，再次实施安溪退堤工程。工程位于良渚街道安溪集镇（西险大塘里程桩号24K处），以安溪大桥为起点，从大桥上游左岸退堤1700米，堤间距从70米扩大到120米，最大退堤幅度65米，河底高程−1.8米，泄洪断面从原有的501平方米扩大到869平方米，20年一遇洪水位可通过流量965立方米每秒。工程由杭州余杭东苕溪防洪工程建设有限公司组织实施，于2009年2月开工，是年12月完工。共开挖外运土方46.49万立方米，新堤土方填筑11.8万立方米，混凝土1.06万立方米，石方2.62万立方米，石碴1.83万立方米，清淤0.71万立方米，搅拌桩10015根，钢材857吨。工程征用土地233.45亩，其中工程用地133亩，建安置房用地100.45亩，拆迁房屋213户62289平方米，安置拆迁户146户，工程直接总

安溪新大桥正式通车（1985年6月）

投资19950万元。

2. 瓶窑河段退堤扩桥

瓶窑河段长1830米。拆迁、退堤工程于1998年10月动工，2001年6月竣工，河宽从原最小堤距68米拓宽为100米。退堤拓宽面积共2.97万平方米，拆迁房屋1.77万平方米，完成土方68.1万立方米，石方2.37万立方米，混凝土1.1万立方米，工程经费1982.7万元，征地、拆迁等处理经费1412万元。

重建瓶窑大桥。瓶窑大桥位于瓶窑镇杭宁公路上，跨东苕溪，始建于民国十八年（1929）6月，8孔木桥，长69米。民国三十六年（1947）3月，重建上承式钢架木梁面桥，改为3孔，长69.65米。中华人民共和国成立后数度改建，1969年改为钢筋混凝土T梁桥，长70.1米，3孔。改建后桥孔仍窄，上下游均有大片滩地。1998年10月，将大桥由原3孔总宽70米扩建为4孔总宽104米、桥面宽9米的钢架大桥，桥下航道为6级标准。2001年6月，该段1830米堤塘向右退堤，清除上下游浅滩，提高行洪流量1倍多。

正在拆除的瓶窑老桥（1998年11月）

3. 余杭通济桥退堤扩孔

余杭通济桥位于余杭街道西险大塘桩号3千米处，始建于东汉熹平年间，名隆兴，五代钱镠重建，改名安镇。南宋绍兴十二年（1142）复建，改名通济桥。元末毁，明洪武元年（1368）县令魏本初重建，桥为3孔石拱，桥

通济桥退堤扩孔前太炎路东西门桥头东侧旧景
（2002年3月）

高9.6米、长43米、宽8.8米，中孔跨15.4米，两边孔跨径12.6米，桥墩迎水面筑有分水尖，宽2米、长6米，上方各开一个溢洪券洞，以备洪水猛涨时泄洪之用，中华人民共和国成立后多次维修。西险大塘第二期加固工程完成后，堤防防洪标准达到100年一遇，但通济桥只能通过10年一遇洪水流量（370立方米每秒），且上下游河道断面狭窄，严重阻水。2002年1月，经水利厅批准，实施通济桥扩孔和上下游左岸堤塘退堤工程。区政府专门建立"通济桥退堤扩孔工程领导小组"，组建杭州余杭通济桥退堤扩孔工程建设有限公司负责实施，2002年10月21日，施工单位进场施工。

原通济桥总长43米的3孔砌石拱桥属古迹予以保留；再向左岸新扩3孔腹拱桥，中间孔净宽13米，两边孔净宽各10米，2个中墩各宽2米，计37米；新老桥

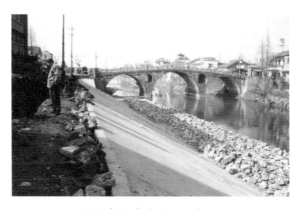

通济桥东侧改建（1998年2月）

退堤扩孔后的通济桥（2021），陈杰摄

退堤后移位重建的水城门（2021），陈杰摄

之间设10米分隔墩连接，扩孔后桥总长90米，桥面宽9.50米，两侧设1米宽人行道和青石护栏，桥上建仿古亭以美化环境。

左岸堤塘从西门桥至永丰闸以下计划退堤长度967.5米，实际退堤1007.6米，最大退堤宽度47米，新堤按防御20年一遇洪水要求建设，迎水面为扶壁式混凝土及浆砌块石挡墙，堤顶高程1120米，堤顶宽6～8米，堤顶筑沥青混凝土路面，并设景观亭、廊道栏杆等仿古建筑及绿化，堤后太炎路重建，各类管线重新铺设。

通济桥上游左岸两座古代水城门按原拆原建和修旧如旧的要求进行复建。现水城门主体结构形式为钢筋混凝土城门洞型，宽2.86米，边墙高2米，顶拱半径1.86米，用浆砌条石护面，外观尺寸4.26米×4.17米。

位于大桥下游左岸堤塘的永丰闸移位重建，该闸为余杭镇永建农田引水灌溉工程，移位重建后，闸孔宽2.7米，高4米，闸门为潜孔式平面滑块混凝土闸门，螺杆启闭。

拓宽通济桥上游之幸福桥，扩桥1孔，孔距12.5米，桥面宽5.5米。

通济桥退堤扩孔工程于2002年10月开工，2005年3月竣工，2007年8月8日通过验收。累计完成土方37万立方米，石方2.4万立方米，混凝土1.2万立方米，搅拌桩总进尺12万米，灌注桩3900米，耗用钢材650吨，水泥1.5万吨，共征用土地128亩，工程总投资7821.2万元（剔除安置房回收款后实际投资）。河道行洪能力由原来的10年一遇洪水流量370立方米每秒，提高到100年一遇963立方米每秒，大大减轻了通济桥以上段西险大塘的防洪压力。同时，集水利功能、文物保护、城建、环保、文化、休闲功能于一体，使通济桥及两岸环境成为余杭镇上的一处景点。2003年4月至2004年12月，完成退堤扩孔工程，房屋拆迁39990平方米，另行选址建居民安置房32949平方米，2005年1月，拆迁户陆续迁入新居。

4. 土桥湾铁路桥退堤扩孔

土桥湾位于镇东北2千米处，根据太湖流域综合治理规划，经浙江省水利厅批准，实施东苕溪土桥湾拓宽工程。以提高河道行洪能力，确保余杭西险大塘安全。工程主要内容有西险大塘侧建防汛通道桥涵，宣杭铁路109号桥（又称土桥湾铁路桥）扩孔，土桥湾附近退堤切滩长1.6千米。

土桥湾铁路桥即宣杭铁路109号桥，位于仓前镇苕溪村之土桥湾（西险大塘里程桩号6.30K处）。建于1960年，为2孔16米钢筋混凝土梁及1孔24米下承式钢板梁桥，桥长56米。由于河道过水断面过小，阻水严重，为使洪水畅通，2005年，经省水利厅批复同意，实施铁路桥退堤扩孔工程。由杭州余杭东苕溪防洪工程建设有限公司组织实施，委托铁

退堤扩孔后的土桥湾铁路桥（2021年3月），刘树德摄

道部第四勘测设计院杭州分院设计和杭州铁路分局地方铁路开发公司代建。铁路桥向左岸扩4孔，每孔16米，桥总长120米。为便于交通，又在西险大塘右岸堤脚平台上新建1孔6米×5米的框架桥涵。铁路桥扩孔于2006年1月7日开工，是年10月25日完工，12月4日通过验收，完成土方1.05万立方米，石方0.11万立方米，混凝土0.1万立方米，工程投资1268.3万元。

河道左岸退堤长度1600米，以铁路桥为起点，上游长度1145米，下游455米，最大退堤宽度28米，河底高程-0.80米，河底宽50米。堤塘防洪标准20年一遇，堤顶高程9.40～9.50米，顶宽6米，迎水坡度1：3.0，背水坡1：2.0，并种植草皮护坡。于2006年10月开工，2008年7月完工，完成土方34.82万立方米，石方1.19万立方米，混凝土0.33万立方米，拆迁房屋34户计7329.2平方米，永久征地43.85亩，工程投资2567.71万元。整治后土桥湾铁路桥100年一遇洪水过水流量1183立方米每秒，相应水位10.88米。

为确保铁路桥扩孔退堤效果，2008年6月至2009年6月，对阻碍洪水下泄的下游束窄段河道进行整治。在退堤工程下游延伸420米河道进行砌滩疏浚；同时对瓶窑镇、化湾闸附近（西险大塘桩号18K+567~19K+664.71，61K+045～16K+542.5）两处共1595米河道切除滩地。挖除土方30.71万立方米，石方2.11万立方米，拆迁房屋7户1717.67平方米，工程总投资3573.93万元。

（五）南苕溪治理

南苕溪余杭段，经汪家埠进入余杭境内，经中泰街道至余杭街道通济桥止。旧时系天然河道，常遇洪水泛滥，圩区内农田累遭洪灾。其右岸自汪家埠至石门桥全长6千米。1955年，中洪乡（今属中泰街道）政府组织农民筑堤围圩。1956年暴发洪水，围堤大部分被冲垮。1958年至1963年，当时中桥人民公社发动全社劳力垒筑新堤，形成苕溪南塘，亦称中洪塘。1965年至1977年，先后4次大规模加固加高堤塘，达到10年一遇防洪标准。左岸自舟枕乡丁桥（今属余杭街道）至余杭街道西门头的北岸堤塘，全长6.6千米，称西门塘，属苕溪北塘之一，1995年至2006年，余杭市实施东苕溪北塘加固工程，西门塘被列入其中，加固后堤塘防洪能力达到10~20年一遇。

南苕溪余杭西门外（2022），刘树德摄

退堤拓宽后的南苕溪河道（2010年7月）

为沟通瓶窑至临安青山镇浒溪埠苕溪水上航道，1985年8月，经省计划经济委员会批复同意，建设青山航道工程，航道全长29.5千米。杭州市政府成立青山航道工程指挥部负责协调，具体由临安县青山航道开发公司负责建设。设计通航能力60至100吨级，工程概算投资1918万元，分别由交通部、省交通厅、杭州市、临安县按5：1：1：3比例承担。工程于1985年12月30日动工，1997年3月完工，实际总投资2270万元。拆除东苕溪余杭活动坝，在下游乌龙涧建橡胶活动坝，在西门头以上河段砌筑护坡

4000米，疏浚河道土方36万立方米，重建余杭永丰闸、整修机埠7座、陡门10处。1997年4月8日，通过浙江省、杭州市验收，7月通航。

青山航道自通航以来，因其水位受水库放水量限制、水位不稳定，以及部分航段淤积严重，致使航道通航能力大受影响，船舶滞留情况严重，加上货运码头和船闸服务不到位，开放时间短、过闸时间长等原因，也造成船舶通航困难，所以青山航道货物吞吐量增长缓慢，运载能力严重偏低。加上陆路交通逐步发达，2010年起，青山航道基本停航。

附：青山水库

青山水库位于东苕溪主流——南苕溪流经的临安区青山湖街道，集雨面积603平方千米，主流长度43.3千米，集流时间10小时，是东苕溪防洪骨干工程，兼灌溉、发电。1958年10月，中共浙江省委指定由临安县负责，建立青山水库工程指挥部组织施工，当时余杭县有石鸽、仓前、长命、黄湖、双溪、潘板、余杭、瓶窑8个公社抽调民工5600余人，以公社组成民工营，配备营长、教导员参加水库建设，完成土石方占总量的一半还多。至1961年3月，由钱江治理工程局接收，调派专业队伍施工，于1964年4月完成主体工程，1965年4月通过竣工验收。完成总工程

临安青山水库，裘卫民摄

量，土石方240万立方米，混凝土6万立方米，用工528万工，总投资4265万元，水库设计总库容2.15亿立方米，相应水位34.3米，正常库容0.385亿立方米，相应水位25米，防洪库容为1.01亿立方米。水库主坝为扩大黏土心墙沙壳坝，坝底高程14米，坝顶高程38.1米，最大坝高24.1米，坝顶长575米、宽5.5米。副坝为均质土坝，坝顶长71.6米，顶宽2米，坝顶高程38.3米，坝底高程29.30米。溢洪闸位于大坝右侧，钢筋混凝土结构，老闸5孔，总宽44.5米，孔净宽7.7米，闸底高程23米，顶高程25米，由弧形钢闸门控制。输水隧洞位于大坝左侧，为圆形钢筋混凝土衬砌压力洞，洞长134米，洞径4米，进口底高程16.5米，最大下泄量144立方米每秒。1973年5月建成水库电站，装机4×500千瓦/台套，计2000千瓦，6月并网发电。水库灌溉农田5.5万亩，其中自流灌溉1.28万亩，提水或引水灌溉4.2万亩。

1988年12月至1992年8月，实施水库保坝工程，在老闸右侧山坡新建5孔溢洪闸，总净宽40米，新、老闸之间设6米宽的分隔墩，工程总投资2398.89万元。新、老闸泄洪闸共10孔，最大泄流量可达到5185立方米每秒，校核洪水标准达到万年一遇。

2001年，经省水利厅鉴定水库大坝为三类坝。2002年9月至2005年12月，实施除险加固，工程总投资11363.88万元。主坝进行防渗处理，采用混凝土防渗墙形式，防渗面积1.85万平方米，坝顶宽从5.5米加宽至10米。加固溢洪闸，拆除老闸工作桥，重建启闭房等。加固副坝，坝顶从2米加宽至8米，坝顶长增加至84.5米。输水隧洞加固，改造出口段，由直径3.9米圆形改为3米正方形出口等，治理泄洪渠，疏浚530米长的老河道，加固加高两侧堤塘。

（六）左岸堤塘整修

东苕溪干流左岸堤塘是指与西险大塘相对的左岸堤塘和中、北苕溪左岸堤塘的习惯统称，俗称北塘。苕溪北塘有堤塘17条，共长82.94千米，圩区面积12.9万亩，其中农田67142亩，属重点产粮区和商品粮基地。其干流段从余杭街道竹园村丁桥大洋圩三号桥至良渚街道安溪村王家湾与德清县交界，全长24.72千米（不包括北湖草荡3.7千米堤塘），保护农田5.71万亩，人口2.35万人，分别由余杭、瓶窑、良渚三街道（镇）维修管理。其中，竹园村丁桥大洋圩三号桥至下木桥中苕溪出口处16.37千米属余杭街道管护，横山庙至用窦湾4.17千米属瓶窑镇管护，用窦湾至王家圩6.1千米属良渚街道管护。

南苕溪左岸堤塘宋初已建，北宋成无玷《水利记》记载：北宋宣和四年（1122）县令江褒整修西险大塘，"凡北岸之塘与南对修。由西门外曰五里塘，西山之横陇，当溪之冲之龟边塘及东郊之外，尽十四坝之防一皆完治"。清嘉庆《余杭县志》记载：元至正十三年（1353），县尹常野先"增筑县西堤塘十八里"。

据清潘瑗《议筑吴家潭塘说》记述，"余杭三十六塘之中，其最险要者莫如南溪之瓦窑塘、吴家塘。此二塘一坐溪南，一坐溪北。北塘毁，余邑十六乡首被之，浸溃于仁和、德清，而吴兴受其害"，北塘亦为杭、嘉、湖地区屏障之一。

为确保西险大塘安全，历来规定北塘堤顶高程应低于西险大塘1米。中华人民共和国成立后，虽经逐年培修加固，部分地段仍出现险情，当超过10年一遇洪水时，有的地段洪水漫堤倒塘，如1984年"6.13"洪水三日降雨242毫米（10年一遇220毫米），潘板、长乐、永建、安溪、中桥等地部分街区堤塘倒塌，2万亩

南苕溪北塘（2023），陈杰摄

永丰村老堤塘永丰闸场景（2002年3月）

农田受淹绝收，600余村民被洪水围困，受淹房屋18568间，倒塌2092间，损失粮食2709吨。

1992年前，余杭镇附近北塘西属舟枕乡，东属永建乡，塘堤整修分别由舟枕、永建两乡负责。1990年永建乡加固北塘，投入土方8.6万立方米，砌石390米。1992年5月舟枕、永建乡并入余杭镇，北塘守护、维修由余杭镇人民政府负责。1993年冬，永建片新北塘1.6千米堤塘砌石护堤全面加固，完成土石方2.87万立方米。

1995年冬，余杭市人民政府决定，按照抗20年一遇洪水的要求，分5年实施苕溪北塘标准塘建设，并建立加固工程指挥部，采取统一规划设计，统一工程标准，分年组织实施，分期分批加固加高，改建沿线涵洞，有关乡镇各负其责，分段组织施工。按设计洪水位加1米安全超高的要求，堤塘高度分别达到12米上下，堤顶宽4米，内外坡1：1.75～1：2，少数堤段因有民房等无法加高加宽的，改用浇筑混凝土防浪墙。整个工程加固堤塘总长79.54千米，完成土方158.8万立方米，工程总投资3341万元。涉及余杭、瓶窑等6个乡镇20个圩区。至1998年春，总共投资2934万元，完成土方143.1万立方米，堤脚砌石35760米，修建加固涵洞、涵管127处，征用土地493.65亩。至2000年4月，先后建成排涝站3座、翻水站10座、节制闸14座、灌溉堰坝1座，共投资732.34万元。1999年6月底7月初洪水后，为解除渗漏、滑坡等隐患，提高内在质量，实施堤塘防渗处理。至2005年，完成堤塘防渗处理15.53千米，其中套井回填14.89千米。苕溪北塘整修加固工程大都达到20年一遇防洪标准。

2009年，苕溪北塘加固一期工程完成北塘堤塘防渗加固共计17.9千米，总投资5660万元。

永丰新闻（2023），刘树德摄

2011年，北塘加固二期工程（2010年续建项目），完成加固堤塘7条（段），长14.51千米。

2012年，北塘加固三期、四期工程展开。2014年，位于街道东苕溪、中苕溪左岸的永安村与下陡门村的余杭街道北塘三期加固工程完工，加固堤塘总长度5.922千米，总投资概算13880万元。工程主要内容包括沿线堤塘按20年一遇防洪标准加高加固，对堤塘进行全线防渗处理以及防汛通道填筑等。经过近9个月的施工，于当年12月完工。

表2-9　东苕溪左岸堤塘基本情况（2014）

堤塘名称	所在溪岸	起讫地点	长度（km）	堤顶高程（m）	堤顶宽度（m）	保护范围			防洪标准（年一遇）
						圩区	面积（亩）	人口	
中桥塘	南苕溪右岸	石泉闸—沙溪陡门	6.02	11.63~14.28	3.00~6.00	中洪	94305	4530	10
西门塘	南苕溪左岸	大洋圩三号桥—永丰闸	6.65	11.54~13.90	3.50~12.00	永建	47196	17582	20
永建北塘	东苕溪左岸	永丰闸—中苕溪出口	9.72	10.38~12.04	3.10~8.00				
澄清塘	东苕溪左岸	横山庙—关帝庙	1.73	10.34~10.84	4.00~5.00	澄清	12939	4159	20
角窦塘（角头塘）	东苕溪左岸	三仙角—角窦湾	2.45	9.35~10.31	3.50~10.50	角窦	3658	2217	20
安溪北塘	东苕溪左岸	角窦湾—王家圩	4.19	8.73~10.03	2.00~8.50	桥北	6243	3752	10

资料来源:《余杭水利志》2014年版。

表2-10　东苕溪左岸堤塘沿塘主要水利设施（2014）

工程名称	所在乡镇	用途	工程规模	重建（年月）	工程投资（万元）	受益面积（亩）
南头排涝站	中泰	排涝	80千瓦电机700ZLB-5水泵	1997.04	50.39	5500
石门桥排涝站	中泰	排涝	65千瓦电机5台配600ZLB-5水泵	2008.07	260.00	
白衣亭机埠	余杭	抗旱	18.5千瓦电机配250HW-15水泵	1998.07	42.83	1400
永丰闸	余杭	抗旱调水	1孔×2.7米	2003.04		17500
新斗门闸	余杭	防洪	1孔×4米	1977.11	20.00	15000
新斗门泵站	余杭	排涝	110千瓦电机700ZLB-5水泵	2009.10	472.65	7000
三仙角排涝站	瓶窑	排涝	55千瓦电机500ZLB-70水泵4套	1999.06		2021
杨安圩水闸	良渚	防洪	1孔×1.8米	1999.04	24.09	585
黄家涵闸	余杭	防洪	2.1米×2.6米	1998.09	51.90	930
梅家涧涵闸	良渚	防洪	1米×1.8米	1998.04	23.63	1620

资料来源：《余杭水利志》2014年版。

（七）历次抗洪斗争

自古以来，余杭最大、最频繁的灾害是水灾。中华人民共和国成立后，对南苕溪和南湖进行了综合治理，抗洪能力大为提高，1964年，上游青山水库建成，也在一定程度上减轻了苕溪洪水的压力。但苕溪上游的天目山区是浙江省暴雨中心，极易形成洪涝灾害。余杭人民与洪涝灾害进行多次殊死搏斗，中华人民共和国成立后的抗洪斗争主要有：

1. 1951年抗洪

1951年7月，连日阴雨，7月16日至18日又降大雨，18日晨余杭水位10.05米。凤仪塘漫水，洪水由木香弄、孙家弄灌入余杭镇区，木香弄塘上最低处的房屋进水高达楼板。西险大塘塌坡，塘身下陷长达340米，渗水、漏水79处。乌龙涧、庙湾塘两处决口。

中共余杭县委在南苕溪中下游立即设6个分指挥部，组织268名机关干部分赴各塘段参加抗洪，动员3650名农民上塘护堤。第九军分区驻余杭部队260余名官兵和镇上的50多名教师也投入抗洪抢险斗争。镇公所组织各行业公会、基层工会投入抗洪，动员商界业主捐献麻袋。150名搬运工人被指派到乌龙涧封堵决口。经军民全力抢救，两处决口均被堵住。

2. 1954年抗洪

1954年，长江流域发生特大洪水。余杭县、杭县从5月5日开始，连续降雨46天，余杭站雨量达900.8毫米，接近于5月至10月多年平均降雨量。5月至8月，每月降雨日都在20天以上，多次出现大到暴雨，四个月共降雨1361.7毫米，相当于常年的全年降雨量。自5月8日到7月7日，东苕溪出现9次洪峰，6月29日余杭水位10.17米，超过警戒水位1.67米。同日瓶窑水位8.19米，西险大塘和南湖先后告急。运河地区水位也大大超过历史最高水位。四维、东塘、塘栖、瓶窑、三墩、仁爱、舟枕等低洼地区，成为一片汪洋，房屋进水，公路淹没，形成多年未有的水患。由于降雨范围大、时间长，加之下游水位顶托，水量无法及时下泄，造成河水漫顶决堤。全县42.52万亩春粮减产50%，10.64万亩早稻颗粒无收，已种晚稻8.64万亩，被淹死5.55万亩。到7月上旬尚有18.7万亩淹在水中（其中3万亩排出又淹），有3.8万亩到立秋前后才种下单季稻，致使3.21万亩晚稻颗粒无收，另有4600亩无法播种而成白田。

洪灾发生后，县委召开两次区委书记会议分析雨情涝情，县、区、乡干部全力以赴，发动群众抗洪排涝，抢修堤塘。县委书记、县长、县委委员先后三次带领机关干部、工厂工人到灾区帮助和发动群众排涝，明确"车一片、种一片、保一片"的目标，全县出动十余万人，大小水车3万余部投入排涝。县长胡广清坐镇瓶窑，日夜指挥守卫西险大塘，并组织1500人护塘和抢修险工地段。西险大塘原余杭县地段多处出现险情，组织群众抢修，修复险工71处，投工2.12万工，由于杭、余两县的共同努力，西险大塘安全无恙。

在抗洪排涝斗争中，依靠互助合作的精神，在一个圩内，组织数十部甚至上百部水车排涝，并组织非涝区1.14万人，携带水车200余部，抽水机16台支援涝区排涝和抢种晚稻。农林部门抽调50多台抽水机、派

东苕溪洪水淹没了家园（20世纪五六十年代），
余杭区史志研究室提供

出技术人员支援排涝，政府有关部门及时对灾民作善后安排，组织水稻种子46万斤，供应化肥35987担，救济款2.9万元（当时旧币为2.9亿元），大米3.95万斤，玉米3.5万斤，发放贷款3.6万元。中央人民政府内务部及省政府、省民政厅两次派员调查余杭灾情，并增拨救灾款1.5万元，增强了全县干部群众战胜自然灾害的信心。

3. 1956年抗洪

1956年8月1日凌晨，遭受台风暴雨袭击，风力9～11级，百丈一天降雨量190毫米，东苕溪上游临安县市岭，一天降雨563.9毫米，东苕溪水位猛涨。8月2日，余杭水位10.68米，瓶窑8.33米。由于暴雨中心在东天目山，2日临安县青山乡的龙王塘被冲毁，洪水直泄中桥乡（今属中泰乡），紧逼南湖，石门桥龙舌嘴堤塘被冲坍形成20米宽的一个缺口，冲毁房屋百余间；洪水猛冲余杭镇，直泄运河平原。中洪、丁桥堤塘也相继决堤，中、北苕溪洪水同时暴发，致使中桥、永建、舟枕、潘板、长乐、彭公、余杭镇变成泽国。群众被水围困，交通、电讯中断，余杭镇居民和石鸽乡部分农民避于宝塔山。省人民政府动员杭州市有关食品商店将糕点立即运送灾区，并日夜赶制饼干、馒头和炒米，派飞机空投食品救助。

8月2日凌晨2时至6时，中共余杭县委召开了县委全委会议和两次县级机关负责人会议，组织机关干部340人，解放军600余人，学校200人，搬运工人279人，由县委委员带领，分赴第一线抢险，其中县委委员7人到西险大塘；7人到南湖和丁桥塘，5人负责机关上下联系指挥。余杭镇组织1200多人投入保卫城关镇。全县调动船只481条，竹筏53副，经过两天两夜的搏斗，抢救出被洪水包围的群众3232人，稻谷378万斤，食糖5万余斤，以及其他大量物资。

由于洪水来势凶猛，苕溪水位猛涨，西险大塘出现八处滑坡、裂缝，形势十分紧急，浙江省防汛防旱指挥部立即调运麻袋3万余只，木桩350根，组织2200余民工上塘抢险，使西险大塘脱离了危险。

在这次台风暴雨中，全县受涝33.56万亩，其中颗粒无收4.2万亩。吹倒房屋9456间，草舍3636间，重灾户10354户，其他吹掉屋顶、倒塌墙头者不计其数。受伤486人，死亡53人，冲毁陡门8座，水库18座，山塘63座，堰坝68条，桥梁52座，堤塘缺口131处，冲毁堤塘24千米，冲走粮食28.35万斤，沉没船只114条。仅余杭镇的国营企业和供销合作社，损失物资价值23.6万元，粮食受潮191.2万斤，冲走粮食2.1万斤。

灾后，县委、县人委先后组织100余名干部分赴灾区进行慰问，并由副县长高荫良，民政科长刘承武组成工作组和医疗队深入永建、潘板、长乐等重灾区，对重伤者及时送医院就医，轻伤者就地医治，并及时发放救济款和救济米。至8月15日已发放救济款8.45万元，贷款1.58万元，并增拨化肥，及时恢复生产，调拨供应毛竹、木材、砖瓦等建筑材料修建房屋草舍。对受灾严重的减免农业税，仅永建、长乐、潘板3个乡，就减免农业税（稻谷）309.88万斤。对少数困难户还发放了棉衣、棉被等过冬物资。

4. 1963年抗洪

1963年9月12日至14日，遭受12号台风带来的特大暴雨侵袭，全县普遍降雨在350毫米以上，余杭地区最大降雨为371毫米。12日一天降雨294毫米，超过有记载以来的最高纪录。东苕溪上游天目山区，降雨量高达465毫米。青山水库最大溢洪量达1080立方米每秒。苕溪水位猛涨，13日瓶窑水位8.62米，超过1951年7月18日8.48米的最高洪峰。洪涝雨量之大，水势之猛，为近百年来所罕见。苕溪左岸堤塘全线漫堤决口，北湖、永建、潘板、舟枕、长乐公社的全部和中桥上南湖片、彭公石濑片、安溪桥北片共80个大队、636个生产队被洪水淹没，水深2至3米，最深的达4米以上。受洪水围困的群众有1.26万户4.21万人。为保护西险大

洪水泛滥（20世纪五六十年代），余杭区史志研究室提供

转移遇险群众（20世纪五六十年代），余杭区史志
研究室提供

塘安全，13日晚采取紧急措施，从南湖泄水闸向运河地区分洪，14日晚泄水闸两翼被水冲出缺口，洪水直泻蒋家潭港进入和睦公社，运河水位暴涨。黄湖、双溪、泰山等9个山区半山区公社由于山洪暴发，许多农田也遭洪水冲

刷。据统计，全县44.83万亩中、晚稻，受涝的有37.32万亩，其中12.51万亩没顶。还有部分棉花、络麻、杂粮、荸荠、鱼塘也遭受损失。水利设施和人民财产损坏十分严重：堤塘决口217处，塌坡297处，大小漏洞1199个；冲毁水库9个，山塘69个，堰坝183处，陡门16座；淹没和倒坍机埠99座，损坏电动机110台，变压器14台；冲坍桥梁114座，倒塌房屋15590间，倒墙22106堵；冲散和压死耕牛74头、猪2292头、羊2788只；冲走和毁坏粮食498万余斤，重灾户17991户、灾民72699人。

这次洪涝为害之广，损失之大，是新中国成立以来所未有的。全县人民在省、市的直接领导下，团结一致，齐心协力，同洪涝灾害进行了英勇顽强地搏斗。从11日至24日起，共有97万人次投入抗洪抢险和防台排涝，最多一天达10万余人次。在12天中，平均每天投入排涝的电动机434台7222千瓦，柴油机299台3501马力，水车4293部，经过十多个昼夜的奋战，保障了西险大塘的安全，及时排出了农田渍水。全县49万亩农作物，除12万多亩受涝特别严重外，其余均在7天内排除渍涝。

当台风警报发布后，余杭县委立即召开紧急电话会议，分析台风暴雨趋势，决定把防台抗台作为紧急任务，抽调70多名干部组成8个工作组，由县委书记、县长、部局长率领，深入重点地区发动干部群众迎战台风。台风袭境后，又连续抽调200余名干部赴抗洪第一线，洪水决堤泛滥时，县委书记孔宪连、副书记孙兆隆、胡广清、赵庆恩，常委金鸣珠、董家年、朱怀兴、曹征南等通宵达旦地奔走在抗洪抢险最前线，指挥船只抢救被困群众。区、社领导和干部坚守在险要地段，与群众共同战斗。杭州市委副书记李元贞、副市长张世祥深入潘板公社陶村桥等大队，副市长余森文亲临西险大塘，及时帮助研究解决重大问题。国家在物资、资金方面给予大力支持。省、市、县直接调拨和组织木材568立方米，毛竹5.24万支，麻袋10.08万只，草包14.09万只，簟垫440张，电动机、柴油机、水泵457台，粮食30万斤，干粮1.357万斤，还有棉花胎、马灯、高压线及各种运输工具。并拨出抗洪抢险经费40余万元，发放贷款19.5万元。

部队官兵参与抗洪抢险（20世纪五六十年代），余杭区史志研究室提供

在防洪抢险紧急关头，人民解放军先后派出1400余名官兵，奔赴险工地段，抢救被围群众。在抢堵南湖燕子坝，抢修北湖三里塘，保卫西险大塘

20世纪60年代抢修乌龙涧（原载于《余杭记忆：百年余杭旧影集》）

中，6292部队、省军区教导大队和某部驻北湖炮兵连的许多指战员用身体堵住缺口，筑坝堵漏。连夜从南京、湖州等地调来12条橡皮艇抢救灾民。驻杭空军某部也派出34名官兵，随带4架探照灯赶赴余杭照明抢险。许多群众自觉献材献料，有的卸门窗拆猪栅，有的拿出麻袋草包，有的将建造房屋的木料，甚至准备做寿材的木料也拿出来做防洪用，轻灾和基本无灾地区的干部群众，主动赶到重灾区帮助护堤救人。高桥、仓前等公社出动了185条农船，抢救永建、舟枕受洪水围困的群众。大陆公社发动78名干部群

众，赶到瓶窑参加抢险。临平镇组织72名搬运、建筑工人奔赴余杭支援抗洪。九堡、乔司等公社抽调了20多台抽水机支援亭趾、五杭公社排除内涝。省、市、县1.3万多名大中学生和3000多名机关干部赶赴棉区帮助抢摘棉花58万余斤。

各行各业大力支援抗洪排涝。省市交通部门为从杭州拱宸桥调运一艘轮船至瓶窑救灾，当夜发动6个单位，10多吨重的轮船吊上全省唯一最大的载重卡车，迅速运至瓶窑。金华火车站派专车赶运3.5万只抢险草包直运杭州，支援余杭县抢险。灾后，县委、县政府领导继续率领工作组深入重灾区，帮助群众重建家园恢复生产，开展生产自救。

5. 1984年抗洪

1984年6月13、14日，全县范围普降大到暴雨，东苕溪流域瓶窑水文站1小时最大降雨量30.3毫米，24小时最大雨量244.5毫米，上游四岭水库3小时最大雨量达76毫米，24小时最大雨量264毫米。流域平均降水量271毫米，四岭水库达348毫米，致使东苕溪水位猛涨，瓶窑最大涨率每小时0.56米，仅10个小时水位就上涨到8.97米，超过1963年的8.62米的最高纪录。苕溪瓶窑站实测最大流量795立方米每秒，相应水位8.73米。运河平原地区24小时降雨量也普遍在200~240毫米，塘栖降雨240毫米，临平191毫米，上塘河水位从13日8时的5米，到14日8时涨到6.51米，每小时上涨近6.3厘米。

县府、县防汛指挥部于13日晨即派员赶到余杭、瓶窑检查水库和堤塘的度汛状况。接着又召开防汛会议，具体部署抗洪工作。市委、省水利厅的负责同志亲临西险大塘指挥抗洪防汛。由于水位上涨迅猛，瓶窑站13日14时至16时两个小时内上涨1.12米，到21时10分已达8.51米，大大超过警戒水位，西险大塘的大涧、五马斗门相继出现险情。中、北苕溪及东苕溪北岸堤塘普遍告急。县委决定北湖分洪，并要求省、市将青山水库暂时关闭，以确保西险大塘安全。青山水库在22时18分5孔泄水闸全关进行错峰，北湖于23时24分开闸分洪，削峰后瓶窑水位还继续上涨，至23时达到8.68米，以后水位开始下降，到14日2时30分下降到8.37米。由于上游降雨量大，北湖分洪削峰后，水位又开始回升。余杭水位13日21时30分为9.71米，青山水库全关后，14日2时30分下降到9.11米，后又开始回升。到4时青山水库水位已涨到30.75米，距历史最高水位31.12米仅差37厘米，这时水库尚在全关中，而余杭、瓶窑水位仍在上涨。青山水库在4时40分开1孔闸门泄洪，到8时，青山水库上升到31.53米，下泄流量221立方米每秒，余杭水位上升到9.79米，瓶窑水位上升到8.92米，已超过历史最高水位，此时县防汛防旱指挥部根据市防汛指挥部的命令，在8时15分，南湖开闸分洪，这时南湖进水闸的水位已达到9.91米。

从13日下午到14日上午，西险大塘和中、北苕溪堤塘普遍出现险情，其中西险大塘发生滑坡29处，裂缝2处，大小漏洞137处，渗漏29处，尤其是大涧和五马斗门特别危急。中、北苕溪及北塘全线抢险外，潘板、安溪、长乐、永建、中桥、彭公等乡近2万亩农田先后决口进水，有600余人被洪水围困。在余杭、瓶窑抗洪第一线的县领导，一面组织群众对西险大塘进行抢险和营救被洪水包围的群众，一面向省、市求援。在省、市的大力支援下，"硬骨头六连"所在的83013部队、省军区教导大队、省武警总队一支队，共派出600余名指战员赶赴余杭、瓶窑，省航海俱乐部也派人带了3艘汽艇到瓶窑，投入营救群众和抢险战斗。在军民协力下，确保了西险大塘的安全，营救北岸被洪水包围的600余名群众。苕溪以东运河地区水位也超过警戒水位，排涝设备全面开机排水。在抗洪排涝中，全县共拨出草袋11万条，毛竹1.05万支，木材221.5立方米，柴油151吨，水泵200余台。16日下午县委召开了抗洪排涝和恢复生产的电话会议。18日又组织各部门负责人到潘板、安溪、北湖等灾区乡、村进行慰问。

此次洪涝灾害超过1963年，但经过共同努力，受灾程度却小于1963年。全县受涝面积39.93万亩，其中颗粒无收4.41万亩，损失三成以上的8.51万亩。受淹棉花1.88万亩，络麻5.19万亩，内塘逃鱼1.7万亩，损失鱼苗1099.79万尾；受灾人口1.86万人，受伤49人，死亡4人；受淹房屋18589间，房屋2092间，损失粮食108.39万斤，死亡牲畜827头。全县共损失4230.84万元，其中直接经济损失3101.7万元，间接经济损失1129.14万元。

水利工程遭到严重破坏，冲毁堤塘缺口55处、长1.85千米。堤塘滑坡252处13.13千米。圩堤、溪岸缺口285处1.07千米，滑坡591处2.66千米。倒坍机埠21座。冲毁水闸3座，冲毁山塘13座，渠道27条8.85千米，堰坝65条。

6. 1996年抗洪

1996年6月30日起，余杭境内及东苕溪上游天目山连降暴雨，4天内，余

1996年6月30日苕溪水位，吴正贵摄

杭站降雨量294.5毫米，全市平均降雨量289毫米，最大降雨量192毫米（百丈站）。青山水库最大下泄流量600立方米每秒，东苕溪水位急剧上涨，瓶窑站最高水位到9.07米（6月30日20时30分），余杭站水位11.21米（7月2日），分别超过警戒水位1.57米和2.71米，北湖滞洪区6月30日16时15分开闸分洪，南湖滞洪区7月1日零时50分开闸分洪。运河塘栖水位5.22米，上塘河临平水位6.37米。洪水导致西险大塘乌龙涧大滑坡，苕溪北塘多处决口，平原地区不少圩区漫堤进水，大片农田被淹，部分电力、通讯中断，公路、水利设施被毁，不少企业停产、半停产，全市直接经济损失7.2亿元。

为迎战洪涝灾害，6月30日中午，余杭市委、市政府立即建立防洪总值班室，市防汛防旱指挥部发出防汛抗洪紧急传真电报，同时召开紧急会议，全面部署防洪抗灾工作，当晚市领导发表电视讲话，动员全市人民进行抗洪救灾。市级四套班子及各部门领导，连夜带领300多名机关干部分头赶赴险要地段，组织群众抗洪抢险。市委书记徐志祥，市长洪吉根，副书记王金财、俞炳荣等主要领导，分别到东苕溪堤防管理所和沿塘乡镇坐镇指挥。省委常委、副省长刘锡荣及省水利厅厅长章猛进于6月30日下午到瓶窑察看水情，指导防洪。杭州市副市长马时雍于7月1日深夜到南湖滞洪区与徐志祥、洪吉根等余杭市领导指挥南湖分洪工作。省、市领导李泽民、吕祖善、李金明、王永明等于7月2日8时和3日下午3时分别到余杭、潘板和西险大塘乌龙涧等地指导抗洪抢险工作。7月7日，杭州市公安局局长俞志华带领杭州市抗洪救灾工作组到临平听取抗洪救灾工作汇报，并赴瓶窑、潘板等地了解灾情。7月9日，国家民政部救灾司王克俭主任一行到瓶窑、潘板等乡镇视察灾情，慰问灾民。同日，无国界医生组织驻中国代表魏力等2人到彭公、潘板、瓶窑等地察看灾情，慰问灾民。

洪灾期间，全市各部门和乡镇全力以赴投入抗洪救灾，林水局及时分析水情雨情，抽调技术人员赴险工险段指导抢险，积极与省市水利部门协调，科学合理地联合调度南湖、北湖、四岭水库、青山水库、德清大闸等泄洪分流工程。7月1日，市计委等部门将紧急调运到的草包、桩木、毛竹、柴油等物资支援灾区。卫生局分别于7月1日和5日组织医务人员送医送药。市农机公司将一批水泵、电动机等送往灾区。市粮食局调拨23吨大米支援余杭、潘板等6个乡镇灾民。市种子公司急调21万公斤晚稻种子降价供应灾区，帮助灾区迅速开展生产自救，恢复灾后生产。各受灾乡镇奋起抗灾，潘板、瓶窑、余杭、长乐等受灾严重乡镇在驻军部队、武警官兵的支持下，迅速组织干部沿低洼地区，将5000多名被洪水围困的群众转移到安全地带。

7月2日下午5时，余杭镇巡塘人员发现西险大塘乌龙涧地段堤塘（里程桩4K+200~4K+300）背水坡有坍坡出现，后逐渐发展为长约34米的堤背滑坡险情，原有5米宽堤顶塌至0.8米，情况十分危急。险情发生后，余杭市委副书记王金财任现场指挥的乌龙涧抢险指挥中心当即成立，随后市委书记徐志祥、市长洪吉根相继赶到乌龙涧坐镇指挥。省水利厅副厅长褚加福也赶到现场指导抢险工作。19时

西险大塘乌龙涧地段跌坑（1996年7月）

北湖围堤大桥段4号决口（1996年6月）

瓶窑上窑村（1996年6月）

乌龙涧加固（1996），吴正贵摄

乌龙涧塌口抢险（1996年7月）

解放军战士在乌龙涧出险工地集合
（1996年7月）

乌龙涧抢险（1996），吴正贵摄

横港抢险（1996），吴正贵摄

左右，由余杭镇组织的华立集团等10家企业的1000余人抢险队伍赶到现场投入抢险。现场指挥中心集专家和群众智慧采取背水坡龙筋支撑方案组织抢险，防洪抢险麻袋用专车迅速运到工地，解放军某部工兵营和"硬骨头六连"官兵也到达抢险现场，抢险人员利用余杭东门外堆放的仇山磁土矿白泥石与余杭塘河码头上的砂、石子等物料抢险，至7月2日23时左右，筑起长60米、宽2米的横护墙。但由于堤身沙土含量较高，堤塘渗水坍坡情况加剧，面临坍塘决口的危险，7月3日凌晨，抢险指挥部决定迅速组织余杭镇居民转移到宝塔山等安全地带，青山水库逐步减小下泄量。3时20分左右，省武警机动支队、驻杭8301部队800名指战员奉命赶到乌龙涧抢险，到上午7时，近50米长塌方堤塘内外两侧筑起了牢固的横护墙和支撑龙筋墙，经过4000多名军民连续奋战，排除了堤防决口的可能性，坍坡段堤塘基本稳定，共用6万多麻袋土石。为进一步稳固堤塘，自7月8日起，对背水坡堤脚统一加固，并向两头延伸，总长度达到150米，沿堤脚填筑宽为8米左右的石碴镇压平台，终于确保了堤塘的安全。下午3时李泽民、李金明、王永明等省市领导赶赴工地，查勘险情，慰问军民。

李泽民说"这次洪涝灾害，余杭受损严重，余杭的领导班子经受住考验，顾全大局，是有战斗力的，为省、杭州市分了忧"。自7月2日下午5时至7月3日下午3时，共出动解放军、武警官兵2000多人次，抢险群众2000多名，出动抢险车辆100多辆。7月5日，国家防汛防旱总指挥部办公室刘亚民副司长受国务院委托到乌龙涧视察。

7. 1999年抗洪

1999年6月23日至7月2日，余杭全市各地普降大到暴雨，7天内降雨量353.8毫米，瓶窑站最大为384.3毫米。7月1日，东苕溪瓶窑最高水位9.18米，余杭最高水位10.51米，运河塘栖水位5.48米。北湖、南湖滞洪区分别于6月25日18时45分和7月1日8时43分开闸分洪，高水位仍持续不退，瓶窑持续230小时超过警戒水位，其中8.5米以上132小时；塘栖4.5米以上持续341小时。由于降雨强度大、水位高，各地险情不断，农田受淹，部分群众被洪水围困，电力、通讯线路中断，不少企业停产、半停产。

洪水发生之初，余杭市委、市政府领导召集防汛防旱指挥部成员开紧急会议，两次广播电视讲话，并先后向各乡镇、部门发出四次紧急通知，全面部署防洪救灾工作。余杭市四套班子及各部门领导，带领机关干部立即分赴各联系乡镇，到第一线帮助指导抗洪抢险。省领导张德江、柴松岳、李金明、周国富，杭州市领导王永明、仇保兴、虞荣仁、于辉达、朱报春、安志云等先后到余杭指导防洪抗洪救灾工作。镇、村干部组织群众上塘巡查和抢修险工地段，尽力保护水利工程不出事、少出事，各部门密切配合全力支援，电力部门及时抢修电力设施，确保排涝机泵正常运用。电信部门迅速架设临时电话，使防汛信息及时通畅。物资、供销部门组织调运抢险物资，尽可能满足抗洪抢险需要，共调运草包、麻袋、编织袋100万只，桩木2.4万根，钢管3600根，毛竹3.1万支等抢险物资。交通部门紧急调度车辆，保

南湖闸泄洪（1999），吴正贵摄

父子水下堵漏（1999），吴正贵摄

证抢险物资与人员及时送达，确保防洪抢险工作顺利进行。

6月27日晨6时，余杭镇仇山村郎家湾堤塘决口，堤塘溃决长度从开始时的50米扩展到75米，仇山、港罕两村200多户居民房屋被水淹至二层楼板，水深4米，100多村民被洪水围困，4000多亩农田被淹没。同时洪水直逼仇山塘和独塘大堤，危及余杭镇北片17个村2万多人，3万多亩粮田及近百家工厂、企业的安全。

洪灾发生后，杭州市委书记李金明，杭州市委常委、余杭市委书记徐松林，余杭市市长何关新立即赶赴现场部署抗洪抢险工作。余杭镇政府建立抢险救灾指挥部，及时组织冲锋舟等，抢救被洪水围困群众。为确保第二道防线独塘的防洪安全，余杭镇东苕溪北片24个村所有企事业单位，包括经营快餐店的个体户纷纷参加独塘加固保卫战。解放军驻浙一师和武警杭州支队共出动1500余名战士，分班次轮流打桩和填筑麻袋、草包。余杭市交通局紧急调动300余台卡车抢运石料、钢管等物资。余杭市林水局除防汛值班人员外，多数技术人员现场指导抢险。长乐林场突击3天加工抢险用木桩。经过一个星期的奋战，终于保住了独塘的安全。共出动抢险人员8000余人，耗用草包、麻袋1.5万多条，桩木2500余根，石料7500余吨，钢管2000多根。

为防御再次发生洪水，余杭市林水局及时研究制定决口封堵方案，采用迎水坡打钢管桩构筑围堰，并用草包、编织袋灌石子、黄泥抛填堵口的措施；决口处新堤塘用黄泥填筑，长度76米，背水坡脚构筑黄沙镇压平台，工程投资51.55万元。2000年汛前，又在堤塘背水坡填筑三级石碴镇压平台，底高程2.6~3.6米，顶高程分别为5.8、6.3、7.5米，边坡1:1.5、1:1.0、1:2.27，工程投资13.68万元。

6月29日，塘栖镇丁河片四个村圩堤因洪水漫堤，村庄被淹，情况危急，武警杭州市支队及杭州军分区169名官兵，携10艘冲锋舟赶赴现场，营救被洪水围困的群众。

8. 2009年抗洪

2009年8月初，"莫拉克"台风和"八一一"洪水袭击余杭，四岭水库水位破历史最高纪录。尤其是"八一一"洪水期间，在不到一天的时间里，区防汛防旱指挥部适时启动防汛四级、三级、二级、一级应急响应，发出紧急通知15份，防洪调度命令10余份，预警通知单5份，工作交办单5份，工作汇报和请示4份，通过短信平台发送预警信息覆盖6000余人次，并采取非常规手段应对洪水灾害。为快速有效地降低北苕溪水位，经省、市、区防汛防旱指挥部研究决定，8月11日凌晨1时启用北湖滞洪区。由于北湖滞洪区处在中苕溪，8月11日滞洪区泄洪后，北苕溪水位仍然持续上涨，对两岸圩区构成漫堤甚至溃堤的危险。凌晨1时49分，区防汛

官兵夜战危塘（1999年7月），吴正贵摄

永安抢险（1999年7月），吴正贵摄

欢送子弟兵凯旋（1999年7月），吴正贵摄

防旱指挥部将防汛应急响应等级提升至一级，同时向径山、瓶窑两镇范围内澄清、张堰、潘板3个圩区内的所有人员发出紧急撤离命令，并调派550余名公安民警、民兵预备役和50辆运输车辆支援撤离工作。至11日5时，共转移、撤离人员2万余人，实现人员零伤亡。洪水还造成山洪暴发，多处山体滑坡，55间民房倒塌，由于预警及时，转移迅速，确保人员零伤亡。

为加快北苕溪洪水分入滞洪区的速度，有关专家提出在面向北苕溪的另一侧采取人工破堤分洪，省军区及警备区领导率领官兵迅速赶赴现场，8时15分实施人工破堤，破堤长40米，分洪流量200立方米每秒，在3小时内降低北苕溪水位1.3米，降低东苕溪干流水位0.5米，避免沿线圩区溃堤的风险，将灾害损失降到最低程度。同在8月11日，洪水尚未完全消退，区防汛防旱指挥部就及时部署灾后重建工作。发出明传电报，要求各受灾乡镇和林水、交通、国土、电力、民政、农业、通信、保险等管理部门到灾区调查核实灾情，立即组织抢修、救灾等应急工作，确保当地群众尽快恢复正常的生产生活秩序。电力、通信部门立即启动应急抢修预案，第二天就恢复供电和通信的畅通；水利部门从11日开始，连续7天派出三四个工作组，深入灾区第一线，排查水利工程安全隐患，出动360余人，排查883处水利工程，现场制定抢修方案，确保隐患消除，避免次生灾害的发生；国土、交通等管理部门全面排查易险山体，落实300余人对已知和新增的山体滑坡隐患

2019年台风"利奇马"期间，余杭街道启动避灾点安置群众（图片来自网络）

洪水过乌龙涧船闸（2020年7月），刘树德摄

点进行严密监测。对在洪水期间实施人工紧急分洪的北湖围堤缺口，区林水局迅速拟定堵口方案，15日下午专业施工单位进场，用10天时间完成堵口，到9月底，全区各项应急救灾工作全面完成，灾区群众的生产生活秩序恢复正常。

洪水过舒公塔（2021年7月），刘树德摄

9．2019年抗洪

2019年，余杭区遭遇的洪水、台风相比往年较多，汛期累计面平均降水量1017.8毫米。梅汛期遭遇5轮强降雨，台汛期遭遇两场台风（利奇马、玲玲）。对全区影响较大有"7.13"洪水、"利奇马"台风、"9.6"山洪。其中，"7.13"洪水导致北湖滞洪区分洪，瓶窑水位达到2019年最高洪水位6.86米（超保证水位0.2米），北湖滞洪区自2013年以来再次分洪。"9.6"山洪导致西部百丈、鸬鸟、黄湖、径山等4个镇出现不同程度灾情。全区充分发挥各类水利工程功能，根据预案，调度东苕溪、运河、上塘河三大流域洪水，完成流域性洪水防御工作。整个汛期，全区临平城防体系调度6次，向四岭水库下达调度令10份，派出专家组40人次，发送预警短信291条、7485人次。全年余杭区虽然遭遇多轮洪水袭击，但由于前期准备充分、防御有力，未出现一起死人、伤人事故，也未出现大范围洪涝台风灾情。

二、主要支流治理

中、北苕溪为东苕溪两大支流，历来属天然河道，且堤塘残缺不全。自中华人民共和国成立后，历经多次修筑，拓浚河道，加高堤塘，部分河段截弯取直，才逐步使堤塘连接完整，河道较为顺畅，具有5~10年一遇的防洪能力。1995年起，开展综合整治，全面加高加固堤塘，共加固堤塘82.94千米，改建新建沿塘闸站、堰坝、涵洞127处（包括东苕溪左岸堤塘）。2009年实施标准塘建设，整坡拼宽堤塘，套井围填防渗，部分砌石护坡，改建闸站堰坝，使堤塘防洪能力提高到10~20年一遇。

（一）中苕溪治理

中苕溪为东苕溪主要支流。历史上曾经是山区航道，后因久不整治，泥沙淤塞，河床抬高，中华人民共和国成立后已无法通航，两岸堤塘虽经多次加固加高，但仍经不住大洪水侵袭。在中游长乐段，溪面狭窄，河道弯曲，两岸堤塘单薄。经计算，中苕溪洪峰流量，3年一遇为435立方米每秒，5年一遇为520立方米每秒，20年一遇为788立方米每秒，由于河道不畅，下泄能力低，每逢洪水，两岸堤塘告急，乃至造成漫堤决口，形成洪涝灾害。

为加大河道流速，提高泄洪能力，1975年，长乐公社决定实施拓宽河道和截弯取直工程，于12月正式动工。第一阶段，截弯取直，从麻车头至仇山脚，河道全长3.8千米；新开河道1.3千米，河道面宽123米，堤顶高程11.5米，堤顶宽8米，比原河道缩短2.3千米。同时新建跨径116米长的麻车头大桥、60米宽的麻车头活动坝及单孔3米水闸2座。完成土方49万立方米，投工89万工。第二阶段，拓宽疏浚青芝堰到麻车头段河道，长乐街道段截弯取直，新开河道800米，比原河道缩短250米。新建100米跨长乐公路桥、青芝堰60米长活动坝、1.5米和3米宽水闸各1座，完成土石方46万立方米，投工45.5万工。此外，从青芝堰至冷水桥，南至皇公堰，北至斜坑

中苕溪邵母桥长埧取直一段枯水期（2022年11月），俞强提供

中苕溪麻车头亭子渠取直一段枯水期堰坝（2022年11月），俞强提供

沿山开渠，全长8.6千米，建16米公路桥1座，机耕桥6座，排涝机埠4座，装机8台515千瓦，整治工程于1978年竣工，合计完成土石方177.8万立方米，投工190万工，总投资160万元，其中国家补助37.75万元。

中苕溪右岸堤塘从长乐麻车头至仇山脚到永建下木桥，长19.46千米。左岸堤塘从长乐青芝堰至杭长铁路信桥长10.45千米，与北湖滞洪区围堤相接，保护面积64465亩，人口33757人，由余杭、径山两镇（街道）负责管护。中华人民共和国成立后到20世纪90年代中期，虽经多次培修加固，防洪能力仍为10年一遇。1995年到2010年期间两次东苕溪北塘加固工程中，按20年一遇防洪标准，全线加固加高中苕溪堤塘29.91千米，改造沿塘涵闸，套井围填防渗（陆塘埠2044米、新此塘小毛坝580米）。左岸堤顶高程达到9.93～11.84米，顶宽2.1～9.3米；右岸堤顶高程10.54～14.94米，堤顶宽2.0～6.7米。2002年上游水涛庄水库建成后，防洪标准进一步提高。整治工程右岸保护长乐南片、仇山片农田0.55万亩；左岸保护长乐北片农田0.48万亩，并与北苕溪堤防共同保护潘畈、张堰等农田1.4万亩。

表2-11 中苕溪堤塘沿线主要水利设施

工程名称	所在乡镇	用途	工程规模	重建年月	工程投资（万元）
七里排涝机埠	径山	排涝	80千瓦电机配700ZLB-70轴流泵2台套	1997.12	72.34
仇山排涝站	径山	排涝	80千瓦电机配水泵、水闸2×1.8米700ZLB-70系2台套	1999.05	100.66
姚琪涵闸	径山	防洪	1孔×1.8米	1999.04	19.95
井子畈涵闸	径山	防洪	1孔×1.8米	2000.04	25.71
长东涵闸	径山	防洪	1孔×1.8米	1998.05	13.01
叶家琪涵闸	径山	防洪	1孔×1.8米	1997.03	14.54
新仇山北塘排涝闸站	余杭	防洪	55千瓦电机配500ZLB-100轴流泵2台套闸1.4米×1.8米	1997.04	15.10
下陡门闸	余杭	防洪	2.6米×3.7米	2009.05	110.50
青芝堰坝	径山	灌溉	坝长57米	2008.06	97.99
合计					469.80

资料来源：《余杭水利志》2014年版。

附：水涛庄水库

水涛庄水库位于中苕溪上游临安区横畈镇水涛庄村，集雨面积58平方千米，以防洪为主，兼灌溉、供水、发电及改善水环境等功能。水库按50年一遇洪水标准设计，500年一遇洪水校核，总库容2888万立方米，防洪库容1476万立方米。坝型为混凝土重力坝，坝顶长262.9米、宽5米，坝顶高程154米（黄海高程，下同），最大坝高60米，防浪墙高程155.1米，坝底高程94米。溢流段布设在大坝中部，泄洪闸3孔，每孔宽6米，设弧形闸门控制，最大下泄流量1016立方米每秒。泄洪洞布设在泄洪闸右侧，最大下泄流量87立方米每秒。引水隧洞位于大坝右侧山体内，长380米，衬砌后洞径2米，进水口为竖井式。

1997年10月，浙江省、杭州市、余杭市三级政府商定由临安市为工程建设单位。1999年6月，临安市成立水涛庄水库工程指挥部，余杭派员参加建设管理，是年12月26日开工，2003年1月竣工，共完成土石方开挖14.33万立方米，浆砌块石14.38万立方米，浇筑混凝土6.54万立方米，总投资1.523亿元，其中余杭投资5000万元。余杭区拥有水涛庄水库一半权属。水库建成后可控制中苕溪上游20年一遇洪水基本不下泄，减轻中苕溪下游及西险大塘防洪压力；减少北湖滞洪区分洪次数和东苕溪下泄水量，改善下游临安的高虹、横畈和余杭区径山三个乡镇8700余亩农田灌溉及水环境条件。

（二）北苕溪治理

北苕溪由百丈溪、鸬鸟溪、太平溪至双溪汇合而成，流经潘板桥、北湖，至龙舌嘴注入东苕溪。民国时期为县境内南北联络之干河，通竹筏。中华人民共和国成立初，百丈、太平、鸬鸟、黄湖、双溪等乡的竹、木、柴、炭多以竹筏经北苕溪运至瓶窑。随着公路建成通车，水路年久未疏浚，河床逐渐淤高。

北苕溪中段自西向东贯穿径山镇潘板桥，因地势低洼，河道曲折，堤塘低矮，常遭洪涝灾害。为减轻洪水威胁，1975年，潘板桥公社（今属径山镇）进行溪流改道。经实地勘察，议定方案，将原来从吴山左右分叉的两条河道堵塞，从乌泥沙至老虎墩新开河道4.2千米，底宽26米，面宽70米，新筑堤顶宽3米~8米，进口堤顶高程12.7米，河底高程5米，出口堤顶高程11米，河底高程2.8米，使之上下游相衔接。工程由公社副主任盛乃林具体负责，全社五六千人奋战三个冬春，完成土方82.28万立方米。为加快工程进度，瓶窑区组织百丈、太平、鸬鸟、黄湖、双溪、彭公、长命7个公社，动员3390人前往支援，完成土方8.24万立方

北苕溪支流黄湖溪段（2005），陈杰摄

游客在北苕溪漂流（2014年10月），刘树德摄

米。配套工程有跨径75.16米的乌泥沙公路桥1座，大舍行人桥1座，14孔1.6米×2.2米的大舍活动坝1座，进水闸3座，泄水闸4座，排涝机埠4座，装机12台710千瓦，沿岸砌石护坡7450米。

1977年冬至1978年春，整治俞家堰小溪，将穿越田畈中的老溪填平改田，新劈沿山小溪，重新凿通彭公乡横坑至乌泥沙地段与新开溪相接，全长1080米。溪底宽2.5~7米，堤顶宽2~3米，完成土方3.77万立方米。1978年冬至1979年春，扩建从双溪郑堰至小五山的沿山渠道，全长6125米，其中新开5075米，至仇山脚汇入中苕溪，渠底宽2米~5.5米，流量13.6立方米每秒至53.8立方米每秒，实挖土方6.7万立方米，附属工程有公路桥2座，机耕桥8座，进水闸2座，节制闸2座，活动坝2座。该渠既能避山水漫入田间，又能引四岭水库之水抗旱。1979年冬至1980年春，拆建吴山畈堰，堰长61米，堰顶

洪水期间的张堰堤塘（1996年6月30日）

瓶窑张堰新修水利场景（1989—1990年），余杭区
史志研究室提供

高程7.5米，顶上装有活动门20扇，并在南塘新建2孔1.5米×2.5米分水闸1座。

至1980年，北苕溪潘板桥段的治理工程告一段落，总投资57.93万元，其中国家补助29.78万元，乡村自筹28.15万元。经过5年努力，初步达到洪能泄、涝能排、旱能引的目标，增加耕地数百亩。

北苕溪堤塘右岸从郏堰至北湖张堰桥，全长10.32千米。左岸从潘板桥乌泥沙至北湖相公庙，全长9.15千米，两岸堤塘保护农田1727公顷，人口2.08万人，分别由潘板乡（今属径山镇）、北湖乡（今属瓶窑镇）负责管护。堤顶高程：潘板桥12.7米，渣河墩11.2米，铁路桥10.5米。沿岸已砌石7450米，能防御10年一遇的洪水。

中华人民共和国成立以后，到20世纪90年代中期，堤塘虽然经过多次培修加固，防洪能力仅为5至10年一遇。1995年至2006年和2009年至2010年两次东苕溪北塘加固工程中，按20年一遇防洪要求标准（其中张堰塘为10年一遇防洪标准）全线加固加高堤塘20.26千米，套井回填18608米（澄清塘5088米、外畈塘2460米、张堰东南塘4370米、新溪南塘4590米、张堰北塘2100米），改建沿塘涵闸，现堤塘顶高程左岸为9.56~12.02米，顶宽2.40~9.3米，右岸堤塘10.54~14.94米，顶宽2.5~9.3米。

北苕溪右岸堤塘从双溪郏堰至北湖张堰大桥，全长15.10千米，左岸堤塘从潘板桥乌泥沙至瓶窑相公庙,全长11.86千米,两岸堤塘保护面积16961亩,人口2.72万人。

表2-12 北苕溪堤塘沿线主要水利设施

工程名称	所在乡镇	用途	工程规模	重建(年月)	工程投资(万元)	受益面积
倪家头闸站	径山	防洪排涝	2×4.0米,80千瓦电机配700ZLB-3.4轴流泵3台套	2004.02	260.00	5000
张堰东塘水闸	瓶窑	防洪	1×1.8米	1998.04	15.42	同塘角廊圩区
外畈塘排涝机埠	瓶窑	排涝	55千瓦电机配500ZLB-70轴流泵4台套	1998.04	37.00	1000
张堰北塘闸站	瓶窑	防洪抗旱排涝	1孔×2.0米,22千瓦电机配350ZLB-100轴流泵1台套、55千瓦电机配500ZLB-100轴流泵1台套	1999.12	45.00	2900
塘角廊闸站	瓶窑	防洪排涝	1孔×2.0米,55千瓦电机配500ZLB-100轴流泵4台套	2007.07	38.00	2900
西安寺排涝机埠	瓶窑	排涝	55千瓦电机配500ZLB-100轴流泵4台套	1998.12	27.00	3600
澄清排涝闸站	瓶窑	防洪	2孔×1.8米,80千瓦电机配700ZLB-70轴流泵4台套	2000.04	29.19	4900
三角塘水闸	瓶窑	防洪	1孔×18.0米	1999.05	33.31	
合计					484.92	

资料来源:《余杭水利志》2014年版。

2003年2月23日,国家级农业项目——位于黄湖镇的青山溪小流域综合治理项目一期工程破土动工。2011年,区水利部门以黄湖溪(开发区段)整治为重点,实施河道疏浚、砌石、绿化等建设内容;开展百丈溪、罗窑溪支流、何家边河道等一般性河道整治25条35千米。2013年,余杭区实施小山塘除险加固10座,新建改造圩区灌排泵、闸站11座。2016年,全区共实施防洪排涝项目90个,北湖生态湿地工程完工。

附:曾筹划建设的双溪水库

1958年10月25日,中共浙江省委批转省水利厅党组上报的《"关于兴建青山、双溪两水库有关问题的意见"的报告》,同意实施双溪水库建设(时余杭县已划归临安县)。双溪水库设计集雨面积276平方千米，土坝坝高29米，库容2.24亿立方米。所需劳动力由建德专区临安县负担50%，杭州市（原杭县）和市郊负担20%，嘉兴专区负担30%，计划土石方工程量320万立方米。当时，正值"大跃进"时期，浮夸风盛行，盲目要求青山水库在1958年底前动工，农历年底完工（1959年2月8日前）。要求双溪水库在1958年11月上旬动工，1959年3月底完工，每个劳力每天要求完成工作量为10立方米土方。两大水库动工以后，在劳力组织、材料物资供应等均存在很大困难。

1959年，省水利厅排队分析大型水利工程进展情况和存在问题，并向省委作了要求暂停施工的报告。4月15日，省委批复同意将水库心墙部分处理后，暂停施工，当时已完成土石方43.2万立方米，隧洞掘进7米，投放劳力35.9万工。

1959年8月12日，临安县在双溪水库实施计划中提出，水库后续工程尚需土方200.4万立方米，需要劳动力250万工，投资264万元。由于当时全省大型工程铺开太多，不得不停建双溪水库。

1964年12月，改在北苕溪支流太平溪上兴建四岭水库。

三、修建库闸堰渠

余杭境内农业灌溉，历史上丘陵山区以建小山塘和筑堰引水为主，平原地区以河漾储水，人力提灌为主，缺乏调节功能。中华人民共和国成立后，利用冬季农闲季节，逐步开展水利建设，大力兴建以蓄、引、提为主的水利工程，形成水库蓄水、堰坝引水、水闸拦水、机泵提水、渠道放水等多种灌溉方式。至2010年建成山塘水库近千座、各类堰坝248座、大小水闸509座及一批灌溉泵站，不仅使农业灌溉得到保障，而且还为河道配水、改善生态环境提供水源。

（一）水库建设

境内西部山区、半山区溪道源短流急，水位骤涨骤落，有水难于储存，经常发生旱灾。史载明洪武二十八年（1395），在县北古城、塘坞等地开掘27处山塘储水。1949年前，只有少量山塘和堰坝灌溉农田。1950年冬修水利时，仅修复山塘58处，可见为数之少。中华人民共和国成立后，自1952年始，每年冬春农闲季节，发动和组织群众兴修水利，尤其是农业合作化后，发挥集体力量，形成兴修水利的热潮。1956年建成七贤乡（今属良渚街道）大湖畈水库，1958年10月至1960年5月建成第一座百万立方米以上的康门水库。经过多年努力，先后建成众多山塘水库。至2010年已建成库容千万立方米以上的中型水库1座，库容百万立方米以上的小（Ⅰ）型水库5座，库容10万立方米以上的小（Ⅱ）型水库21座，1万至10万立方米小水库264座，山塘546座，总库容达5200万立方米，为调蓄洪水和抗旱灌溉发挥了极大作用。境内山塘水库大都建于20世纪70年代前后，由于受当时经济、技术等条件限制，工程标准不高，经长期运行，出现诸多安全问题，历经维修加固，仍有不少隐患。1980年至2000年，先后对部分小（Ⅰ）、（Ⅱ）型水库进行除险加固。2003年，按《浙江省千库保安工程》要求，对境内水库逐个进行实地查勘，分级进行安全鉴定，编制《余杭区水库保安工程专项规划》，分三期实施标准化建设。至2010年，境内水库基本达到"工程安全，设施齐全，功能完备，管理高效，环境优美"之目标。

1. 四岭水库

为余杭境内唯一中型水库，位于径山镇四岭村北苕溪支流太平溪上，集雨面积71.6平方千米，总库容2838万立方米，正常库容1219万立方米，以

防洪为主，兼具灌溉、发电、养鱼、供水等功能。水库分小（Ⅰ）型和中型两个阶段建成。2001年，杭州市林水局对大坝进行安全鉴定，确定为三类坝病险水库。2003年10月至2007年4月，实施全面除险加固。2005年10月，被国家防汛防旱总指挥部列为全国重点防洪中型水库。

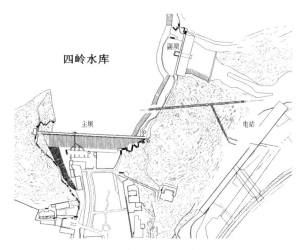

四岭水库枢纽工程布置图
（原载于《余杭水利志》2014年版）

　　1964年12月至1966年5月，建成小（Ⅰ）型水库。由杭州市林水局设计，经浙江省人民委员会批准兴建，余杭县人民政府组建工程指挥部负责建设。水库按20年一遇洪水标准设计，200年一遇校核。总库容924万立方米，正常库容573万立方米，防洪库容351万立方米，灌溉面积2.5万亩。大坝为浆砌块石重力坝，坝高29.3米，坝顶高程68.8米，迎水面为钢筋混凝土防渗面板，大坝分四个坝段，内设廊道，廊道内设排水孔。输水洞为拱形，2米×2.5米，置于三坝段，洞底高程47米，配钢闸门，螺杆启闭机启闭，最大泄水流量62.4立方米每秒。副坝（即溢洪道）位于大坝东北角，开敞式天然岩基面，宽68米，设计最大过水流量1124.7立方米每秒。完成工程量：浆砌块石3.66万立方米、混凝土0.97万立方米，投工23.83万工。迁移库区内双溪乡（今属径山镇）四岭村的罗望坞、瓦窑湾、同前庙、沙溪头、四岭5个自然村及太平乡（今鸬鸟镇）塘坞自然村农户84户391人，拆迁房屋100幢，其中楼房58幢、平房35幢、草房7幢，在原行政村区域内就地安置。库区淹没土地613.5亩（吴淞标高65.7米以下），其中水田135.92亩、杂地300.5亩、竹山164.9亩、茶地12.18亩。工程总投资175.62万元。

　　为建库需要和改善当地交通条件，新建双溪汽车站至四岭千岱坑公路6.5

四岭水库，径山街道提供

千米，桥涵设计为汽8级，土石方12870立方米，占用农田5.57亩，耕地23.45亩。1965年2月建成通车。新架设10千伏输电线路同时通电。

水库建成后，直接受益的双溪、潘板（今属径山镇）防洪抗旱能力大为提高。建库前的1961年至1965年，两乡平均粮食产量1277.85万斤，平均每亩628.1斤。建成后的1966年至1970年，年平均粮食产量1821万斤，平均亩产905.8斤，比建库前分别增长42.5%和44.2%。

1973年10月，浇筑灌浆平台，大坝帷幕灌浆，1976年2月完工，平台混凝土1377立方米，钻孔85眼进尺2768.12米。工程投资33.98万元。

1977年10月至1988年10月，为提高西险大塘防洪能力，经省水利厅批准，扩建为中型水库。由杭州市林业水利局和余杭县林业水利局共同设计，按50年一遇洪水标准设计，5000年一遇洪水标准校核。水库总库容2838万立方米，正常库容1219万立方米，防洪库容1644万立方米。灌溉面积扩大到3.5万亩。建立扩建工程指挥部，发动双溪、潘板、黄湖3个公社600余名民工施工。加高加宽大坝，坝型改为细骨料混凝土砌块石重力坝，坝顶高程84米，坝高44.5米，坝顶宽4米，坝顶长202米，坝顶设1米高的防浪墙。输水洞改为发电洞，闸门用单吊卷扬机启闭。溢洪道在原天然岩基面基础上扩建为开敞式实用堰，堰顶高程79.5米，宽71.9米，最大过水流量1641立方米每秒。新建3米×3.5米钢筋混凝土箱涵结构泄洪洞，双吊卷扬机启闭，进口底高程64米，出口底高程60米，最大泄洪流量128立方米每秒。建成坝后式电站一座，装机容量320千瓦×3台，设计年发电量261.6万千瓦时。新建双溪乡四岭村至库区太平乡锡坑村万石桥移民公路，长5.17千米。

扩建工程共完成浆砌块石7.02万立方米、混凝土1.4万立方米，开挖石方7.65万立方米，干砌块石2.36万立方米，土方11.08万立方米，投工118.9万工。淹没征用土地774.76亩（耕地按5年一遇相应水位76.3米、山林按10年一遇相应水位79.5米），其中水田143.99亩，旱地157.81亩，柴山311.57亩，竹山78.45亩，茶地82.94亩。迁移太平乡锡坑村塘坞里和祝家湾自然村33户161人，拆迁楼房27幢、平房38幢，迁至吴淞高程80.25米以上就地安置。工程总投资480.85万元。

2001年，杭州市林水局开展大坝安全鉴定，由水利部大坝安全管理中心核查鉴定成果。由于多年运行，部分设施老化失效，被确定为三类坝病险水库。主要安全隐患有主坝沉陷缝沥青井部分止水失效，主坝部分坝基排水管失效，水库无专用放空洞设施，副坝左岸道路缺口等问题。为消除隐患，确保安全，2002年11月，委托浙江省水利水电勘测设计院编制《杭州市四岭水库除险加固工程初步设计报告》，工程等级为三等，主坝、副坝、泄洪洞为3级，电站为4级。设计洪水标准50年一遇，校核洪水位调整为2000年一遇。泄洪渠按20年一遇防洪标准设计。工程于2003年10月28日动工，2005年8月完成主体工程，2007年4月竣工，工程总投资3750万元。同时新建水库管理所防汛调度中心1350平方米。

2. 小（Ⅰ）型水库

境内有库容100万立方米以上的小（Ⅰ）型水库5座，建于1960年至1993年。1997年起投资162.62万元，对康门、石门、仙佰坑3座水库，进行除险加固和保坝处理。2003年起，投资1492.96万元，按规范要求，对5座水库实施"保安达标"工程。余杭区小（Ⅰ）型水库情况见表2-13.

康门水库　位于良渚街道安溪村东苕溪左（北）岸，1958年10月动工，1960年建成，为黏土心墙坝型，坝高17.31米，坝顶长168.5米、宽8.2米，设1米高防浪墙。集雨面积4.65平方千米，总库容147.26万立方米，正常库容

奇坑水库，吴云水摄

97.61万立方米，灌溉面积133.33公顷。1978年进行加固。1987年因渗漏严重，被定为危险水库。1988年11月至1998年4月，分三期对大坝及基础进行套井回填和帷幕灌浆处理，共套井224孔、总进尺3214.7米，灌浆钻孔114孔、总进尺2268.34米，经杭州市林水局组织验收合格。2003年11月，全面整修大坝护坡，重建溢洪道消力池和排水棱体，坝内放水涵管开挖处理，完善通信、遥测等配套设施。2004年7月完成，共投资449.30万元。

奇坑水库　位于瓶窑镇奇鹤村北苕溪支流白鹤溪上，1973年兴建，1980年6月建成，1981年加固续建，为土石混合坝型，坝高25.2米，坝顶长108米，宽5米。集雨面积3.41平方千米，总库容116.7万立方米，正常库容96.62万立方米，灌溉面积83.33公顷。2003年11月，对大坝上游面干砌护坡全面整修，加固溢洪道导墙、增建消力池和新建工作桥，修建管理房，完善通信、遥测等配套设施。2004年4月完工，投资137.02万元。

石门水库　位于瓶窑镇塘埠村北苕溪支流石门溪上，1974年动工，1980年6月建成，为浆砌块石双曲拱坝型，坝高35米，坝顶弧长175米，弦长128.2米，坝底厚7米、顶厚2米。溢洪道为坝顶曲面溢流，长30.2米，最大下泄量168.6立方米每秒。集雨面积4.95平方千米，总库容120.5万立方米，正常库容

石门水库（2005），陈杰提供

105.4万立方米，灌溉面积80公顷。水电站装机两台115千瓦，年发电15万千瓦时。1997年除险加固，对非溢流段坝面用钢纤维喷浆，加高防浪墙，更新启闭设备及启闭房。2004年10月，对大坝两处渗水处采取喷浆防渗处理，加固重力墩，更新引水管，修建管理房，完善通信、遥测等配套设施。2005年4月竣工，投资223.11万元。

仙佰坑水库　位于鸬鸟镇仙佰坑村北苕溪支流鸬鸟溪上，于1974年开工，1989年建成，为黏土心墙堆石坝与硬壳坝组合型，坝高28.85米，坝顶长132米、宽3.5米，采用坝顶溢流，最大下泄量405.5立方米每秒。集雨面积20.8平方千米，总库容122.43万立方米，正常库容86.55万立方米，灌溉面积160公顷。坝后电站装机两台445千

仙佰坑水库（2021），陈杰摄

瓦，年发电100万千瓦时。1997年除险加固，对坝体上游面进行钢纤维混凝土喷浆防渗，左坝段下游面浆砌块石贴坡。2005年，对大坝溢流面及左坝段浇筑钢筋混凝土防渗面板，右坝段小方石衬砌，坝基风化层接触灌浆，修筑上坝道路，改善库区环境，完善通信、遥测等配套设施，投资290万元。

馒头山水库　位于鸬鸟镇山沟沟村北苕溪支流太平溪上，1978年兴建，中途停建，1990年续建，至1993年完成。为堆石硬壳坝型，坝高31.1米，坝顶长140米、宽3.5米，采用坝顶溢流，最大下泄量413.6立方米每秒。集雨面积28.58平方千米，总库容186.81万立方米，正常库容132.77万立方米，灌溉面积121.33公顷。坝后电站装机两台640千瓦，年发电量130万千瓦时。1996年除险加固，喷浆防渗坝体上游面钢纤维，浆砌块石贴坡下游非溢流段。2003年11月，大坝迎水面浇筑钢筋混凝土防渗面板，坝体下游面理砌块石勾缝、贴坡，坝基风化层接触灌浆，加高进库道路，完善通信、遥测等配套设施，2005年5月竣工，投资393.53万元。

表2-13　余杭区小（Ⅰ）型水库情况表

水库名称	坝型	集雨面积（km²）	总库容（10⁴m³）	正常库容（10⁴m³）	坝高（m）	坝顶长（m）	建成时间（年月）
康门水库	黏土心墙土坝	4.65	147.26	97.61	17.31	168.50	1960
仙佰坑水库	混合硬壳坝	20.80	122.43	86.55	28.85	132.00	1989
馒头山水库	堆石硬壳坝	28.58	186.81	132.77	31.10	140.00	1993.03
石门水库	浆砌石双曲拱坝	4.95	120.50	105.40	35.00	175.00	1980.06
奇坑水库	黏土心墙堆石坝	3.41	116.70	96.62	25.20	108.00	1980.06

3. 小（Ⅱ）型水库

境内有库容10万立方米以上的小（Ⅱ）型水库21座，其中建于20世纪50年代的有3座，60年代的有4座，70年代的有8座，80年代的有6座。前期兴建的标准偏低，质量不高，不少成为病险水库。1980年始，分轻重缓急，开展维修加固和除险保坝。先后对百丈镇皮山坞，黄湖镇石扶梯、龙坞、龙兴桥，余杭镇官塘、里坞塘，闲林镇孙家坞、上塘弄，中泰乡上皇庙9座水库进行除险加固，共投资454.95万元，其中国家补助360.95万元。

2003年，按《浙江省水库保安工程》要求，对水库逐个进行实地查勘，针对各个水库存在的问题，分别拟定一、二、三类，提出工程技术方案，采取坝基、坝体

西舍水库，陈杰摄

上皇庙水库（2005），陈杰摄

灌浆或套井防渗，坝身内坡砌石、外坡草皮护坡，更新放水涵管及闸阀，整修扩建溢洪道，增设上坝道路或便桥等工程措施。

2003年10月至2004年8月完成龙潭、茶草湾、孙家坞、椅子坞、鱼石岭5座水库的保安工程，共投资1225.26万元。2004年10月至2005年8月完成西舍、上皇庙、长溪、官塘、外大坞、西中、狭石弄等7座水库的保安工程，共投资1001.25万元。尚有9座水库于2005年冬动工整修，投资约1500万元。详情见表2-14。

表2-14　余杭区小（Ⅱ）型水库情况表

座数	水库名称	坝型	集雨面积 （km²）	总库容 （10⁴m³）	正常库容 （10⁴m³）	坝高 （m）	坝顶长 （m）	建成时间 （年月）
1	孙家坞水库	黏土心墙土坝	0.53	20.13	13.74	11.00	142.00	1962
2	椅子坞水库	黏土心墙土坝	0.184	10.06	7.47	12.64	63.00	1981
3	长溪水库	黏土心墙土坝	5.54	15.18	8.98	11.20	63.00	1958
4	上塘弄水库	黏土心墙土坝	0.173	10.12	7.84	11.50	50.00	1961
5	甘岭水库	黏土心墙土坝	1.68	76.13	56.25	17.10	116.50	1969.12
6	官塘水库	黏土心墙土坝	0.48	56.86	47.82	13.26	99.50	1979
7	外大坞水库	黏土心墙土坝	0.732	10.86	7.39	11.00	100.00	1978
8	里湖塘水库	黏土心墙土坝	0.47	10.35	8.70	14.70	73.00	1952
9	龙兴桥水库	黏土心墙土坝	3.66	11.39	6.89	8.85	150.00	1976.03
10	石扶梯水库	黏土斜墙土坝	3.93	41.37	30.24	18.30	123.00	1970
11	龙坞水库	浆砌块石堆石混合坝	1.79	37.74	19.60	22.00	114.00	1981
12	狭石弄水库	土工膜斜墙土坝	0.154	12.04	10.60	14.00	58.50	1975.12
13	龙潭水库	浆砌石拱坝	6.00	75.80	66.03	23.00	101.79	1981.04
14	金刚塘水库	黏土心墙坝	1.25	15.79	11.08	14.30	159.00	1976
15	茶草湾水库	黏土心墙土坝	0.47	15.62	12.36	11.72	120.50	1969
16	上皇庙水库	黏土斜墙土坝	1.89	17.40	11.24	13.00	85.00	1959.12
17	西舍水库	均质土坝	1.55	10.58	6.66	12.70	75.00	1956
18	皮山坞水库	黏土心墙土坝	0.68	44.95	40.78	26.90	100.00	1983.04
19	鱼石岭水库	浆砌块石重力拱坝	6.92	20.19	14.32	17.20	79.50	1975.04
20	湖北坞水库	黏土心墙土坝	2.34	28.78	23.50	18.80	74.30	1986
21	西中水库	黏土心墙土坝	1.10	28.12	24.09	24.50	178.00	2000

（二）水闸

水闸，俗称陡门，用于防拦洪水或拦水灌溉及通航。苕溪水闸最早见诸记载的是在东汉熹平年间，县令陈浑在县（余杭）东十里所建西函陡门，高2.2丈，阔1.5丈。南宋淳熙六年（1179），东苕溪兴筑"十塘五闸"，其中五闸即甪窦、安溪、乌麻、化湾、奉口5座陡门，均为八字形条石干砌闸门和方木闸板。中华人民共和国成立后多次改建，均用水泥浆砌或混凝土浇捣，有钢丝网闸门、钢筋混凝土闸门、钢板闸门等。启闭方法有人力关闭、螺杆启闭、电动卷扬、电钮开启。

北湖汤湾泄水闸进水口（1986）

修筑老滚坝出水闸（1996年12月）

至2010年，西险大塘共有5座水闸，其中化湾、安溪、奉口为古水闸改建，余杭、上牵埠为新建闸。乌麻闸、劳家闸、甪窦闸已改为涵洞。

至2010年底，全区共有各类水闸605座，主要水闸有南湖进水闸、泄水闸、北湖进水闸、泄水闸和奉口水闸、安溪水闸、化湾水闸、上牵埠船闸和文昌阁船闸、幸福闸等。

余杭闸　位于余杭镇通济桥上游，大塘里程桩号2K+621米处。1966年建成，为4米×4米引水闸，钢筋混凝土闸身，浆砌块石翼墙，手摇螺杆启闭闸门。闸底高程2.77米，闸顶高程11.23米（吴淞标高，下同），下通南渠河（余杭塘河上游），与文昌阁船闸配套使用，引南苕溪水解决余杭镇、仓前镇部分农田用水。1998年5月改建，闸前新建2米×2米箱涵与老闸连接，新

余杭闸正在施工中（1998年2月）

余杭闸（2023年2月），刘树德摄

化湾陡门拆建（1990）

化湾陡门出水口（1991）

建启闭机房，原手动螺杆启闭机改为手动、电力两用启闭。

化湾闸 位于瓶窑镇崇化村，西险大塘里程桩号16K+0.89米处，系沟通东苕溪与内河的孔道，始建于南宋淳熙六年（1179），屡遭冲毁，"淹没田禾、灾及旁邑、死亡无算"，明清时多次修筑。1956年1月，进行基础处理，拆除重建。1972年，再次加固并将木闸板改建成启闭式钢筋混凝土闸门，但边墩与翼墙仍大量漏水，在历次洪水中带病运行。1990年9月，省水利厅《关于化湾陡门改建工程扩大初步设计的审批意见》决定拆除重建，经议标方式确定由萧山水利建筑安装公司承建，9月动工，拆除老闸，将闸底下1300余根松木桩截短，浇筑混凝土底板及边墙，至1991年4月竣工。重建后闸孔净宽4米，闸底板高程1.1米，闸顶高程11.85米。堤顶工作桥净宽4米。新建启闭室，修建管理房。可从东苕溪引水补充瓶窑镇的长命、良渚镇的大陆、仓前镇的吴山一带河道水源。工程投资52.27万元，是年11月通过省、市、县水利部门验收，评为优良工程。

安溪闸 位于良渚街道安溪村，大塘里程桩号24K+282米处，是沟通苕溪与良渚街道安溪前山港的通道。始建于南宋淳熙六年

（1179），清康熙五十五年（1716）又被洪水冲毁，知县魏峋修复。于清光绪十八年（1892）重建。中华人民共和国成立后多次整修，1974年改装闸门和启闭设备，但翼墙漏水严重，且闸底较高，有碍抗旱引水。1991年省水利厅决定原拆原建，当年9月破土动工，至1992年3月底完成。重建后闸室长20.7米，闸孔从2.4米扩大到4米，闸底高程从1.8米降至0.8米，闸顶高程11.1米，钢筋混凝土闸门配电动25吨螺杆式启闭机，新建启闭房，堤脚平台处建交通桥。可从东苕溪引水补充安溪、长命、良渚一带河道水源。共完成土石方7251立方

安溪陡门拆建（1991）

安溪闸（1993年5月）

米，耗用钢材24吨、水泥257吨，用工9000工，投资54.89万元，1993年3月通过验收，为优良工程。

上牵埠船闸 位于良渚街道上牵埠村，西险大塘里程桩号30K+509米处，系航运、引水综合工程，是境内东苕溪与大运河沟通的主要通道。因奉口陡门漏水严重，形成隐患，且陡门孔径较小，难以满足日益发展的工农业用水和航运需要。1982年9月，由杭州市城乡建委主持召集市、县有关部门会议，商讨另行选址建闸，并经实地查勘和多方案比较，决定在其上游的上牵埠新建一座引水航运综合水闸，经费由杭州市城乡建设委员会、杭州市航运管理处、余杭县林水局三方投资。由余杭县林水局负责勘测设计，上报省、市主管部门审批。1983年10月，省水利厅批复同意。11月，杭州市城乡建委批复同意

上牵埠船闸（1986）

上牵埠船闸首次通航（1988年11月）

初步设计。余杭县苕溪堤防河道管理所为工程建设单位，由余杭县下沙水利桥梁工程队承建。1983年12月动工，1986年10月竣工，1988年10月投入运行。

上牵埠船闸工程为二级永久性建筑物，闸顶高程按历史最高洪水位7.48米超高2米，与堤顶接平，桥梁为4级公路桥，通航为100吨级的6级航道，闸孔净宽7米，上闸首高9米，下闸首高8.25米，闸室长100米、宽18米，水深2.2米，上、下闸首、闸槛及闸室底板高程为0米。最高通航水位上游5米，下游4.25米，通航净孔高4米。

上闸首建于西险大塘内侧20米处，闸首长13米，钢筋混凝土结构，空箱室闸墩，沉井基础，反拱底板13米×15米。上、下闸门为上下扉2扇上提式钢筋混凝土梁板闸门，用两台QPQ2×16吨双吊卷扬机启闭。闸室为重力式挡土墙，浆砌块石墙身，底宽3.3米，墙高6.7米，混凝土透水底板。下闸首面向西塘河，闸首长10米，钢筋混凝土结构，箱式闸墙，反拱底板，10米×15米沉井基础，上设工作桥。完成工程量：土方8.90万立方米、干砌块石0.11万立方米，浆砌块石0.78万立方米、混凝土0.50万立方米，征用土地14.5亩，投资173.09万元。此闸建成后下游奉口闸被替代，从东苕溪至沪杭船只不必绕道德清，缩短航程15.82千米。同时能引东苕溪水至运河区域，灌溉农田5万亩。杭州半山电厂在船闸下游出口对岸设取水口，建取水泵房，年取水量579万立方米。2010年，为了东苕溪饮用水安全，船闸航运功能关闭。

奉口闸　位于仁和街道奉口村，大塘里程桩号31K+941米处，原是东苕溪沟通西塘河、东塘港至运河的孔道，防洪要隘。始建于南宋淳熙六年（1179）。民国二十二年（1933）拆除重建，且首次使用钢筋混凝土和浆砌条石。中华人民共和国成立后多次维修加固，1978年改装闸门与启闭设备，可通行农船。1988年，因作杭州祥符水厂取水口而重建，老闸底高程为0米及净孔4米不变，闸后筑成2米×1.5米两孔箱式涵洞作为水厂专用取水口（引水、通航已由上牵埠闸替代）。于1988年11月动

奉口闸门漏水严重（1987年7月）

今日奉口闸，仁和街道提供

工，1989年12月完成，共挖填土方17603立方米，石方632立方米，钢筋混凝土702立方米，投资67.41万元，投工14744工。

文昌阁船闸　位于余杭镇东门原文昌阁，南渠河与余杭塘河的交界处，是与苕溪活动坝和余杭闸的灌溉配套的工程，于1966年3月12日动工，当年建成。水闸按7级航道标准设计，闸室利用原有河道宽度，长100米。上、下闸孔径均为6米。闸底板高程0.65米，闸槛高程0.8米。闸墩为钢筋混凝土空心阿墙，钢丝网混凝土电动启闭人字间门。投资8万元，其中航道部门拨款4万元，水利经费2.5万元，群众自筹1.5万元。1973年3月，上闸首由人字门改建成钢筋混凝土闸门，上递式螺杆启闭。此后，航道部门每两年疏浚河道一次，维修闸门。2009年，禁止货船通航，船闸改为灌溉、配水闸。

北湖滞洪区庄村分洪闸，原载于《余杭水利志》
2014年版

庄村分洪闸 2009年12月开工建设。该项目是东苕溪防洪体系中的重要水利工程之一，位于北湖围堤的北苕溪侧。2010年，建成4孔×6米北湖庄村分洪闸1座，该工程位于瓶窑镇，属东苕溪流域，是北苕溪分洪进入北湖滞洪区的唯一通道。设计洪水标准20年一遇，校核标准100年一遇，分洪流量366立方米每秒。主要建筑包括：节制闸、堤顶交通桥、北苕溪侧翼墙、衔接段堤防、下游消力池、上下游钢筋混凝土护坦、管理用房、启闭机房和配电房等。概算总投资3265.85万元，2009年12月18日开工建设，2010年4月15日具备防洪功能，2010年5月15日具备分洪功能。

羊山湾翻板闸 羊山湾"以闸代堤"液压翻板闸自澄清港开始，沿西溪街、外窑街，至梦溪大桥全程870m，沿线共设闸门55扇，闸顶高程8.41米，闸门净宽8.2米，高度有1.41米和1.91米两种尺寸，单扇闸门重约5吨，为20年一遇防洪标准，羊坝头路面高程6米，台阶高程6.5米，2018年11月开工安装调试，2019年3月开始试运行。

独特的"以闸代堤"防洪闸门设计兼顾了景观和防洪的功能，放平的翻板闸门上铺设了防滑材料，枯水期作为"游步道"方便老街周边居民群众亲水和观景，洪水期间翻板闸则可根据防洪调度预案，侧翻90度变成一道"防洪墙"抵御洪水。

（三）堰坝

堰坝属古老引水工程，以石砌筑的称石堰，大都设在较大的溪河中，以土筑成的称浮堰（草堰），设于小溪中。用于拦住溪水，抬高水位，引水灌溉。东汉熹平年间，余杭县令陈浑"在溪南旧县之东，南渠河上置东郭堰，在县东南二里筑千秋堰"。在大小溪河上筑堰拦水，自古至今为山区、半山区农田灌溉的水利设施。随着水利技术的发展进步，堰体结构形式大有改进，有干砌块石硬壳堰、浆砌块石堰、混凝土堰、橡胶堰等，还创造了活动堰、连拱堰等堰型。

20世纪50年代，对原有堰坝进行技术改造，由草泥堆石坝改造为干砌块石坝、浆砌块石坝，少数改造成混凝土心墙砌石堰坝。60年代以后，随着水库和山塘等工程的建设，改变了单纯依靠堰坝引水灌溉的格局，其功能逐步降低，有的堰坝成为上游水库的灌溉配套工程；有的堰坝灌溉为机电灌溉所替代或改建成为小型水电站；山区公路发展后，竹木等山货改为陆运，也不再通过堰坝放流。

据统计，20世纪70年代境内有大小堰坝280处，灌溉面积4.12万亩。1987年以后，新建、重建堰坝64座，维修堰坝146座。至2005年共有大小堰坝317座，受益面积8.2万亩，其中灌溉100亩以上的堰坝：百丈镇10座、鸬鸟镇25座、黄湖镇8座、径山镇34座、瓶窑镇6座、闲林镇7座、中泰乡9座。径山镇内堰多且大，其中灌溉1000亩以上的有中堰、颇堰、吴山畈堰、乌泥沙堰、官堰、蒋家堰、皇公堰、筛子堰、青芝堰、麻车头堰、新港堰共11座。至2010年，全区共有堰坝248处，灌溉面积56830亩，其中利用堰坝自流灌溉的有36740亩。余杭区堰坝汇总情况见表2-15。

表2-15　余杭区堰坝汇总

镇乡	处数	灌溉面积（亩）	其中自流灌溉（亩）
中泰	27	3420	3420
径山	34	33090	13000
黄湖	51	6400	6400
鸬鸟	3	3280	3280
百丈	28	1947	1947
瓶窑	38	2443	2443
闲林	29	2500	2500
余杭	8	3750	3750
合计	218	56830	36740

资料来源：《余杭水利志》2014年版。

灌溉面积千亩以上的堰坝分别为：

皇公堰 位于今径山镇绿景塘村，在中苕溪临安交界处，坝址在今临安区横畈境内，始建年代无考，明成化《杭州府志》载："在县西北三十里孝行乡进贤界。"旧县志云："高一丈三尺，上广一丈，下广一丈五尺，与三十余塘俱因旧修筑，以防水患。"后改为砌石堰，高1.2米，长45米。1979年改建，2005年12月至2006年3月，重建为混凝土折线型实用堰，堰坝全长80米，其中右岸26米为新建坝段，左侧54米为修复段，坝高1.4米，灌溉1000亩。工程总投资36.51万元。

青芝堰 位于今径山镇长乐村，在中苕溪上，始建年代无考。1979年改建成活动堰，堰高1.1米，长49.7米。1999年，重建为钢筋混凝土底流式消能活动翻板式堰坝，因上游泥沙对闸门冲刷作用和长期浸泡在水中，铸铁原部件生锈，导致在堰顶0.5米以上水头时，不能自动翻板，威胁右岸堤塘防洪安全。在2007年"韦帕"台风洪水期间，部分翻板门实施定向爆破泄洪。2008年2月，动工重建，拆除部分堰体，改建为橡胶坝，长度54.5米，坝高1.5米，新建充排水泵房1座，工程投资118.29万元。

受益范围扩大至长乐、漕桥、麻车头村及七里畈农场等，使4500亩农田抗旱能力明显改善。

麻车头堰 位于径山镇麻车头村的中苕溪上，始建年代无考。清嘉庆《余杭县志》有载。1979年，改建成活动堰，堰高1.9米，长52.65米，灌溉面积3200亩。后因洪水多次冲击，坝体损毁严重，消力坎倒塌。2007年10月，动工改建为浆砌块石折线型实用堰，左侧建有进水闸。工程总投资26.04万元。

仇山活动堰 位于今径山镇麻车头村中苕溪上，建于1972年，堰高1.5米，长13米，堰顶上装有活动闸门，灌溉1000亩。2000年时仅剩堰坝，无活动门等设计，由机埠抽水灌溉。

郑堰位 于今属径山镇潘板桥村的北苕溪上，砌石堰，清嘉庆《余杭县志》有载。堰高3.5米，长65米，进水闸3×3米3孔。1978年冬，从郑堰至长乐小五山新开沿山渠道1条，长6125米，灌溉3971亩。

吴山畈堰 位于今径山镇潘板桥村北苕溪上，1960年修建。1979年冬改建成活动门20扇，投资3.41万元，堰高1米，长61米，灌溉8000亩。2000年12

月，改建为活动门8扇，堰长52米，堰高4.5米，工程投资65万元。

沙堰　位于径山镇求是村的北苕溪上，建于清光绪二十四年（1898），原为砌石堰。1966年，改建为活动堰，安装2米宽的活动门5扇，堰高1.2米，长20米，灌溉1797亩。2009年，左坝头接长26米，下游建消力池。

蒋家堰　位于今径山镇漕桥村原北苕溪上（今为内溪），1958年修筑，钢筋混凝土砌筑，安装1.6米宽活动门9扇，堰长35米，堰高3米，灌溉1800亩。

官堰　位于今径山镇求是村原北苕溪上（今为内溪），清嘉庆《余杭县志》有载。后改为活动坝，每孔2米，16孔，堰高1米，灌溉2500亩。

张堰　位于今瓶窑镇张堰村的北苕溪上，始建于清咸丰六年（1856）。

麻车头堰，陈斌摄

郊堰

中苕溪筛子堰，原载于《绿景村志》2012年2月第1版

砌石堰，堰高1.75米，长14米，灌溉2000亩。

新港堰　位于今径山镇长乐后港，2000年11月建成，混凝土堰型，堰长14米，堰高2米，灌溉面积1000亩。

筛子堰 位于今径山镇绿景塘村的中苕溪上，1999年12月建成，混凝土堰型，堰长61米，堰高1.5米，灌溉面积1000亩。

中堰 位于径山镇四岭村之仕村溪上，1980年10月建成，混凝土堰型，堰长33米，堰高1.2米，灌溉面积1250亩。新丰堰位于余杭街道下陡门村之中苕溪上，2006年12月建成，混凝土堰，堰长45米，堰高1.5米，灌溉面积2500亩。

（四）渠道

渠道为机埠与水库配套工程，指在河、湖或水库等周围开挖的水道，用来排灌，境内渠道多坐落于水库灌区，主要是利用水库的水进行灌溉。1987年，仅瓶窑镇境内就建成各类渠道240千米，其中排灌两用渠道238千米。农田灌溉渠道历来为泥土垒筑的土渠，渗漏较多。1989年起，在低产田改造和圩区整治中推广块石衬砌，称为"U"形渠道，俗称"三面光"渠道。后改成预制水泥板衬砌。20世纪90年代后期改为"U"形混凝土构件渠道，既省工省本，又解决漏水损失问题，达到节水节电、水流畅通、灌溉及时的要求。

1990年，四岭水库扩建成中型水库后，总库容达2838万立方米，正常库容从573万立方米增加到1224万立方米，受益范围扩大到黄湖、瓶窑及长乐（今径山镇长乐片），灌溉总面积3.5万亩。灌区内建有四岭渠道和黄湖长引渠道。

四岭渠道 为自流灌溉渠道，原计划从水库出口，开挖至长乐西山村，干渠全长14.1千米。由双溪、潘板、长乐、北湖公社出人力开挖，工程于1970年2月动工，1973年下半年停工，渠道只开挖至潘板汪家村螺丝坞，长10千米。其中从进水闸至双溪仕村，砌石1650米，底宽3.7米，面宽4米，渠深2米，比降1/3000，流量3.95立方米每秒；仕村以下为土渠，底宽2米，渠深2米，比降1/7500，流量3.34立方米每秒。沿渠建有里洪倒虹吸、羊棚坞倒虹吸、螺丝坞渡槽、放水闸3座、行人桥14座。渠水仅能流到双溪门家坞，利用渠道直接灌溉2200亩。国家投资10.38万元。渠道建成以后，经多次维修。2006年，径山镇四岭溪（含仕村溪、里洪溪）实施小流域综合治理工程，里洪倒虹吸至坑西大畈后段渠道进行衬砌，长度1930米，为最大的一次维修保养。

黄湖长引渠道 进口位于双溪麻车堰上游，全长5840米，1971年动工，1978年基本完成，当时通水2860米。此渠道是利用仕村溪上的麻车堰拦住四岭来水，在山边建机埠，安装17千瓦配6BA-12水泵4套，提水入渠道，解决黄湖镇白塔、中街、上街等村2000亩农田灌溉。1979年，对渠道进行衬砌防渗，1982年对局部未达到设计要求的地段进行修复，财政补助资金21670元。20世纪90年代中期渠道灌溉功能废弃。

青山水库灌区位于青山水库下游，设计灌溉面积8.5万亩，实际灌溉面积5.5万亩，其中自流灌溉1.28万亩，提水灌溉4.22万亩。受益范围为临安区青山湖街道，余杭区中泰，余杭和仓前三个街道（镇）。余杭境内主要通过南干渠进行灌溉。

南干渠　始建时计划从青山水库电站开挖至闲林乡白洋畈，受益面积2万亩。1970年2月动工兴建，1973年春中途停工。完成的主要建筑物有倒虹吸8处，长195米，隧洞2处，长150米，浆砌块石堰坝3处，长23米，排水涵洞5处，长135米，分水闸16处，排水闸12处，公路桥3座，人行桥20座，完成土方32万立方米、混凝土360立方米、浆砌块石1150立方米，干砌块石1550立方米。已建南干渠只能输水至中泰街道郭家村，全长18千米，设计流量3立方米每秒，现渠首至3千米段渠宽6米，3千米至5.5千米段渠宽4.5米，5.5千米以下渠宽3.5米。

彭北十里渠　自原彭公鲁家头至北湖罗洴陡

南干渠，吴正贵摄

彭北十里渠（2023），陈杰摄

门，即今瓶窑镇石濑村鲁家头至南山村罗涨陡门。1971年冬天，彭公、北湖两公社联合兴建彭北十里渠，当地称"十里沿山渠"。沿渠建有桁架桥五座，双曲拱桥两座，渡槽一座，陡门三处，泄水闸一座。纳水面积32平方千米，宽7~20米，设计排洪流量240立方米每秒。近年，彭北十里渠部分河段进行了疏浚和砌石护岸。

四、水力利用和管理

水资源是人们生产、生活的重要保障，它既为城乡供水，提供水源，为净化河道调水冲污，又被开发利用，更好地创造经济效益。为充分利用水力，20世纪60年代起，余杭境内利用水库发电6处，年发电量200万千瓦时；利用河道水域发展养殖，最多时达4万余亩；利用河网、湿地、溪流、古迹等自然资源开发旅游等都取得显著成效。90年代后利用苕溪供应城乡居民饮用水，确保水源清洁。

（一）机电排灌

旧时，境内农田除山区有少量借助溪水筑堰自流灌溉外，大部分依赖人工畜力，工具有水车、戽斗、拗担等。民国二十五年（1936），杭州电气公司在永建乡章王村建机埠，开始电力灌溉，但囿于条件，难以推广。1949年5月余杭解放后，尤其是农业合作化时期，机械灌溉有较大发展。

1954年冬，建立国营长命抽水机站，1956年建立五常、勾庄、永建等电力排灌站11座。1965年后，农田机电排灌渐趋普及，至20世纪70年代初已建立大小排灌机埠2000多座，电力灌溉面积3.57万公顷，约占机电灌溉面积的90%。

1979年9月，建立国营余杭县机电排灌总站，下设余杭、长命、塘栖、四格4个分站，有电动机182台7193千瓦，排灌面积1.33万公顷。农村社队也建立排灌机埠，配置机械设备加工粮食、饲料以及茶叶初制。至1987年，境内共有固定机电排灌机埠2216座，排灌机械8818台，其中大部分为电动机。装机容量在100千瓦以上的机埠64座，灌溉面积3.57万公顷，排涝面积3.05万公顷。20世纪80年代后期，为从根本上解决旱涝灾害，分期分批开展圩区整治，进行圩塘加固、泵站更新、渠道衬砌、危闸改建。

1990年，开展农村小型泵站更新改造工作，选择一批使用年限长、机泵严重老化、受益面积较大的泵站先行改造。至1991年3月，共投资274.71万元，改造泵站201座，更新水泵217台、电动机46台，改建新建机房190座、重建出水池150口、修理50口。采取去掉出水弯头、缩短出水管等措施，使机泵平均装置效率从29.6%提高到50.66%。1992年，投资275.13万元，完成泵站改造286座，更新水泵297台、电动机44台，新建机房122座、维修改建160座，新建出水池235口。经更新改造后，机泵平均装置效率从原来的24.07%提高到52.15%，水泵出水率普遍提高30%左右，每亩可节电5.2千瓦时。1993年，投资267万元，完成泵站改造274座，装机2884千瓦，装置效率从原来28.36%提高到52.37%。至1993年10月，全面完成796个泵站改造工作，受益农田2.33万公顷。据测算，每年可节电407.6万千瓦时，节省灌溉成本144.29万元。经省水利厅组织验收，达到国内先进水平。

1992年，为配合农村小型泵站改造，原属县机电排灌总站的良渚、长命（今属瓶窑镇）、双桥（今属西湖区三墩镇）抗旱机埠共89座116台1526千瓦，全部划归乡镇管理，统一纳入农村泵站改造项目。

1994年起，农田水利建设推广薄

上湖村泵站（2021年5月），刘树德摄

新陡门泵站（2022年4月），刘树德摄

天竺堰抗旱机埠（2023年2月），刘树德摄

七里闸站（2023年2月），刘树德摄

露灌溉、喷滴灌溉以及用水泥预制构件衬砌U形渠道。21世纪初，实施小流域综合治理。

1995年始，在农村小型泵站改造基础上，实施国有排灌泵站更新改造。是年11月，首批对余杭镇永建圩区的横港、王家陡门、下陡门3处进行更新改造。1998年12月，更新瓶窑镇澄清、三仙阁泵站，增设低压配电屏。1999年11月，瓶窑镇罗庄泵站被列入改造范围，更新机泵，新建配电房，改建节制闸，修建渠道、围墙、道路。2001年2月起，完成瓶窑镇窑山泵站、良渚镇章官陡门、瓶窑镇窑坝头等水闸更新改造。更新改造后，排涝能力从5年一遇提高到10年一遇标准。总投资1191.2万元。

2005年末，全区共有排灌泵站2825座，装机55730千瓦；排涝面积2.33万公顷，占耕地面积69%；灌溉面积3.05万公顷，占耕地面积90%；其中抗旱能力30天以上的2.83万公顷，旱涝保收田2.73万公顷。

（二）水力发电

水力利用在余杭有悠久历史，自古山区多在溪边设置水碓、水磨，加工农副产品。余杭境内水力资源主要分布在东苕溪流域，据多年平均流量和天然落差测算，理论蕴藏量为7000千瓦，实际可开发的水力资源约3000千瓦，水资源相对贫乏。1960年鸬鸟公社后畈茶厂建成小型水力发电站，供照明和制茶。嗣后，山区纷纷效仿建小型水力发电站。1964年12月，四岭水库建成，几经扩建，成为中型水库。1981年7月，该库电站并网发电。

20世纪80年代后，注重经济效益，建成一批经济效益较高的小水电站。1986年6月建成石门水库电站后，又相继建成龙潭、仙佰坑、馒头山、鱼石岭等水库水电站，与大电网实行电力互供和趸售供电。至2010年底，境内建成水力发电站6座，总装机2935千瓦，设计年发电量671.25万千瓦时。

1. 四岭水库电站

余杭四岭水库分二期建成，以5年一遇洪水位76.3米高程为库区耕地征用线，以10年一遇洪水位79.5米高程为山地征用线，以20年一遇洪水位80.25米高程为房屋迁移线。征用范围涉及太平、双溪公社（乡）的锡坑、椤家湾、四岭等3个村，征用农田280亩，山地473亩，拆迁房屋131幢393间，移民安置117户552人。水库自1964年12月开始第一期移民工作，1966年5月完成，支付移民安置、土地赔偿费11.66万元。1977年12月进行二期移民，1985

年底搬迁安置完毕，支付移民安置费、耕地征用费107.24万元，移民采用就地后靠迁建。

1977年10月至1988年10月，四岭水库扩建成中型水库，并新建坝后式电站1座，于1979年10月开工，1981年7月建成投产，装机为320千瓦3台。1995年新增4号机组，总装机为1280千瓦。至2004年底，累计发电5047.6万千瓦时，售电4658.68万千瓦时，创收1287.87万元，利润427.59万元，上缴税金86.23万元。

2003年，四岭水库除险加固时，新开凿放空预泄洞，在放空预泄洞出口处右侧63米的白象山脚建新电站，于2004年4月开工，2005年8月完工，10月投入运行。电站主厂房面积338.55平方米，副厂房面积213.65平方米，在新建放空预泄洞0+111米处设分岔管，为新建电站引水洞，电站装机为混流式水轮发电机630千瓦2台，设计年发电量310万千瓦时。工程总投资1226.34万元，其中建筑工程投资479.46万元，机电设备安装投资475.19万元，其他271.69万元。开挖土石方1.21万立方米，土方填筑0.88万立方米，石碴填筑0.59万立方米，浇筑混凝土0.6万立方米，耗用钢材90.4吨。

四岭水库电站总装机达1580千瓦，其中老电站仅保留4号机组320千瓦，其余3台报废。自1981年7月至2010年底，累计发电6336.3万千瓦时，售电5909.68万千瓦时，创收1924.11万元，上缴税金137.9万元。

2. 小型水库电站

境内有26座小（Ⅰ）、（Ⅱ）型水库，20世纪80年代以来，建有坝后式水电站5座，电站总装机8台1355千瓦，设计年发电量286万千瓦时，因水库以灌溉为主，且年季间降水变化较大，不能常年满发，有时停发。由于雨水不丰沛，2010年仅发电232.89万千瓦时。余杭水电站建设运行情况见表2-16。

表2-16　余杭水电站建设运行情况见表

电站	水库建成时间（年月）	水电站		设计年均发电量（10⁴kWh）	2001—2010年实发电量（10⁴kWh）	备注
		装机容量（KW）	投产时间（年月）			
石门水库电站	1980.06	115	1986.06	15	92.79	75、40千瓦各1台
龙潭水库电站	1988	100	1989	25	107.20	2009年下半年停发电
仙佰坑水库电站	1989	445	1989	100	429.23	320、125千瓦各1台
馒头山水库电站	1993.03	640	1993	134	527.86	320千瓦2台
鱼石岭水电站	1975	55	1998	12	14.31	2007年1月后停发电

（三）水土保持

东苕溪上游天目山区，原始森林茂密，树木品种繁多，生态环境及水土保持状况良好。但是，随着历代人口增加和经济发展，特别是缫丝、造纸、陶瓷与砖瓦等手工业生产对木材和薪炭的大量需求，以及战乱的破坏，导致自然形成的水土保持、生态环境恶化。中华人民共和国成立后，对东苕溪流域水土流失的治理，采取兴修水利，封山育林，绿化造林及退垦还林等多种措施。

20世纪50年代，政府重视山林保护和水土保持工作，群众性水保工作逐步开展，山林植被明显改观，原来数以万计子孙相袭于深山冷岙中"刀耕火种"的山民，农业合作化时被动员下山定居，参加集体生产。1958年至1959年大办钢铁、大办公共食堂和牧场以及山林所有权平调，使林木遭到乱砍滥伐。1960年至1962年三年经济困难时期，为度灾荒而再次毁林垦殖，造成大面积水土流失。1966年开始的"文化大革命"前期，一些保护山林的规章制度、竹木砍伐审批手续遭到批判，部分山丘林木被乱砍滥伐，同时又片面强调山民不吃国家供应粮、向山林要粮等，大量薪炭林、杂木林及陡坡荒山被开垦种粮。60年代后期，余杭县开展大规模植树、造林，森林资源开始回升。

1978年以后，国家实行改革开放政策，经济迅速发展，粮食敞开供应，山区农民无需再毁林种粮；同时在城乡推广使用液化气、煤饼炉、电饭煲，大大减少对木柴的需求；城市经济和乡镇企业的发展，使山区农业劳动力转向乡镇企业和城市，这些都为山区实行封山育林创造前所未有的机遇。但经济的迅速发展也给水土保持工作带来新的挑战，随着建筑业的兴盛，东苕溪干流沿岸开设众多石矿，交通、水利、工矿企业以及开发区的建设施工，形成新的水土流失源头。东苕溪流域内各级水利部门，坚持治山、治水相结合方针，逐步加强水土保持工作。

1981年10月起，浙江省林业生产实行承包到户和林业"三定"（稳定山权、林权，划定自留山，确定林业生产责任制），造林专业户应运而生，承包荒山或在责任山、自留山造林，自主经营，由于责、权、利一致，提高了造林的积极性和营林的质量。

1991年，《中华人民共和国水土保持法》颁发。1996年《浙江省实施〈中华人民共和国水土保持法〉办法》颁布实施以后，1998年，余杭区成立水土保持监督管理站，对各类建设项目的水土保持方案实施审批监管。杭州市从1998年起对流域内坡垦地实行停垦还林每亩补贴100元的奖励政策。据卫星遥测资料，1987年东苕溪流域水土流失面积410平方千米，2000年降至343.93平方千米。在2000年的水土流失面积中，属轻度的222.87平方千米，中度97.41平方千米，强度17.25平方千米，极强5.5平方千米，剧烈流失0.9平方千米。

余杭区（1222平方千米）的水土流失面积：2021年，属于轻度流失的32.3平方千米，中度流失2.1平方千米，强烈流失0.79平方千米，极强烈流失0.62平方千米，剧烈流失0.1平方千米，水土保持率97.06平方千米；2022年，轻度流失31.06平方千米，中度流失2.6平方千米，强烈流失0.85平方千米，极强烈流失0.62平方千米，剧烈流失0.1平方千米，水土保持率97.12平方千米。水土保持工作取得卓有成效。

（四）灌区和圩区管理

余杭境内灌区主要有四岭水库灌区，而圩区在东苕溪流域就比较多。境内农田主要集中在苕溪两岸，地势低平，河网纵横，地下水位高，易受洪涝危害。历来农民为阻水保田，纷纷围堤筑埂，埂上种桑（俗称桑埂），形成圩区。20世纪50年代初，境内有大小不等围圩上百个。现以四岭水库灌区和永建圩区为例。

四岭水库灌区示意图

1. 四岭水库灌区

　　灌区范围包括水库下游双溪、黄湖、潘板桥、长乐、瓶窑等5个镇31个自然村及余杭湖羊场、杭州市茶叶试验场等。设计枯水年灌区需水量3979万立方米，利用水库发电尾水供给。灌区内建有主干渠1条长11千米，支渠12条长65千米。设计灌溉面积3.5万亩，实灌2.5万亩，其中自流灌溉0.5万亩，在下游北苕溪提水灌溉2万亩。灌区于1967年1月正式开灌。

　　灌区内的水利工程设施，按照民办公助的政策进行建设，其设备和材料费由政府贴补，施工劳力绝大部分由受益区农民用换工形式或当地村、镇筹资解决。1990年成立灌区用水协调委员会。协调委员会主要处理抗旱时的水量调剂，用水纠纷和上、下游的用水协调。委员会两年重新组建一次。四岭水库在每年梅汛期结束时，尽可能将库水蓄到汛限水位，在灌区抗旱用水时加大发电放水，满足灌区要求。灌区开灌初期，根据县水行政主管部门核定的水费标准收缴，1992年起一级田每亩收取3元，二级田每亩收取2元。水库灌区用水协调委员会督促镇、乡水利站和灌区内行政村，做好收取农田灌溉水费工作。收缴的水费除部分用于灌区管理开支外，其余均返还各镇、乡用于灌区内的工程维修和改造。

2. 永建圩区

永建圩区（又称下陡门圩区）位于余杭街道北面，东南界东苕溪，西为丘陵，北靠中苕溪。田面高程5～6.5米。1949年以后，圩堤逐步加固，20世纪60年代兴建了排涝站，20世纪70年代将外围3个小圩区并入，圩区总面积47.3平方千米。至2000年圩堤达到20年一遇防洪标准，排涝达到10年一遇标准。

圩区工程总计有圩堤

余杭区永建圩区示意图

19.5千米（堤顶高程从12.1米向下游延伸至10.45米，堤顶宽4米）；排涝站5座装机31台2160千瓦，流量30立方米每秒；防洪闸7座（单孔闸净宽1.4～3.5米），其中，永丰闸是在东苕溪的引水闸（抗旱时青山水库放水至东苕溪，由乌龙洞船闸调节水位以保证永丰闸的引水）；圩内节制闸3座；另外各村设有从内河提水的抗旱机埠。圩区根据多年防汛抗洪经验，建立责任制；街道（镇）政府与各行政村划分堤段并签订抢险责任，苕溪水位达到警戒线，各村派人上堤巡查，发现险情各村全力抢险；镇政府预先组织抢险应急分队，配有冲锋舟2艘支援抢险；圩区在新北塘、白龙村设有防汛物资仓库（备有木桩、草袋、编织袋等）；在水利工程调度方面，当东苕溪上游余杭通济桥水文站水位达6.5米，沿堤防洪闸关闭；当下陡门排涝站前内河水位超过5.1米，开机排涝。

圩区工程管理费用分项落实：圩堤岁修由各行政村集资，以劳动摊派工等形式投入；工程建筑物的维修、改造、新建费用，由受益村与镇政府承担；排涝费，经物价部门核定后按亩向农户收取，发生大洪水年份排涝费过重时，政府给予补贴。

上牵埠船闸船只航道堵塞情况（1991年7月12日）

瓶窑浦家滩堆放红砖阻水情况（1991年6月17日）

永建圩区自1963年至2000年确保了38年的防洪安全，特别是1996年"6.30"洪水，东苕溪余杭镇通济桥站出现11.21米的历史最高水位。1999年"6.30"洪水，东苕溪和中苕溪均出现长历时的洪水，都在军民大力抢险下守住了永建圩堤的安全，仅1999年"6.30"洪水中防洪免灾效益，就达1亿元以上。

（五）水政管理

历代政府对水利管理十分重视，机构也较健全。中华人民共和国成立后，先后由县政府实业科、农林科、农林水利局、林业水利局管理水利，同时相应建立水政水资源管理站、水政监察大队、水土保持监督管理站、水利水电工程质量监督站等机构，依法治水。

20世纪90年代起，对取水、涉河建设，河道挖沙和水土保持项目实行审批制度。1991年7月任命水政监察员37名。1999年11月在东苕溪、上塘河、运河等设置5个水政监察中队，水政监察员增加到59名，同时建立苕溪水上派出所，查处水事违法案件和调处水事纠纷。

1. 项目审批取水

依据1993年国务院发布的《取水许可制度实施办法》，凡直接从江河、湖泊或地下取水的单位和个人（除少量家庭用水、禽畜饮用水外），都应申请取水许可，按规定取水，以促进节约用水、合理用水，可持续利用水资源。

2. 涉河建设

法律规定河道水域属国家所有，但历来与水争地、临河建房、蚕食河道、设障阻水、损坏堤防等现象屡有发生。1991年水政执法机构建立后，凡涉及河道、水域、堤防等建设项目，必须经水行政主管部门审批同意，否则

盗砂船只（1988年5月20日）

按违法建筑查处。确需少量占用的应缴纳水域补偿费。1991年至2005年，共审批各类涉河建设项目517件，有效遏止侵占河道、水域、损坏堤防等违章建设。

（六）河道采砂管理

东苕溪的瓶窑以上河段是著名的"苕溪砂"产地。20世纪50年代初，对在苕溪河道中挖砂，当地水利部门作过管理。20世纪80年代以后，建筑业对河砂需求激增；而苕溪上游兴建了大中型水库，砂源减少，采砂者竞相向砂滩地挖砂；采砂方式也从人工挖砂为主转入船泵吸砂，危及河岸堤防安全。

1983年2月，余杭县政府发布《关于确保堤塘安全禁止在苕溪开挖黄砂的布告》，由瓶窑镇政府、苕溪堤防管理所、航管所组成宣传、执法小组联合进行宣传教育，对劝阻无效继续在东苕溪偷吸黄砂者，没收其吸砂机械并给予行政处罚，制止在东苕溪乱采黄砂危及堤塘安全的现象。1988年9月，鉴于苕溪河道及南、北湖滞洪区内乱采滥挖黄砂现象不断发生，据县政府《余杭县苕溪河道黄砂采挖管理暂行规定》，凡在苕溪范围采挖经营黄砂者，须经申请批准，领取"采矿许可证"和"工商营业执照"，在不乱用土地、不影响河道流势、不妨碍堤塘安全的前提下开采经营；按销售额的10%缴纳管理费，对违反规定者按情节轻重给予不同处罚。鉴于东苕溪局部滩地以及北湖滞洪区地下尚有部分砂源的情况，余杭县于1988年决定有条件地在塘脚50米以外采挖黄砂，并成立苕溪黄砂采挖管理站，规定办理批准手续方可采挖。

1992年8月，县林业水利局、财税局、物价委员会联合下发《关于加强河

浙江天阳拍卖有限公司余杭分公司拍卖公告

受杭州市余杭区林业水利局的委托，本公司将于2004年12月30日上午10时正，在杭州临平大厦举行公开拍卖会，具体公告如下：

（一）、拍卖标的：河道整治采砂经营权。标的位于杭州市余杭区余杭镇竹园村丁桥浦田畈南麓，南苕溪汪家埠处，南泊苕溪，北靠浦泉堪留杂地。东西走向长约135米，规划区域总面积约95亩(以实际界定面积为准)，初步预测可采建筑用砂约7万立方米左右。开采年限为一年(自2005年2月25日至2006年2月24日)，作业时间上午6时至下午6时，采砂前必须按水土保持

案履行水土保持环境保护各项义务，按水利工程要求建好北岸堤塘。起拍价180万元，竞买诚证金50万元，设保留价。

（二）、自本公告发布之日起至2004年12月29日止，接受咨询、看样、报名。报名时请携带有效身份证和营业执照等相关资料。

公司地址：杭州市余杭区临平府前路36号
网   址：www.tybid.com
联系电话：0571-86245666   86245098
        13606811636
二OO四年十二月二十二日

关于南苕溪浦泉畈段河道整治采砂实施公开拍卖的通告

为确保我区南苕溪行洪安全，在河道整治中大力开展清淤的同时，科学合理开发利用砂砾资源，实行依法采砂，根据《水法》、《中华人民共和国河道管理条例》、《信号正字证》、《浙江省矿产资源管理条例》、《杭州市河道采砂管理办法》等有关法律法规，按照余政发[2004]142号《关于切实加强河道采砂管理工作的通知》决定对南苕溪浦泉畈段河道整治采砂经营权以国家法律法规和政策为依据，以"公平、公开、公正"为原则，以确保南苕溪行洪安全和水土保持水质保护为目的，按照"区域控制"的采砂管理要求实行市场化运作，促进我区河道采砂能够依法、有序、规范的进行拍卖。现将有关事项通告如下：

一、南苕溪浦泉畈段河道整治采砂拍卖

浦泉畈段河道整治采砂权，具体位置在于余杭镇竹园村丁桥浦田畈南麓，南苕溪汪家埠处，并分别间况及林木、国土、工商等部门申请办理《河道采砂许可证》、《营业执照》等手续后，方可从事整治采砂作业。

三拍卖标的：本次拍卖标的为余杭镇竹园村丁桥浦田畈南麓，南苕溪汪家埠处的河道滩地，南泊苕溪，北靠浦泉堪留杂地。东西走向长约135米，规划区域总面积约95亩(以实际界定面积为准)，初步预测可采建筑用砂约7万立方米左右。

四、竞拍资质：遵纪守法，合法经营，有采砂作业和水土保持、水利建设等方面经验的自然人、法人。

五、采砂权期限：本次拍卖采砂期限为一年(即2005年2月25日至2006年2月24日)，并建好北岸堤塘。

六、按照《中华人民共和国拍卖法》的有关规定，本次拍卖设

立保留价。达不到保留价的竞拍不成交，将采砂权再次向社会公开拍卖。有关拍卖事项另行公告。

七、南苕溪浦泉畈段黄砂资源的开发利用，必须确保南苕溪堤塘和行洪安全为前提，整治采砂权人必须按区林业水利局批准的河道整治采砂工程水土保持方案，核准的采砂时间、范围，开采保留范围内不从事采砂作业以从事整治采砂作业，并服从各职能部门的管理，依法自觉按规定缴纳有关税费。

八、本次拍卖又我局委托浙江天阳拍卖有限公司余杭分公司全权代理。

九、有关事项由杭州市余杭区林业水利局负责解释。

杭州市余杭区林业水利局
二OO四年十二月二十二日

采砂拍卖公告，金佩英提供

道采砂收费管理的通知》，再次强调审批手续，为禁止乱采滥挖，还实行河道采砂权出让，规定采挖时间、作业方式、可采数量及水土保持等要求，采取招投标公开拍卖，出让金的30%缴财政，70%返回镇乡用于河道整治。

2004年后，河道采砂采取堵疏结合方式，取得显著成效。年初，余杭区政府出台了《关于切实加强河道采砂管理工作的通知》，针对新出现轧（制）砂机对河道砂石偷挖带来极大影响的情况，区林水部门对全区轧（制）砂户进行逐一调查登记，并于当年4月发出《关于加强轧（制）砂机户取石轧砂管理的紧急通知》，要求有关部门在审批营业证照时要征求林水部门的意见，以从源头上减少非法采砂现象的发生。在河道采砂管理上，一方面严格执法，一方面顺应形势发展的要求，因地制宜审批许可证。2004年在四岭水库、南湖滞洪区等地审批《河道采砂许可证》17本，其中迈出了全区河道采砂权有偿拍卖的第一步，将余杭与临安交界的丁桥南苕溪浦泉畈段河段95亩滩地公开拍卖，采砂权款330万元，这在制止河道非法采砂，保护堤塘安全，增加行洪断面，防止水土流失，保护苕溪水质，发挥"以河养河"的功效，维护良好的社会秩序等方面都起到了极大的促进作用，得到了当地广大干部群众的一致好评。

2005年，余杭区在全面调查的基础上，率先在全省编制完成了《余杭区河道采砂规划》，使得科学规划、合理利用有了基础和保障。全区河道采

砂全部实行公开程序取得河道采砂许可证，中标人、买受人持《河道采砂许可证》按采砂性质向国土、工商、税务等有关部门办理相关证照后取得该河段合法的采砂资格，按既定方案进行采砂作业，作业期间接受水行政等主管部门的监督检查。对河道采砂出让款采取"取之于河道，用之于河道"的原则，除统一支付勘测设计费、方案编制费、拍卖费用、黄砂管理费和资源费等外，其余部分出让资金按区与镇（乡）、村实行三、七分成，30%留区财政用于全区河道管理，70%返回各有关镇（乡）和单位，单独建帐，专款专用，保证返回款用于该河道整治、采砂管理以及河道的长效管理。

（七）投资管理

水利建设为公共事业，须有足够的财力、物力、人力才能进行。历代对兴修水利的劳力征调和经费筹措都有不同的规定。

中华人民共和国成立初期，采用按土方工程量由政府少量补助的办法，鼓励农民兴修水利。农业合作化后按受益田亩负担劳力，也采用按土方工程量由政府补助经费给社队，遇大灾动员军队或组织城镇职工居民进行义务劳动参加抢险。1990年10月，为规范劳力投入，执行余杭县政府农村劳动积累工制度，规定每个农村劳动力每年投入劳动积累工10~20工，按劳力或土地承包面积分摊。受益的企事业单位和城镇居民也应承担相应义务，可直接出工，也可以资代劳，出资抵工。

历代水利经费有政府出资、私人募捐、大户出钱、按田摊派等办法。中华人民共和国成立后，采取国家举办和农民自办相结合的方针兴修水利工程。如堤塘砌石由国家补助石料、水泥和运输费用，由农民负担砌筑。小型排灌机埠以农民集资为主，国家适当资助，中型以上机埠由国家兴建。西险大塘基本上由国家拨款建设。

附录　苕溪治理口述史

治苕三十年
——王元俊回忆苕溪治理

王元俊口述　陈杰、孙雅利整理

人物简介：

　　王元俊，出生于1936年12月，1958年毕业于水利部南京水利学校，同年分配至黑龙江八五二农场工作。1963年回余杭。1970年，在余杭县北湖围垦指挥部负责北湖大桥施工等技术工作，后在余杭县西险大塘水文站担任技术工作。1984年，担任余杭县苕溪堤防河道管理所副所长。先后主持修建西险大塘多项水利工程，1997年退休后仍工作两年。王元俊曾被评为全国水利管理先进工作者、杭州市抗洪救灾先进个人、余杭县两个文明建设先进工作者、余杭市优秀政协委员等。

　　我出生于1936年12月，1954年从余杭中学初中毕业，考杭州师范学校，没考进，做了一年代课教师，第二年考进了直属水利部的江苏南京水利学校，这所学校就是现在扬州大学的前身。我就读于农田水利工程专业，1958年毕业。毕业后被国家分配去了黑龙江的农垦部八五二农场，在军垦农场水利科待了五年。我在那里修水库，在校时入了团，追求进步，受过多次奖励。1962年，44岁的父亲去世了。家里弟妹还小，没人照顾，我就打报告，1963年回到了家乡瓶窑。为了生存，我在瓶窑的一个民办服务站做电工等零碎活。当时我家里很困难，家里除了母亲，我还有三个妹妹，一个弟弟。家里主要靠我赚钱维持一家生活。

1970年，当时的余杭县革命委员会组建北湖围垦指挥部，围垦指挥部的人员主要是来自五七干校的老干部，由县农业局副局长宋竹友全面负责。指挥部其实是个临时搭起来的空架子，下面也没有什么人员。当时全国上下开展消灭血吸虫病运动，北湖草荡血丝虫盛行，以修好堤塘可以放药治血丝虫为名，对北湖草荡进行筑堤围垦，同时在北湖南北两端建了两座桥。北面在北苕溪庄村渡新建北湖大桥。当时缺少管施工的技术人员，因为我是水利学校毕业的，指挥部就派瓶窑水文站站长来我家，请我去管大桥施工，每月工资42元。桥造了一年多，顺利建成了。当时条件很简陋，造桥只用了12吨钢筋。此桥用了33年后才拆除，这是后话。

这座桥为25米×30米×25米三孔钢筋混凝土双曲拱桥，全长90米，桥面宽4.5米，是当时的一座大桥。我虽然还是临时工身份，但是我在工作上还是很尽力的，领导对我很满意。桥造好后，指挥部也解散了，其人员大多回临平。宋竹友对我说："小王，你怎么办呢？你到哪里去呢？"我说："我没地方去了，我听你的。"宋竹友说："你到对面防洪站去吧。"于是宋竹友就介绍我去了西险大塘水文站（一般称作防洪站）。这个单位当时没有技术人员，一共也才几个人。我去了以后，就在那里做下去了，跟我学校里学的专业也相符合。我的工作得到了上面的肯定，一年多后就从临时工转为正式编制，第三年转为干部编制。

我最初的月工资是35元，家庭生活非常

年轻时期的王元俊

在东北八五二农场工作期间
（中为王元俊）

困难。当时站里的领导是南下干部张鸿恩，是山东人，曾当过公安局副局长和石鸽良种场场长，他很关心我，对我说："你家都要靠你，你35块钱怎么过日子？"于是，站里给我每月补助了10元钱。

我因为拿了补贴，吃饭买菜时，人家就会朝我看。食堂里肉丝豆腐五分钱，腌菜豆腐是三分钱，我是拿补贴的人，只能吃腌菜豆腐，不能吃肉丝豆腐的。后来我就主动提出来，我每个月10块钱的补贴不要了。因为我后来工资也加上去了，加了7块多，月工资四十多块，生活还是很困难。北湖大桥造好后，留下一些建筑用房。我跟站长说，我全家搬进去住吧。因为住在那里水电不用钱，房租也不要，我老婆也可打打工。但那只是两间毛竹盖的简易平房，下雨天漏水，而且我家几口人也住不下。站长说，那就再扩一间。我上班是走路去的，要走七千米，每天走，站里想要搞辆自行车给我，那时候的自行车要批过的，要董家年（时任副县长）批，站里没有名额也批不出。站长灵机一动，对我说："你不是自己会安装自行车吗？你就买零配件，今天买轮胎，明天买车身，组装一辆吧。零配件是好报销的。"这个永久牌自行车当时是153块钱一辆，但零件全部装配好，要170块钱。我们那时候的工作主要管东苕溪一段，经常沿着苕溪沿岸跑，北到德清余杭交界，南到上南湖分洪大闸。有了自行车，跑的就更多了。出差补助三毛钱一天，中饭都在外面吃。

我们单位最初叫余杭县堤防工务所，20世纪60年代末改为西险大塘水文站。当时只有六七个人，民国时期留用的有三人，其余都是从农村抽调上来的。国民党统治时期，也有管理苕溪的机构，最早的所长叫陆炳南，解放后留任。

我刚到防洪站时，当时站里文化程度数我最高。站长张鸿恩对我说："我们都是土八路，你读过书是洋八路，技术方面你负责。"我说我不敢负责。站长说："你别怕，我在你后面，出了事我负责。"站长很信任我。

1978年，我们西险大塘水文站改名为余杭县堤防工务所，1983年，我担任了所里的副所长。1984年，改名为余杭县苕溪堤防管理所。我在所里，主要负责技术这一块。当时所里主要负责东苕溪流域的堤塘及南北湖管理和维护，责任重大，因为一旦汛期西险大塘决堤，整个杭州就完了，我们都明白这一点。

20世纪七八十年代的西险大塘，堤塘没有现在那么高，塘面宽度就三米左右。塘堤上全是草，还长芦苇，看上去乱七八糟的。原来堤塘上还种树，后来树砍了，里面的根烂了以后，形成一个个空洞。每当汛期，西险大塘就成了一条险象环生的危堤。所里的日常工作主要是大塘的维护，发现问题，提出方案以及工程承包及管理、结算等一揽子事。

1978年，西险大塘奉口闸改造和加高，我当时负责技术和施工管理。当时主要将木闸板改为钢筋混凝土闸门，用手电两用启闭机启闭。1988年，奉口闸又进行了一次大的改造，当时主要是为了将奉口闸作为杭州祥符水厂取水口而改建，老闸未拆，将老闸接长后重新建水闸一座，到1989年12月完工。

最可惜的是苕溪上的安溪大桥被拆掉了，当时我说这个是文物，就有人说我右倾，后来桥就被拆了。当时大约是1986年。

套井围填是20世纪80年代西险大塘治理的主要手段之一。套井围填，就是在堤塘中间打个洞，用黄泥灌下去，连环套，套进去，10米深，堤上打，取中心线位置，这样一个一个打井，一个井直径120厘米，实际上就是防渗墙，黄泥防渗。实际上是做一个补救措施。图纸设计是杭州市水利设计院做的，我主要负责年度计划和施工。年度计划每年要搞，所以套井围填也常年在做。大约先后搞了十年，分段承包，我们搞验收，取样合格后付款。

安溪闸验收（1993年5月，右六为王元俊）

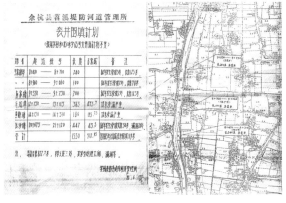

套井围填计划和施工图纸（王元俊制）

我是副所长，全面负责技术。当时西险大塘的地形图还是民国时候留下来的，我们拿过来在上面做规划。

1990年9月，化湾闸拆除重建。当时也是老闸底板太高，枯水期时，水进不来。闸门边墩和翼墙漏水严重。1991年4月竣工。还有安溪闸拆建，当时我负责技术、防洪抢险和堤塘施工。原有的安溪闸太小，进水量不够，原来用的是条石和木板闸门。1991年决定原址拆建。拆除条块石和木桩，闸孔从2.4米扩大到4米，闸底板高程从1.8米降至0.8米，新建启闭室，可从东苕溪引水补充安溪、长命、良渚一带河道水源。经过一年半时间，拆建工程完成。

1994年，南湖分洪闸改建。1995年完成大闸主体工程。分洪量从150立方米每秒提高到650立方米每秒。整个工程都是我一手经办的，当时还建立了工程指挥部，我是主任，下面有三个"兵"。改建工程花了两年时间，完成后，我们立了一块碑在那里，由分管水利的副区长唐维生题写"南湖滞洪工程"六个大字。重建图纸是杭州市水利局设计的，我提过修改图纸的建议，原来的大闸是一个直筒型建筑，我建议闸门上部加个"帽子"，修了几间房，美观又实用。后来他们采纳了。闸门旁原有通仙桥，是座古桥，修建闸门不得不重新建造，我觉得这老桥是个文物，不声不响就拆了，应该给后人留下点什么，就立了一块通仙桥的碑在那里，由

化湾闸门改建（左五为王元俊）

王元俊向杭州市委书记李金明汇报南湖分洪闸建设情况（1995年12月）

局长罗泉岳题写了"通仙桥"三个大字。现在这块碑的上部已经断裂，不知何故。

1992年，我被评为全国水利管理先进工作者，受到水利部的表彰。受到全国表彰的，浙江省只有三人。我是各级领导把我推荐上去的，我想我也没有很突出的事迹，只是勤勤恳恳地工作。我是个工作狂，别人工作8小时，我要工作9小时、10小时。

全国水利先进工作者荣誉证书

1997年，我退休了，退休后我还参与了《水利志》的编写。我从1970年参与苕溪治理工作，前后有30年（含退休后2年）。30年中，印象最深的是1996年的"6.30"抗洪救灾。1996年那次"6.30"洪灾，铁路都淹掉了，整个张堰都是一片汪洋大海了。我是整个抗洪救灾过程的亲历者，尤其是7月2日晚在乌龙洞抗险那个不眠之夜，是我一生中最紧张和最难忘的

王元俊获得的从事水利工作
25年纪念章

时刻。事情过后，我觉得有许多经验教训应该吸取，我写了一份《西险大塘（余杭段）防洪抗险预案》，全案分三部分：一、西险大塘概况。二、隐情分析和抢险实例，对抢险实例都做了详细的图例说明。三、抢险方案。对可能会出现的背水坡滑坡、背水坡漏洞、跌坑、堤坡散浸、堤基管涌、建筑物翼墙与堤身接触冲刷等六种险情从技术层面提出了详细的抢险方案。四、抢险方案的实施保障。抢险材料计划、抢险工具计划、通讯、照明、运输工具等方面的物质准备，通过表格形式列出。五、抢险方案实施的组织领导。全文一万多字，用去稿纸整整30页。局长罗泉岳批示"请复印10份送我处"。后来，局里召集有关人员认真讨论了该预案，根据各位专家意见，我做了最后修改，将《预案》报请防汛指挥部批准执行。此外，我还写了一篇《西险大塘防洪抗险问题探讨》，主要针对西险大塘出险情况及抗洪救灾中出现的问题进行了分析，提出了详细的对策。

我当副所长几十年，一直到退休，经手大小工程无数。但我自控能

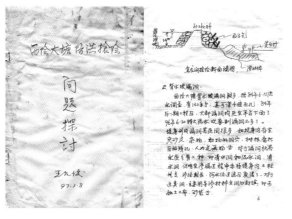

西险大塘防洪抗险问题探讨（部分），
王元俊提供

力强，跟包工头划清界限，不拿他们一分钱。我对包工头讲："你给我一分钱，我这里的活你就不要做了。你不要害我后半生不光彩，连退休工资都没得拿，这个绝对不行的。"我也不想当官往上爬，上面领导曾多次提醒我要入党，我说我跟党走的，但我还是做个党外人士比较好，我是余杭区第四、五、六届的政协委员，我积极参政议政，1997年，我曾被评为余杭市的优秀政协委员。我知道，如果我入了党，有可能会提拔我当所长。但我不想当所长，我觉得当所长，责任太重大了，我还是做个业务副所长，可以有更多的时间做一点实事。回忆自己三十年的治苕经历，如果说，我能取得一点成绩，跟党的培养和教育是分不开的，跟单位党支部的领导和同事们的合作、帮助是分不开的。三十年来，苕溪治理能够取得那么大的成绩，是党和政府重视的结果，我只是在其中做了一点点力所能及的工作。

惊心动魄的一夜

——王元俊回忆1996年"6.30"苕溪乌龙涧抗险

王元俊口述　陈杰、孙雅利整理

1996年的"6.30"抗洪，是我一生中最紧张、最难忘的一次抗洪。那年的6月下旬起，余杭境内暴雨不止，至7月2日，平均降雨289毫米，最大343毫米。瓶窑最高水位9.07米，余杭最高水位11.21米，分别超警戒水位1.57米和2.58米。6月30日16时15分北湖滞洪区开闸分洪。7月1日10时50分南湖滞洪区开闸分洪。我们苕溪堤防河道管理所的所有员工，都连日奋战在抗洪第一线。7月2日傍晚，我回到家里，已经三天没有洗澡了，人也极度疲劳。洗好澡后，晚饭刚吃了一半，电话铃声响了（因为抗洪需要，单位在我家里安装了座机）。值班人员

1996年"6.30"洪水，瓶窑上窑村进水，余杭区苕溪堤防河道管理处提供

在电话里急匆匆地通知我，乌龙涧有险情，赶快到乌龙涧。我放下饭碗，马上打电话给驾驶员，赶紧去乌龙涧。

乌龙涧地段距通济桥约2千米，苕溪在这里由东折向北流。此处溪面宽阔，不受洪水直接冲击，且迎水坡有较高的平台，居然能酿成如此险情，可见自然之力实在难以预测。这地方我早上去看过的，确有一点渗漏，但问题不是很大，我们也采取了措施，叠了一些沙包。后来可能是南湖大闸分洪，水位上升了就出问题了。我一到现场，发现出大问题了，一是出现了管涌。管涌就是在渗流中夹杂着泥土，就是水的压力大了，带走泥土，出现浑水，说明堤内有漏洞，这是很危险的一种状况。二是背水坡出现了30多米的坍塌，而且坍塌还在进行中，原本6米宽的塘面，塌至不到一半（到晚上九点，塘面宽度只剩0.8米）。我一看情况紧急，这时天也快黑了。我马上赶到余杭镇政府，找镇长杜坚强。我说，根据我的经验，可能要出问题了，要尽快采取措施。一要出劳动力，我们管理所一共只有10来个人，靠我们是不行的，我们负责防洪技术和物资材料，镇里要提供劳动力。二是在堤塘上安装照明设备和电话机，晚上必须在那里指挥抢险。镇长说好的，马上用笔记下来了。接下来就布置安装固定电话机，用帆布和几根毛竹，搭了一个小棚子，里面放一张桌子和凳子，当时的电话机还是转盘拨号的。还有就是解决了照明的问题，在堤塘上安装了十盏碘钨灯，照得如同白昼一般。那次运气还不错，在乌龙涧附近就有我们所里的一个最大的仓库，有4万多只麻袋，近七八百支长度4~6米的杉木桩，在仓库里叠好，木桩的桩尖都削好的，削桩

尖也是有讲究的，削成三角形，有朝向。这个4万多只的麻袋是解放初准备好的，一直没有用完，都是络麻编的，好用，不像塑料麻袋，塑料碰到泥就发滑的，这络麻编的麻袋很好使。

当天晚上7时左右，余杭镇政府组织了华立集团、航运公司、供水集团等企业的抢险队伍赶到现场投入抢险。我在现场负责技术指导。当时先在背水坡打下了一批桩，但效果不大，堤坝还在塌裂，打下去的桩都倾斜了，滑坡还在继续。后来麻袋也不够用了。当时在现场是余杭市委副书记王金财任总指挥，所里的书记、副所长也来到了现场，抢险技术是我负责，王金财对我说："老王，如果这个地方溃堤，整个杭州市都淹掉的话，我和你两个人是要坐牢的。"我说："就是坐牢也是光荣的，西险大塘渗漏的事情，我也碰到过好几次了，不过这一次是最严重的，就当是退休前对我的一次考验吧。"

晚上9时左右，省防汛指挥部的人到了现场，高级工程师也来了三个。余杭市委书记徐志祥、市长洪吉根也相继赶到乌龙涧坐镇指挥。省水利厅副厅长褚加福也赶到现场。大小警车都来了七八辆。于是马上研究抢险方案。堤塘上人很多，研究不来，我们就到防洪站仓库里面去。那时，乌龙涧塘面还有3米宽，情况很是紧急。提到下一步该怎么抢险时，会议现场顿时鸦雀无声，那场面现在想来都有些可怕，因为这责任实在太重大了，如果抢险方案不可行，造成溃堤，杭城数百万人民生命财产都将受到威胁，后果不堪设想。如果是属于技术的问题，技术人员可是要负百分之百的责任！谁承担得起这个责任！这个节骨眼上，就是谁讲谁负责。这时，领导发话了，技术人员先讲讲。

我坐在那里，看看省里来的三位高级工程师，他们都没有想讲话的意思。我的心里啊，非常着急，在这个紧急关头，任何一点时间都耽误不起啊。虽然省里来的专家，学历比我高，水平比我高，但我是苕溪堤防河道管理所负责技术的副所长，论治苕溪我的经验比他们丰富。虽然我明年就要退休了，但是这个担子挑不动也要挑。我们在这里，再不研究出个方案来，那边的塘都要坍了，等不起啊。

于是，我来到前台，拿起一块小黑板，一边讲抢险方案，一边用粉笔画示意图，就这样一边画，一边说。我说，乌龙涧是沙土塘，不宜打桩。"前堵后排"虽是原则，但前面必然堵不严，如果背水坡用泥土包叠实，水出不来，就会像万千条泥鳅、黄鳝一般，在已渗漏的堤塘内乱蹿乱钻，堤塘就会顷刻坍塌！我在小黑板上写下了方案：迎水坡立横墙，背水坡用石子包沿堤塘垒叠，并用龙筋支撑。我画好图之后说："各位领导，各位高级工程师，我的意见就是这个做法，你们有没有意见，有意见赶快提。"下面没有人响。我说那就照这个做了，哪怕明天要坐牢，也照这个方案做了。其实我那时对这个方案还是很有信心的，北湖溃塘了好多次，我的实际经验还是比较丰富的。然后我预估了一下要多少材料，要多少劳动力。我说，劳动力要1000人以上。晚上找1000人很难办，虽然航运公司、余杭供水集团已经有一部分人来了，华立集团汪力成得到消息之后，也派了一部分工人来，但人手还是不够，指挥部当即决定，向部队求救！

　　这时候，我把小黑板拿到堤塘上的棚子里，就指挥工人们干了。当时很感谢杜坚强，他找了好几个单位，特别是磁土矿和航运公司的人，航运公司很多是江北人，水性好，要潜到水底去干活，没有水性还真干不了。当时水温低于20度，水下面很冷，而且有危险性的，不小心人要被漏洞吸牢，那就危险了。首先要找到漏水点，用麻袋装上块石，外面用几条棉被裹住，下潜到水下堵住漏洞，就像热水瓶的塞子一样，给它塞牢，它自己会吸进去，会越吸越紧的。但是找这个漏洞很难，当时从河底到水面大概有7米，水深相当于两层楼那么高。于是，我们在迎水坡一面摊上那种老油布，过去的老油布是用麻织起来的，其实是一种帆布，上面涂油漆，很厚实牢固，又不会发滑。工人们将帆布先在堤塘上用钉子固定住，用绳子将帆布挂下去，绳子前面系个麻包，里面装满石子，人也跟着下水，一直将帆布压到水底。我们在迎水坡铺了十块帆布。背水坡就叠上一层层的麻包，我说麻包里不能装土，要装石子。可到哪里去搞石子？好在余杭东门外堆放着仇山磁土矿的大量的白泥石，还有余杭塘河码头上还有一些砂子、石子等物料，镇长杜坚强搞了两辆汽车，从白泥厂门口搬运石子。这时候，老天还算帮忙，只下着毛毛细雨。当时在堤塘上干活的有200多人，是以当地的干部、群众为主力。到了半夜11点半左右，驻杭步兵某师一团100名官兵火速赶来救援，这支"硬骨头六连"所在团部队，是一支敢打硬仗的队伍。官兵们小步快跑，从500米开外，背来一包包沉重的砂石，叠住将要塌方的塘脚。尽管筑起一条长60米、宽2米的横护墙，但由于堤身沙土含量较高，堤塘渗水坍坡情况继续加剧，随时面临坍塘决口的危险，当时，部队的大批人马还没有到，听说省政府管部队的还直接指挥不了，调动部队是要通过中央军委的。半夜12时，水位到达最高时，王金财跟我说，大堤怕是保不牢了。

到了凌晨1时左右，救援部队终于一批批来了，共来了1200多人，迅速担负起大塘的抢险任务。有的装运砂石等抢险物资，更多的是扛叠麻包。部队战士大部分都是新兵，江西、安徽的都有，有的是刚刚学校毕业的学生，他们哪见过这个场面？有的战士问我：这个塘会不会坍？人会不会有生命危险？会不会被淹死？我只有如实相告，我说："这里很危险，万一塘坍了，你们一定要跑得快，跑得慢就会被水冲走淹死的。"

凌晨2时许，乌龙涧局势危急，大塘塌方面积在继续扩大，塌方长度从15米扩大到45米，抢险到了危急关头。指挥部作出了全镇群众疏散撤离的决定。六七辆警车在大街上拉响警报，来来回回行驶，大喇叭在不断提醒人们"乌龙涧要坍了，住在一楼的人快点跑到高的地方去"。余杭镇的所有干警与镇干部分头下居委会、村组织疏散群众。一时间，人们扶老携幼，或大包小包，或肩驮车推，人流涌向宝塔山或南湖塘，撑着雨伞，坐等天亮。实际上，乌龙涧并没有坍掉，只是险情严重，但为了人民群众的生命安全，不得不作出这样的决定。

这时，参与抢险的战士、群众越来越多。3时20分左右，省武警机动支队、驻杭8301部队800名指战员奉命赶到乌龙涧抢险，我们跟部队的师长商量，我说人太多也干不好活，天下雨路很滑，斜坡也不能有太多的人，麻包不能装重，五六十斤可以搬的，再重就搬不动的。麻包都要靠人工背进来，人多反而行动慢了，再说干活那么长时间，肚子也饿了，不如分批轮换，分成三个班，每班工作2小时，一批干活，一批休息或吃些东西充饥。首长同意了。我派了所里的两个人去百货公司，去敲路边店家的门，凡有填饱肚子的尽管买来，东西点清楚，钱先欠着。晚上叫不开门，但有一家店有人，我们将那家店里能吃的都买了来，主要是面包和饼干，还有矿泉水等饮料。我们将食物搬在

王元俊获得的杭州市抗洪救灾先进个人奖匾

堤塘上面，用一块油布盖牢，我和师长说，哪个同志肚子饿了，自己拿来吃好了，肚子填饱才有力气干活。

与此同时，我们还直接打电话到省防汛指挥部，要求指挥部下令青山水库降低泄洪量。当时青山水库的泄洪量最高时达650立方米每秒。当时，我的同学就在省防汛指挥部当调度室主任，我在电话里要求青山水库泄洪量降到500立方米每秒。我的同学说，临安街上都进水了，临安方面压力很大。因为是同学，我讲话也不客气了，我说，临安重要，还是杭州重要？这样下去，你水利厅也会被淹掉的。后来，事情还是得到了解决，青山水库泄洪量从每秒650立方米下降到500、450、400、300立方米每秒。2时50分，刘锡荣副省长打来电话："从3时起，青山水库完全停止泄洪2个小时。请你们全力以赴，在这段时间内完成抢险。"这个决定，给了我们莫大的信心和勇气。

当天晚上，仓库里的物资都用完了，我们又从萧山调了一车物资过来。到上午7时，近50米长的塌方堤塘内外两侧筑起了牢固的横护墙和支撑龙筋墙，麻袋沙包已经叠到了堤塘顶部，顶部宽度从最危险的0.8米加宽到4米。经过1000多名军民连夜奋战，排除了堤防决口的可能性，坍坡段堤塘基本稳定，整个晚上共用去6万多个麻袋。

早上8时，余杭百货公司、烟草公司、土产公司、余杭水厂等单位开车来慰问解放军，车上装的是衬衫、食品等，水厂厂长装了一车西瓜，但我们所里所有职工干部不拿一点慰问品，不吃一块西瓜，因为我们觉得抗洪抢险是我们的本职工作，要感谢的是人民解放军。早上8时30分左右，省委书记李泽民等省市领导来了。我们临时在堤塘上搭了一个小讲台，是用麻包搭起来的。李泽民站在讲台上发表了激励人心的讲话。大意是说，这一次乌龙涧抗洪抢险已经成功了，确保了杭州市的安全，应该谢谢你们，但是这一次奖励以精神奖励为主，物质奖励为

乌龙涧船闸，余杭区党史研究室提供

辅。那个时候，我们根本不去想物质奖励，抗洪成功就是最大的精神奖励。过了几个月我拿到了一个杭州市人民政府的信封，里面有200块钱，这大概就是物质奖励了。当年我还被评为余杭市和杭州市抗洪救灾先进个人，这是来之不易的荣誉。当然，个人的荣誉是微不足道的，这次乌龙涧抗洪抢险能够成功，是各级党组织和地方政府强有力的组织和领导、部队官兵和地方群众大力支持和共同参与的结果。

后来到了冬天，我们把乌龙涧这个地方的堤塘全部起底重做，把麻包全部搬掉，因为麻包都烂掉了。还是在这个地方，按地面线清平，再用劈裂灌浆法重新建造了塘堤。在施工中我们发现，乌龙涧一段的原塘堤基础部分基本上都是黄砂，黄砂不挡水，出问题就在这个地方。

回忆苕溪退堤扩孔

李新芳口述　张自恒、陈杰整理

访谈时间：2022年7月6日

访谈地点：浙江省文物局

口述人：李新芳，浙江省文物局文物保护与考古处处长。曾于2016年3月至2019年6月，兼任杭州良渚遗址管理区管理委员会副主任、浙江省杭州良渚遗址管理局副局长。

我从事文保工作差不多三十年了，经历了浙江省经济与社会发展最快、质量最好的时期，当然也是全省文物保护最好的阶段。我觉得文物保护与社会经济发展是一对矛盾，有时还难以调和。特别是在社会经济快速发展的大背景下，文保的任务更艰巨，文保人的压力更大，文保人更要有敏锐的洞察力与非常强的协调能力。

我们文保人说起文物，就像是讲自己孩子小时成长故事一样，既清楚他的过去，也明白他的现在，更牵挂他的未来。余杭通济桥，原名隆兴桥，后又改名安镇桥，到宋代才更名为通济桥。从东汉熹平元年（173）至今，差不多近2000年的时间，其间经历了数次被破坏与修建，目前这个石拱桥已有650余年的历史了。通济桥，老余杭人俗称"大（方言du的音）桥"，这是所有老余杭人共同的牵挂，这是所有老余杭人情感维系的"定情物"，也是所有老余杭人的自豪与骄傲。老余杭人如果来了外地的亲戚，大家会带客人参观通济桥；如果哪年发大水，可以看到通济周边站满了人，时刻关注着通济桥的安危。通济桥是老余杭的一景，也是老余杭人心中不可分割的一部分。

通济桥长50米，宽8.8米，高9.6米，中孔跨度15.4米，南北孔各跨12.6米，桥墩迎水面有楔形分水角2个，各高6米，宽2米。1983年通济桥被列为余杭县文保单位，2009年被批准为杭州市文保单位。

苕溪是浙江省八大水系之一，之所以叫"苕"溪，那是因为"苕"是指芦苇的花穗。记得陈若虚有一首诗："跋屐溪桥一望中，青山绿水景无穷。芦花两岸晴山雪，苕水一溪春涨红。"这首诗讲的苕溪的芦苇花，如此的"青山绿水芦花两岸"的美好景象，想想就让我为之心动。后来我再去通济桥时，看到了新旧两桥之间的通济亭上，就有这首诗的后两句。

通济桥退堤扩孔

2002年左右，苕溪通济桥上游由于道路硬化、外围排水系统弱化、上游排水量增大等原因，通济桥成了苕溪泄洪的瓶颈与肠梗塞。上游洪水来了排泄不下去，危及老百姓，甚至危及整个杭州，这个责任是任何人无法承担的。因此，通济桥所在的这一河道必须拓宽，要拓宽河道，通济桥就面临着两种选择，一是拆除，二是保护。最初林水部门报上来的方案就是拆除，因为拆除是最省钱省力的方案，但因为通济桥是县级文物保护单位，要拆除通济桥必须要经过省政府批准。这样，根据我国的相关法律规定和工作机制，省文保部门就必须参与这个方案的论证，并拿出具体的意见供省政府决策。这实际上就是一个协调机制，也是对文物的一个保护机制。

要拆除一个文保单位的文物，多数是不能通过的，因此第一个方案很快被否定了。而要保护通济桥，也只有两个方案：一是原址保护，二是易地保护。我们也考虑过易地搬迁保护，但这个方案实施起来太难了，谁都没有把握易地以后，是否能够保证质量地原样重建。所以我们最后考虑实施原址保护的方案。而原址保护，唯一可行的就是退堤扩孔，也就是老桥原

通济桥退堤扩孔前太炎路靠苕溪一侧的场景

样保护，旁边建一座新桥将老桥连接起来。因此整个工程也从最初的河道拓宽，改成退堤扩孔了。

整个方案的议定过程，省文物局文物保护与考古处都全程参与了，我们开过一次论证会，听取各方意见，指导地方部门不断完善修改方案，实际上是我们推着当地往前走。文物保护和社会发展是一对矛盾，没有对和错，只有更合适。就现在退堤扩孔整个方案来看，已经是尽了最大的努力来保护文物了。退堤扩孔不是最完美的，但在当时却是最优化的，现在来看，也没有第三种更好的方案了。可以说，如果没有文保部门的参与，通济桥也有可能被拆除。

退堤扩孔是在通济桥北扩孔3个，总长度33米（10米+13米+10米）。新老桥分隔墩为10米，桥墩2个，苕溪北塘"退堤"总长度为969米，从原来安全流量370立方米每秒，增加到963立方米每秒，到2004年5月，扩建总长度43米的主体工程完成。2005年3月竣工，2007年8月通过验收。

刘王弄搬迁

通济桥北首东边刘王弄的搬迁，直接影响到退堤扩孔的实施。在搬迁方案确定下来后，施工交给了水利部门实施。由于各种各样的原因，最后留下了太多的遗憾，刘王弄周宅就是一个典型的例子。

刘王弄周宅大约是2003年由信访部门批转处理的。我们到了现场勘查，发现这老房子的确不错，而且这种老房子在浙北地区并不多，很有保护的价值。因为周宅当时还不是文物保护单位，因此省文物局提了工作建议，希望余杭区能加以保护。

刘王弄周宅是清嘉庆道光年间建造的，建筑面积694.9平方米，房屋用料讲究，做工精巧，俗名"钢叉台门"。清咸丰十年（1860）太平军进驻余杭时，这里曾作为军事指挥部。1937年日本兵侵占余杭时，这里也曾驻军。因此从历史和文保的角度来说，是非常有价值的。

后来听说区里决定是易地拆迁保护，落实给区文管办来组织处理，但拆迁费用纳入水利工程，所以在拆迁过程中不尽如人意。当时由于刘王弄居民已搬迁，周宅在拆除过程中也缺少产权人监管。建

退堤扩孔前的刘王弄口旧景

筑构件拆下来后没有马上复位，杂乱堆放在一起，先是说在小白菜文化园复建，后来听说又搬到径山去了，最后情况也不大清楚，反正处理没有很到位，留下了遗憾。

水城门移位

余杭作为双千年古镇，古时城与市常有分离，县城在苕溪南北迁移数次。北宋雍熙初，将县城固定在溪北。

清嘉庆《余杭县志》载："明嘉靖三十五年，知县吴应徵因寇乱筑城南临苕溪有水门二。"后在康熙与雍正年间曾三次修建。1937年日军曾在西、南两门城垣上筑碉堡。东水城门在省军区教导大队前，也正对着曾经的孔庙，高4米，宽3米，墙基厚4.3米，中间设闸门一道，傍溪筑半圆形平台河埠；西水城门在文昌中学前，先前正对着的是县衙。高3.25米，宽2.25米，墙基厚3.8米。

这两个城门是古城少有的遗存之一，也是我们保存的对象。1986年被列为余杭县文保单位。2003年，因要退堤扩孔，不得不后退。但我们文物部门要求用原物件复原，即拆即建，使用原来的建材，并且拆下来的建材全部标号，恢复到新水城。这也是不得已的情况下保留文物的方法。就用这种办法，水城门向北移了30米，2004年竣工，2009年被列为杭州市文保单位。

老街区拆迁

老余杭人对老街更有感情，因为那儿更有烟火味，更有生活气息，许多老余杭的特色商店以及一些非遗产品，包括一些老的行当如箍木桶、弹棉

花、劳保商店、钟表店、电影院等。特别是七十二条半弄，更给老余杭人留下了太多值得津津乐道的故事，况且许多老年人，就是在这样的弄堂长大的。相反，对于溪北余杭古镇，许多老余杭人并没有多少印象。

随着社会与经济的发展，余杭老街区脏乱差的现象愈加凸显，老百姓需要提升生活品质的呼声也越来越高。如何寻找到一条既可以保护传承，又可以提升生活品质的旧城改造路径，对余杭来说，对于政府来说是挑战，更是考验。保护传承的任务属于文物部门，改造提升的任务属于建设部门。

当年做小河直街开发保护时，我们就采用了留下原住居民，也就是让愿意留下的人留下来，这些人对老街区有感情，并且是见证老街区变化的，他们都是历史的真正传承者，同时他们也是"文博"义务宣讲员，把曾经在本地发生的故事讲给游客听，这是真传承。

当然也有给居民一次性补偿，易地搬迁的，但这种方式不能留下烟火味道，改造后的旧城白天是热闹的，但晚上却是冷清空旷的，不利于夜间经济的发展。

记得有次周末，我联系了原余杭区博物馆陆文宝馆长，私下实地察看踏访，走街区，看古桥，访居民，听民声，解民意，因我想获得最真实的底层声音，想从中获得灵感。作为文保人，他们始终坚持保护，坚持从百姓的呼声出发，从百姓的利益出发。

征地后的老余杭直街地段（2023年4月），陈杰摄

老余杭直街古民居（2023年4月），陈杰摄

这么多年了，余杭直

街区块一直没有得到很好的解决，作为文保人，我心急如焚，有些文保都是需要抢救性保护的。但我相信，随着区划的调整，余杭直街区块一定会引起当地政府的重视，让千年古镇再次复兴起来。

中苕溪改造建设工程记忆

林桂海口述　俞强整理

余杭形胜，以山水著称。西部群山峻拔，千岩竞秀，远望峰峦叠翠。东部河道密布，曲尽逶迤，俨然水乡泽国。

余杭水系，主要由南苕溪、中苕溪、北苕溪汇集为东苕溪贯穿全境。其中，主流南苕溪发源于临安天目山南麓马尖冈，经今青山水库东至余杭镇进入瓶窑后始称东苕溪，然后接纳诸溪，再由良渚安溪北流德清，经湖州南合西苕溪汇入太湖。北苕溪有两源，分别出自天目与高陆山，至双桥合流，称双溪，经径山港之后在瓶窑附近会于东苕溪。夹于南、北苕溪之间，便是中苕溪，旧方志记录也称仇溪。主源出于临安九仙山，经高虹、横畈后进入余杭地界，流经绿景塘、冷水桥、长乐、长东、麻车头、邵母桥、仇山等村庄，再经永建下陡门、吴家陡门至瓶窑张堰村的北湖草荡流入东苕溪。

中苕溪从绿景塘到仇山一段，在1980年代中期以前，属于余杭县长乐公社[1]。由于中苕溪源头山高流急，而处于其下游的长乐境内有多处蜿蜒曲折，夏秋汛期洪水猛涨时，往往水流不畅，或溢堤，或溃塘，经常性泛滥成灾。尤其在东部，更是一个"大灾三六九，小灾年年有"的低洼区域，洪水严重危害着人们的生产与安全。为了改变这种状况，根除这一历史痼疾，1975年冬，长乐公社党委在遵照上级指示大搞农田水利基本建设的同时，成立了中苕溪改造建设工程指挥部，由党委书记林桂海亲自挂帅担任总指挥，动员了全社各生产大队大多数的青壮劳动力投入工程建设，并组建了

〔1〕长乐公社于1980年代中期后改为长乐乡、长乐镇，2001年和双溪、潘板一起合并为径山镇。

青年突击队[1]、桥工队等。党委一班人决心发扬"自力更生、艰苦奋斗"精神，依靠自己的双手，对中苕溪进行彻底治理。

当年，笔者还是在长乐中学就读的一位高中生。我们学校也积极响应公社政府的号召，由4个高中班的班主任和任课老师带领200多名十七八岁的学生参与到这一宏大工程当中。

依据林桂海总指挥的回忆[2]，中苕溪改造建设工程的正式动工日期是1975年12月20日。我们班是较早一批进入工地劳动的学生，地点在麻车头至邵母桥的亭子渠—长埧—北塘一段，为期半个月，时间大约是1975年12月底到1976年的1月中旬。有一个深刻记忆，周恩来总理于1月8日逝世的讣告，就是从住宿处广播早新闻中听到的，当时师生们都十分震惊。我们吃饭是在一个临时食堂，住宿安排在就近农户，或在谷仓里打地铺。学生的主要工种是挑塘，一般是女生扒土，男生挑担。尽管隆冬季节寒风凛冽，作为热血青年，大家的劳动情绪普遍较高，许多同学干劲十足，或脱下棉袄挑重担，或上坡下坡快步走。一天天下来，虽然人均所挑土方量不能与正劳力相比，但分给我们的任务，都能按天完成。现在回想当初的劳动情景，确实可以说是车水马龙，红旗招展，人声鼎沸，气氛热烈。除了我们稍偏一隅的学生工地，更多是广大社员的劳动场面，推车声，夯歌声，欢笑声，充满了整个堤坝河道。而社队两级干部，包括林桂海总指挥在内，都会经常性地出现在现场，参与各种劳动。这些仅仅是我个人的一点印记，而实际上当时涌现出来的先进劳动事迹有很多，只是如今已经很难追忆了。

中苕溪的整个改造建设工程，艰巨而宏大，有关概况和具体数据，我们就借用林桂海总指挥的回忆，综述如下：

中苕溪在长乐境内需要进行改造建设的地段总共有15里，1975年12月20日正式动工。工程分三期进行，最初的计划是6年完工，由县里无偿提供钢材、水泥、木材等物资方面的支持。工程建设标准是50年一遇的大洪灾。后来因某些地段的扩大，实际是到1984年冬才全部完工，前后历时10年。

---

〔1〕 丁潮海任青年突击队队长，后来担任长乐乡乡长。

〔2〕 文中凡涉及中苕溪改造建设工程有关数据，均据林桂海2022年10月14日回忆录手稿。

当时投入中苕溪水利工程建设中的全社青壮劳动力，约有4500人。另外还动员长乐中学数百名中学生及中小学教师参加过短期的水利建设劳动。10年间，总投入人工约30万工，挖挑土石方大约5000多万立方米（土方数据可能不精确）。中苕溪有三处切弯改直工程，长达10多里。第一处，将原经过邵母桥村拐弯的一段，改从麻车头村的亭子渠—长坝—北塘—仇山脚向永建公社[1]的下陡门方向取直，长达6里。第二处，原从青芝堰向东经过柴场村、长乐林场前面再折向南流穿过长乐镇，也是一段大拐弯[2]，改造工程从青芝堰以下往长乐中学至道班北侧大坞村

林桂海回忆中苕溪改造建设工程，俞强提供

口切直，直抵长东，长达2里。第三处是支流，发源于径山龙潭水库的白石溪，原从邵家畈经平山农场拐弯到俞宋村再向南流入中苕溪，改造后从邵家畈的大竹园、平山农场沿长西村的上庄南边山脚一线取直，到青芝堰汇入中苕溪，长达4里。

整个建设工程还建造了活动大坝3座，有青芝堰、麻车头、亭子坝。建造抗旱排涝机埠10座，分别有仇山脚、小五山、白社堂、大坞等。建设桥梁3座，分别是长乐大桥、长东大桥、麻车头大桥。另外，还将从横畈泉口到冷水桥直冲下来的中苕溪两岸堤塘，进行了全面的加高加固工程，总里程达到80里[3]，许多地段用砌石加固，大大提升了工程质量。

中苕溪改造建设工程，当时除了少量手扶拖拉机，没有其他机械化操作手段，全凭大家手挖肩挑，耗费了大量的人力物力，长乐公社广大人民为

---

〔1〕　永建公社后来被并入余杭镇。

〔2〕　这一段大拐弯河道，除长乐林场门口留下一小段作池塘外，今已全部填平，一部分成为长乐村公园。

〔3〕　这个里程按两岸来回计算。

中苕溪长乐村取直一段枯水期（向上拍摄，2022年10月），俞强提供

中苕溪长乐村取直一段枯水期（向下拍摄，2022年10月），俞强提供

此付出了巨大的劳动贡献。这个工程的建成，使长乐东部区域40年来免受水灾，过去年年发生的水患就此绝迹，为后代子孙造福，可以说是功在当代，利在千秋。

以上是林桂海总指挥的主要回忆，他在最后部分将功劳记在了长乐公社广大劳动者的名下。一方面让我们切实感受到中苕溪建设工程的不容易，另一方面也让我们铭记建设者们的不朽功绩。

　　余杭是一块古老的热土，既由苕溪孕育滋养，也曾遭受苕溪巨创。北宋成无玷《南湖水利记》写道："余杭之人，视水如寇盗，堤防如城郭。旁郡视余杭为捍蔽，如精兵所聚，控扼之地也。"可谓是余杭常遭水患的真实写照。因此，治水历来是余杭的头等大事。历史上，汉代余杭县令陈浑率民筑南湖，唐代余杭县令归珧与民共开天荒荡[1]，都很好地调节了苕溪水流，使泄洪与灌溉得到两便，厥功至伟。林桂海书记在长乐任上，带领班子成员与广大群众，旰食宵衣，以十载寒暑，战胜了千百年来桀骜不驯的中苕溪，使之畅流无阻，一改旧观，岂非功莫大焉。

　　而今，中苕溪两岸风光洵美，草木并茂，春夏绿竹猗猗，秋冬芦花萧萧。而自绿景塘到长乐以及麻车头村的亭子渠等河段，溪中横筑堰坝共十数处，岸边还铺设了游步道，供乡人闲游。北宋张耒有诗云："春水涣涣兮，予独饮君河之曲。鸟鸣群飞兮，其下芳草。"仿佛恰好是为中苕溪春色写景。

---

〔1〕　天荒荡，今北湖草荡。

第三章　治水人物

　　古往今来的苕溪流域，人才辈出，特别是其中涌现的众多治水人物，他们或建堤筑塘，力挽狂澜，保境安民；或开河浚湖，关注民生，造福百姓；或拦河筑坝，开发水利，发展经济；或总结治水经验，发展水利科学，著书立说，以传后人。他们的丰功伟绩，在民间代代传颂。

　　中华人民共和国成立以来，流域内治水规模之巨大，成效之卓著，为历史所未见。尤其是千千万万参加水利建设的工人、农民、人民解放军及武警部队、工程技术人员和水利专家学者，他们自力更生、艰苦奋斗的战斗作风，脚踏实地、勇于实践的科学态度，继往开来、改革发展的创业精神，更是遗泽后世的宝贵财富。

　　但按照生不立传的原则，本章立传人物，主要包括古今治理开发余杭境内苕溪流域的历史人物，自中华人民共和国成立以来，那些在水利建设、抗洪抢险、群众治水运动中的众多劳动模范、先进个人、先进集体以及相应的荣誉称号获得者，暂不列入本书内。

陈浑

陈浑，东汉熹平年间为余杭县令（县治今余杭街道）。余杭境内苕溪（今称东苕溪）之水源自天目山，洪发时，上游诸水并泻，而余杭境内地势平缓，水流横溢，野不可耕，邑不可居，且为害旁郡，余杭县城为之一再搬迁。东汉熹平二年（173），陈浑亲度地形，"发民十万"，在县城之北、苕溪之南修筑堤防御洪，开后世西险大塘之先声。陈浑还在县城西南部开筑滞洪工程，一为"南上湖，在溪南五里，塘高一丈四尺，上下各广二丈五尺，周回三十二里"；一为"南下湖；在溪南旧县西二里……塘高一丈四尺，上广一丈五尺，下广二丈五尺，周回三十四里……"。上下南湖相接，总面积1.37万亩，汛期时分蓄南苕溪洪水，是苕溪运河流域内最早建成的分洪、滞洪水库；干旱时所蓄之水可灌溉县境田亩1000余顷，受益7000余户，成为杭、嘉、湖三郡的屏障，经历代整修，至今仍为东苕溪的重要防洪工程。南湖配套工程有石梜桥、五亩塍二处，皆陈浑遗迹。县人称陈浑治水之功"百世不易，泽垂永远"，曾在湖之南塘建祠以祀。后唐长兴年间被封为太平灵卫王。

刘道锡

刘道锡，南朝宋元嘉年间，曾担任余杭县令，"有能名，与钱塘令刘道真，咸用治最"。（清嘉庆《余杭县志》）文帝时派遣扬州治中从事沈演之到地方巡视，沈演之表荐余杭令刘道锡及钱塘令刘道真，文帝嘉奖了他们，各赐谷千石。而在沈演之的奏疏中，尤称道锡能率先吏民，筑塘捍水，成绩斐然。

归珧

归珧，唐宝历元年间为余杭县令，当时水利连年失修，南湖洇塞严重。归珧到任后，循东汉县令陈浑所开南湖旧迹，浚湖修堤，恢复蓄泄之利，使百姓免受洪灾之苦，千顷农田受益。并修建湖西北的石门涵，导南苕溪水入湖；修建湖东南之五亩塍（即滚水坝），使水安徐而出。又在县北创筑北湖，塘高1丈，周围60里，用以滞纳中、北苕溪洪水，并灌溉农田1000余顷。

另筑西北甬道百余里，行旅无山水之患。据清雍正《浙江通志》载，归珧作溪塘时，洪水冲决，功用勿成，珧誓言"民遭水溺而不能救，是珧之职也"。再筑而就，后人称"归长官堤"。归珧于湖建成而卒，故有归珧誓死筑湖之说。民感其德，建祠立碑以报之。

钱镠

钱镠（852—932），字具美（一作巨美），唐末杭州临安人。五代后梁初，受封吴越王，兼淮南节度使，据有两浙十三州之地，为吴越国的建立者。卒后葬于茅山（今临安县安国山，又称太庙山）南麓，溢武肃。钱镠立国40年，以"保境安民"为国策，兴修水利，扶植农桑，发展海运，富甲天下。唐天复二年（902）七月率部兵归故里锦衣城（今临安区）治沟洫，兴水利。后梁开平元年（907），在余杭县东南2里复置惠民堰，在县南复置千秋堰，在县东复置乌龙笕现写作"乌龙涧"。后梁开平四年（910），钱塘江潮汹涌，危及杭州塘岸，钱镠发夫20万建筑捍海塘。以土塘不成，遂创竹笼填石筑塘、椿柱固塘之法，海塘遂以筑成，世称"钱氏捍海塘""钱氏石塘"。钱镠还疏浚杭州城内外运河及西湖，引湖水以济城内运河，并于钱塘江边建龙山、浙江两闸，御咸阻沙，控制江潮进入城内运河。后梁乾化五年（915），置"都水营田使"，设使专主水事，募卒为都，号"撩浅军"七八千人，专司治湖筑堤，并导湖水下泄。钱镠还曾疏浚鉴湖，削平钱塘江罗刹石，改善航运条件，发展海运。

江袤

江袤，北宋宣和四年（1122）任余杭县令。时有商贾欲侵占某寺地产，预先埋界石于其地伪作证据，江袤细察界石系新筑，判明属盗埋，人皆叹服。任内又循陈浑、归珧开筑南湖的旧迹，广征故老意见，亲自督工修浚，"践履泥涂不顾雪霜风雨"，寒暑不停。从西函到五亩塍南湖沿岸以及苕溪紫阳滩、尹家塘、北塘等14处堤坝修筑完备，使之"高七仞、广一百三十丈"。县丞成无玷作《水利记》载其事。

成无玷

成无玷，武康人。进士，北宋宣和年间任县丞。当时余杭县令江袤修筑南湖，成无玷作《水利记》《五亩塍铭》，刻石于凤凰山。宰相李纲尝荐其文武才略，召对，除删定官。后金师出楚地，吕颐浩又荐其防守鄂州，教阅士伍，皆祖诸葛亮遗法，宋高宗也很看重他。"晨起巡城，霜滑坠足而卒。"（《宋诗纪事》）

沈括

沈括（1031—1095），字存中，北宋钱塘（今杭州）人。嘉祐进士，熙宁年间曾任馆阁校勘兼提举司天监、翰林学士、权三司使，后知延州及鄜延路（今陕西延安一带）及任经略安抚使等职。终老于润州（今江苏镇江）梦溪园，后归葬于东苕溪畔钱塘故里（今良渚街道安溪太平山麓）。

沈括立志革新，对新政多有建树。他提倡水利，改革历法，尤精于天文、数学等，为古代著名科学家。水利方面，北宋至和元年（1054）任江苏沭阳县主簿时，治理沭水，改洼地为良田7000顷。北宋嘉祐六年（1060）任安徽宁国县令时，参与修复芜湖万春圩水利工程。北宋熙宁三年（1070），任职京城，支持王安石规划新法。翌年九月，奉命勘察汴河水道，采用分层筑堰法测量沿河地势高差。北宋熙宁六年（1073），奉命视察两浙农田水利，自杭、湖、秀及至明、台、温、处等州，相机兴办农田水利及围海垦田等工役。次年4月，建议兴筑明、台、温等州以东堤塘，以增辟耕地。沈括重视水利技术，对黄河工人高超以三埽合龙门法堵塞商胡决口成功一事给以高度评价，并详记其科学方法。所著《梦溪笔谈》为古代著名科学著作，其中水利方面有海陆变迁、流水侵蚀地形、海塘建筑与成败经验等论述，并创用分层建堰法测河流水位高差，使用水平尺及罗盘测量地形等。

杨时

杨时（1053—1135），字中立，北宋南剑州（今福建省南平市）将乐人，北宋熙宁九年（1076）进士，历任浏阳、余杭、萧山知县，南宋高宗时官至龙图阁直学士。晚年隐居龟山著书讲学，世称龟山先生，卒谥文靖。

北宋崇宁五年（1106），任余杭令时，权相蔡京欲占余杭南湖一角形胜之地营葬其母，杨时不畏权势，竭力阻止，力言得免。余杭民众得其利，颂其政绩，以陈浑、归珧、杨时三人创、复、保南湖有功，建"三贤祠"于湖畔以祀之。

北宋政和二年（1112），杨时补任萧山知县，经实地查勘，会集各方意见，主持在杨岐山与砾山间，西山与菊花山间，废低田3万余亩，筑堤蓄水成湖，湖周长80余里，可溉田14万余亩，因该湖风光宛若潇湘，故名湘湖。

杨时曾师事程颢、程颐，"程门立雪"即其40岁时之事。历知浏阳、余杭、萧山等县，皆有惠政。萧山湘湖亦为杨时所修。杨时安于州县，不求闻达，四方之士不远千里从之。以后又任荆州教授、秘书郎，迁英殿说书。徽宗时任右谏议大夫兼国子监祭酒，反对与金议和，直斥蔡京祸国害民。高宗即位，授工部侍郎兼侍读，以龙图阁直学士提举洞霄宫。著有《礼记解义》《列子解》《史论》《周易解义》等，南宋东南学者奉杨时为"程门正宗"。

赵与懃

赵与懃（1179—1260），字德渊，居湖州。宋太祖赵匡胤十世孙，南宋嘉定十三年（1220）进士，官至吏部尚书。

南宋淳祐元年（1241）知临安府（今杭州）。淳祐七年（1247），两浙久旱，临安府运河干枯，西湖人可步行，城中诸井皆竭。赵与懃奏准引水救旱，募民开浚奉口河以引东苕溪之水，自府城北新桥至奉口，长36里。并以浚河之土沿河修筑塘路，既引水，又通漕，公私皆便，人称河为宦塘河（又称奉口河），塘为宦塘。是年，又疏浚西湖以潴水，自六井至钱塘门上船亭、西泠桥、北山第一桥、苏堤、三塔、南新路、长桥、柳州亭前沿湖一带，凡所种植菱荷的菱荡，一律清除，使湖水恢复旧观。并将浚湖之淤泥堆筑建堤于西湖苏堤东浦桥至洪春桥曲院间，作为去灵隐、天竺的通路，堤上建四面堂及三亭，夹岸遍植花柳，后人称赵公堤。

张士诚

张士诚（1321—1367），泰州白驹场（今江苏大丰）人，小名九四，盐贩出身。元至正十三年（1353），与弟古德、士信及吕珍等18人率盐丁起兵，攻克高邮、泰州、苏州等地。元至正十九年（1359）据杭州。是年以运河长安、临平至杭州段河道狭窄，不利军运，遂发动军民20万人新开河道，经塘栖五林港至杭州北新桥，长45里，宽20丈，名新开运河（亦名北关河）。并在塘栖开设河仓，形成造船和租船中心，成为漕运之要冲。此后，大运河舍旧道（经长安、临平至杭州），改走新道（经塘栖至杭州），航运称便。

常野先

元朝人，元至正十三年（1353）任余杭县尹。任内修筑南湖塘，增筑县西官塘十八里，使西乡免受苕溪水溢之患，民怀其惠。

夏原吉

夏原吉（1366—1430），字维喆，明湖广湘阴（今湖南省湘阴）人。洪武时，授户部主事。明建文初，任户部右侍郎。历永乐、洪熙、宣德三朝户部尚书，主持财政27年，支应无误。卒谥忠靖。

明永乐元年（1403）四月，浙西大水，苕溪山洪横决，诏命户部尚书夏原吉往治苏、松、杭、湖、嘉水患。夏原吉于明永乐元年至永乐三年（1403—1405）在太湖下游拓浚吴淞诸浦，导水入海：一为"掣淞入浏"，导吴淞江水经浏河与白茆港而入海；一为"掣淞入浦"，以大黄浦为吴淞江入海要道。水道既通，又相地势，各置石闸，以时起闭。于上游东苕溪则以筑堤御洪为主，创建庙湾、瓦窑塘，重筑化湾塘与化湾陡门，均为后来西险大塘之险要塘段及杭、嘉诸属之屏障。同时，夏原吉兼治武康、余杭及嘉属之水，于嘉善县西塘镇设置测水石标，名"忧欢石"，以水位上涨为"忧"，正常为"欢"，是具有历史价值的水位测量设施。

明永乐九年（1411）七月，夏原吉受命修苏州至嘉兴运河土石塘桥路70余里，泄水洞131处；遣侍郎李天郁辅佐，修湖州水利，每圩编立圩长，督修圩塍，开治水道；命通政赵居任疏浚自崇德（今桐乡市崇福镇）北至吴江之运河及筑堤，并植柳固堤，以利漕运驿递。

戴日强

戴日强，号兆台，安徽蒙城人，举人出身，明万历三十八年（1610）任余杭知县。当时，余杭地方吏治纾缓，朝纲不振，戴日强到任后，精敏能干，"果于有为"，县治为之一振。

明万历三十七年（1609）余杭大水，湖民因垦田受淹而盗掘决口，害及县城十八乡，"当时之民，沈汩漂流，惨不可言"。乡民都把怨气集中到那些占地的豪强身上，几乎到了"揭竿一呼，万众响应，斫木毁庐，几为难首"的地步。县令戴日强到任后，着手对南湖进行治理。一是"请于督抚监司，悉置豪猾以重法"。治理南湖最大的难处在于勒令豪强退田还湖，戴日强依靠上级官府的支持，将那些侵湖占田的土豪劣绅施以重法，毫不手软。史载戴日强"治有能名，豪党惮之""杖杀大猾陆万金，凡闾里暴黠为民害者，搜去之几尽"。二是他亲自率领民工，疏浚旧疆，将南湖恢复到原有的疆址，将挖掘的泥土堆在湖中筑成十字长堤，堤上植桑万株。"一便固堤，一便召佃，充五年一小浚、十年一大浚之需。"十字堤东西长二里二百七十二步，南北长二里三百十一步，横亘于湖中。这样"令土之出有所容，而亦藉堤之力，以暂缓洪波冲激之势"。又修筑了瓦窑、凤仪、月湾、土桥诸塘，历时3年告成。史称戴日强"增筑瓦窑塘，用桩石以固其基，上培泥土以厚其势"。瓦窑塘呈弯月状，位于南苕溪的南岸，西起石门塘，东至通济桥，长2.5千米，一直是余杭古镇防汛抗洪的险要地段之一。三是"陡门函堰之制毕周"，也就是建立了一整套管理制度。他在南湖立界碑八座，以三官庙为东界，下凰山为南界，鳝鱼港为西界，石凉亭为北界，东岳庙为东南界，三贤祠为东北界，荒荡为西南界，石门桥为西北界，南湖的疆界得以确认。他还修闸筑堤，建立"坝夫"制度。"四隅各设夫二，以察损坏"，从而在制度上保证了南湖不被侵毁。所以当时人皆称"戴侯贤劳可法"，而朝廷也下达诏书，赐帑金，给予奖励。

戴日强还主修万历《余杭县志》，又筑新学宫，修城隍庙。后迁杭州府丞。

宋士吉

宋士吉，号浣亭，江西奉新县人。清顺治十七年（1660）任余杭知县。任内修葺文庙，修复南湖滚坝，史载："苕溪之水潴于南湖，下游关邻郡利害，湖东南五亩塍，旧有滚坝，为旱涝蓄泄之备，岁久渐圮，为筑辅坝以持之，民享其利。"他还修复了废圮城垣、仓廒、桥梁、道路、祠宇，清康熙四年（1665）主持重修《余杭县志》10卷。康熙七年（1668）迁任保安州知州。

张思齐

张思齐，辽阳人，荫生。清康熙七年莅任余杭县令，为政不烦。以邑多水患，故每于水利尽心焉。康熙十年（1671），巡抚范公议浚南湖，杭守稽宗孟，檄会仁和、钱塘、余杭、德清四县，分土分工，夷积葑，辇疆砾。思齐为植巡功，昼夜往来，程督不辞劳瘁，四县之民踊跃丕作，阅三月已于事而竣。捐俸筑天竺陡门，改旧井字式为八字式，以便启闭。开浚溪流，引溉田亩。民均利赖焉。康熙十一年（1672）秋，淫雨积旬，田野遍生黑色虫，食稼殆尽，申请蠲税，复为设法捐赈，是岁饥而不害。设义冢三所，以瘗贫民之不克葬者。衙署久坏，撤而新之。重辑邑志付梓。在任六年，民咸安之。

龚嵘

龚嵘，字岱生，清代福建闽县人。清康熙十九年（1680），任余杭知县。任内翻新文庙，建学署，完备城郭，广积仓储。浚南渠河，增筑南湖辅坝，修建南湖六桥。在南湖中塘遍植杨柳以固堤，筑澄清庵作为休憩之所。康熙二十二年（1683）夏大旱，县民多疫病。龚嵘捐俸开设药局3所，日治病千余人。是年主修《余杭县新志》8卷。

李卫

李卫（1688—1738），字又玠，清江苏铜山人。康熙末年捐资为员外郎，清雍正三年（1725）升浙江巡抚，雍正五年（1727）加授浙江总督管巡抚事，雍正十年（1732）调任直隶总督，次年返浙回任。卒赐祭葬，谥敏达。

李卫抚浙期间，在苕溪运河流域大兴水利，修筑堤塘。雍正四年（1726），李卫修浚杭州西湖，历时两年，耗银3.7万余两，挖淤浅葑泥3000余亩；雍正五年疏浚杭城内外河道；雍正七年（1729）开浚奉口河；浚上塘河自艮山门施家桥至海宁界施家堰7799丈。雍正五年至八年（1727—1730），修筑各地河道塘岸、水闸，于东苕溪修筑钱塘县境压沙塘、大云寺湾塘、德清县境险塘、龟回坝、劳家陡门等处。雍正九年（1731）又疏浚西湖金沙港淤积，挖沙筑堤，自苏堤东浦桥至金沙港，广3丈余，全长63丈，名为金沙堤。雍正六年（1728），李卫奏请将骤决不可缓待之塘工，先行抢修，随后奏闻。海塘"抢修"之名自此始。修筑仁和、钱塘、海盐、萧山等县海塘6039.8丈、坦水170丈；又修筑钱塘县江塘734.9丈。雍正八年五月海塘设千总、把总各一员，塘兵200名，分守钱塘江东（海宁）、西（仁和）两塘，负责修防。系清代在钱塘江设专门管理机构之始。

孙辅世

孙辅世（1901—2004），江苏无锡人，水利专家，近代长江治理的先驱者。他是中国水利工程学会创办人之一，并为其发展做出了积极贡献。1923年毕业于北洋大学土木工程专业。1926年毕业于美国康奈尔大学，获硕士学位。1927年回国。1928年秋到南京国民政府建设委员会水利处任秘书主任，1929年春调任太湖水利委员会常务委员、秘书长兼技术长，1935年任扬子江水利委员会总工程师。其间，查勘规划浙西天目山区。与此同时，对浙西天目山区即太湖上游苕溪水系也曾进行过查勘规划。太湖上游调洪、灌溉与垦殖需要统筹考虑，孙辅世提出河湖分家，蓄洪与垦殖兼顾的思想与计划。1937年，他发表《东苕溪防洪初步计划视察报告》一文，提出东苕溪"蓄洪垦殖"的治水思路。1953年调到水利部任技术委员会委员，2004年12月6日在北京病逝，享年104岁。

宋竹友

宋竹友（1933—2009），浙江绍兴三江乡人。1949年7月参加工作，1950年1月加入中国共产党。曾任钱塘联社农林水利局副局长；余杭县农业局局长、林业水利局副局长、城乡建设环境保护局局长、人大常委会副主任等职，1993年离职休养。

宋竹友从20世纪60年代初始，长期担任余杭县水利战线领导职务。几十年来，他的足迹遍及余杭山山水水，身先士卒，尽心尽责。1963年9月，12号台风袭击余杭县，苕溪北岸堤塘先后溃决，10多万亩农田和大片村庄受淹，他在县委领导下，组织防台抗台，而后带领技术干部深入灾区，查灾情定方案，修复水毁工程，组织恢复生产。1970年县革委会决定组建北湖围垦指挥部，由宋竹友全面负责，他带领技术人员跑遍北湖草荡，进行测量放样，研究治理规划，方案确定后，组织发动13个公社1.2万余人，新筑围堤10.1千米，加固老围堤4.6千米，新建进出水闸及放水涵洞，使北湖5.3平方千米面积修复为滞洪区，既可部分调控洪水，又消灭了钉螺危害，对确保西险大塘和苕溪北塘的安全起到了重大作用。70年代他带领水利技术干部调查摸底，全面规划，制定方案，逐个实施。在西险大塘标准塘建设，中、北苕溪改道，四岭水库扩建，仙佰坑、馒头山、奇坑、石门等水库建设，大运河及主要河道的治理，钱塘江下沙海涂围垦，以及圩区改造，大规模开展山、水、田、林、路统一整治，建设高产稳产农田，都发挥了他的领导才能，倾注了其毕生心血。原县志史办主任、《余杭县志》主编周如汉曾作《悼宋兄竹友》藏头诗一首，怀念挚友：宋梅亭前忆旧游，君子之交数十秋；竹海放歌四岭路，友情深叙小山头；余邑处处留足迹，杭郊岁岁战洪流；英名广传喻松柏，才识全付美丽洲。

参考文献

1．（宋）潜说友等：《咸淳临安志》，中华书局编辑部编：《宋元方志丛刊》第4册，中华书局，1990年。

2．（明）陈幼学：《南湖考》，浙江古籍出版社，2016年影印本。

3．（明）戴日强纂修：万历《余杭县志》，浙江古籍出版社，2016年（据明万历年间刻本）影印本。

4．（清）张思齐纂修：康熙《余杭县志》，曹中孚、徐吉军点校，西泠印社出版社，2010年。

5．（清）龚嵘纂辑：康熙《余杭县新志》，曹中孚、徐吉军点校，西泠印社出版社，2010年。

6．（清）魏峴修、裴琏等纂：康熙《钱塘县志》，康熙五十七年刊本。

7．（清）张吉安、朱文藻纂修：嘉庆《余杭县志》，浙江古籍出版社，2014年（据清嘉庆年间刊本）影印本。

8．（清）褚成博、褚成亮纂：《光绪余杭县志稿》，曹中孚、徐吉军点校，西泠印社出版社，2010年。

9．（清）王凤生纂修、梁恭辰重校：《浙西水利备考》，道光四年修、光绪四年重刻本。

10．（清）马如龙纂修：光绪《杭州府志》，光绪二十四年修、民国十一年铅印本。

11．（明）刘伯缙、陈善等纂修：万历《杭州府志》。

12．（明）田汝成：《西湖游览志　西湖游览志余》，上海古籍出版社，1980年。

13．（清）李卫等纂修：雍正《浙江通志》，清文渊阁四库全书本。

14．（清）郑澐等纂修：乾隆《杭州府志》，清乾隆刻本。

15．（明末清初）顾祖禹：《读史方舆纪要》，中华书局，2005年。

16．（清）仲学辂：《南北湖开浚说》，《浙江省通志馆馆刊》，1945年第2期。

17．汪坚青、姚寿慈等纂，余杭县地方志办公室、杭州图书馆整理：民国《杭县志稿》，1987年影印本。

18．章锡绶：《浙西东苕溪防灾计划之商榷》，《扬子江水利委员会季刊》，1936年第2期。

19．孙辅世：《东苕溪防洪初步计划视察报告》，《扬子江水利委员会季刊》，1937年第1期。

20．浙江省水利局编：《勘测苕溪流域拦洪水库报告书》，《浙江水利事业专号（上）》，1948年。

21．傅仁祺：《疏浚余杭南湖计划之商榷》，《浙江建设月刊》，1934年第5期。

22．赵臻有：《测量南湖报告书》，浙江图书馆藏。

23．《关于禁垦余杭南湖事项》，《浙江建设月刊》，1927年第4期。

24．《苕溪发源各县应筑蓄水池案》，《浙江省建设月刊》，1932年第5期。

25．《苕溪发源各县应筑蓄水池》，《浙江省政府行政报告》，1932年第9期。

26．庄秉权、林保元：《浙西水力发电及防灾蓄水库地点调查报告》，《太湖流域水利季刊》，1929年第1期。

27．（美）夏霭士：《东苕溪防灾计划策议》，刘衷炜译，《太湖流域水利季刊》，1930年第4期。

28．《苕溪发源各县应筑蓄水池案》，《浙江省建设月刊》，1932年第5期。

29．《苕溪发源各县应筑蓄水池》，《浙江省政府行政报告》，1932年第9期。

30．浙江省水利局编：《浙江省水利局总报告》（上），1935年。

31．《关于禁垦余杭南湖事项》，《浙江建设月刊》，1927年第4期。

32．《饬工赈疏浚南湖》，《浙江建设月刊》，1934年第5期。

33. 《指示疏浚余杭南湖》，《浙江建设月刊》，1934年第2期。

34. 周可宝、卢永龙：《二十年浙江省之水灾》，《浙江省建设月刊》，1933第6期。

35. 《清理余杭北湖界址》，《浙江省建设月刊》，1934年第10期。

36. 苕溪运河志编纂委员会编：《苕溪运河志》，中国水利水电出版社，2010年。

37. 余杭水利志编纂委员会编：《余杭水利志》，中华书局，2014年。

38. 杭州市水利志编纂委员会编：《杭州市水利志》，中华书局，2009年。

39. 杭州市余杭区瓶窑镇志编纂委员会编：《瓶窑镇志》，方志出版社，2017年。

40. 良渚镇志编纂委员会编：《良渚镇志》，中华书局，2014年。

41. 余杭镇志编撰办公室：《余杭镇志》，浙江人民出版社，1992年。

42. 余杭镇志编撰办公室：《余杭镇志》（1990—2005），杭州出版社，2009年。

43. 杭州市余杭区地方志编纂委员会编：《余杭通志》，浙江人民出版社，2013年。

44. 余杭县志编纂委员会编：《余杭县志》，浙江人民出版社，1990年。

45. 浙江水利志编纂委员会编：《浙江水利志》，中华书局，1998年。

46. 吴莹岗主编：《余杭民国期刊文献选辑》，上海辞书出版社，2015年。

47. 王庆：《余杭山水形胜》，浙江古籍出版社，2021年。

48. 俞金生：《杭州南湖》，中国文化艺术出版社，2005年。

49. 冯贤亮：《环境、水患与官府：明清时期南苕溪流域的水利与社会》，《浙江社会科学》，2020年第2期。

50. 陆文龙：《明代浙江南湖水利治理浅析——以聂心汤、戴日强的治理思路与方法为例》，《长江论坛》，2016年第4期。

51. 胡勇军、陆文龙：《近世以来余杭北湖的治理及变迁研究》，《浙江水利水电学院学报》，2016年10月。

52. 胡勇军：《浚湖与筑库：民国时期东苕溪上游防洪治理变迁研

究》，《历史地理》，2017年第1期。

53．朱丽东、金莉丹、叶玮、李凤全、王天阳、王俊：《晚更新世末以来苕溪河道变迁》，《浙江师范大学学报（自然科学版）》，2015年8月。

54．陆建伟：《秦汉时期浙江苕溪流域的开发》，《中国历史地理论丛》，2004年6月。

55．费国平、陈欢乐：《余杭彭公大坝的调查报告》，《东方博物》，第四十辑。

后　记

苕溪是浙江八大水系之一，是太湖流域的重要河流。余杭地处东苕溪中上游，其干流和支流几乎流经了余杭区所有的乡镇、街道，所以说苕溪是余杭的母亲河，绝不为过。每一个余杭人，都是喝着苕溪水长大的，是苕溪哺育了我们。苕溪千百年来的历史变迁，先人们治水的逸事逸闻，乃至一草一木的荣枯，似乎都与我们息息相关。

苕溪是一部厚重的书，但很多时候，我们对其了解的还是太少。尤其是当我领受了编撰《余杭苕溪治理》一书任务的时候，这种感觉尤甚。苕溪的治理可以追溯到5000年前的良渚时期，那时候良渚古城外围的水利系统功能就非常齐全；大禹在余杭的治水事迹，至今为余杭人津津乐道，这虽无考古学意义上的实证，但美丽的传说并非毫无根据；从秦汉历经唐宋元明清，历朝历代，苕溪的治理同当地社会的安定、经济文化的发展、人们生活乃至官员升贬都有着直接的关系。5000年来，在这块神奇的土地上，不知上演了多少可歌可泣的治水悲喜剧。各种治水理论、治理方法，包括对治理过程的记述，以及相关治水著述、政令、碑刻以及文学作品的描述，在地方志书上可谓汗牛充栋。苕溪是一部余杭人说不尽，道不完的大书，是历代先贤们留给余杭后人的精神大餐。所以，当我承担了余杭治水这一课题并编撰《余杭苕溪治理》一书任务的时候，我的内心是惶恐不安的。

在此，首先要特别感谢杭州城市学研究理事会余杭分会的赵丽萍秘书长和张自恒老师，如果没有他们最初的课题擘画和谆谆鼓励，我恐怕也不会过多关注这一领域。2022年5月20日，区城研分会牵头召集了区内一些专家学者在临平区委党校召开了《余杭苕溪治理》一书征询意见座谈会。会上，王庆、赵焕明、谢国刚等专家学者的真知灼见，给了我很大启发。所以在本书动笔之前，我就作了以下几点考虑：

一是如何体现本书的写作特色。我考虑用志、史结合的体裁，以"志"为基础，加上"史"的笔调，既要体现史料性和科学性，也要照顾到一般读者，考虑其可读性。采用直观性强的图片（包括地图、照片、示意图等）也是增强可读性的方法，而历史照片是特定时期真实的历史记录，多途径地搜集和采用历史照片和原始档案图片，是努力要去做的事。

二是如何突出本书的叙述重点。苕溪流经杭嘉湖，有东西两大干流，毫无疑问，我们写的苕溪治理范围基本上限于苕溪余杭段，即东苕溪、南苕溪干流和中苕溪、北苕溪两大支流，而历代治理是本书的重点，明清的《余杭县志》上，有大量的治水记述，需要有一个清晰的线索整理；民国时期的治理，只有当代志书上有一点零星的记载，绝大多数的史料还在各地档案馆以及图书馆中的民国时期与水利相关的期刊中，而做这一块的工作是最费时和费精力的，而且困难也最大。因此，基于档案资料基础上，对民国时期苕溪治理做一个相对完整的概述，也是我的一个初衷。当然，中华人民共和国成立后的治苕历史是最值得大书特书的，这70多年来特别是改革开放以来的治理成就超过了历朝历代的总和是不容置疑的事实。这一时期的治苕是大规模的、全局性的、全方位的、多渠道的、有预防性的治理，这不同于以往任何时期。我希望在书中能有一个概览式的体现。至于历代有关苕溪及治苕的著述、碑刻、水政文件、诗词赋文，多不胜数，资料的原始性很强，也是不同时期真实的历史记录，将尽力撷取有史料价值者摘录，并且尽可能地压缩篇幅。

三是将宏大叙事与微观再现相结合。所以，我考虑加进一节口述史的内容，从一个口述者的视角，来叙述重大历史事件中的个体观感，因为有时候，微观的视角更能生动地体现历史进程中的细节。当然做口述史需要有严谨的方法和步骤，但这是我们愿意去尝试的。

搜集资料并能理解运用资料，是编撰工作的基础。在这里，我还要特别感谢孙雅利、雷成、张自恒等老师，是他们协助我一起去临平区档案馆，查询余杭民国治水档案，并把复印的资料转化成文字；是他们和我一次次去区东苕溪水利工程运营中心，从库房里翻出十几本照片档案，扫描了几百张原始照片，录入电脑；是他们一次次和我去做口述史访谈，录音、记录文字，并写出访谈文章。还要感谢吴正贵、刘树德、陈理清等老师，他们毫无保留地将自己多年来拍摄的与苕溪有关的照片拷录给我，还有余杭区史志研究室的陈林，也提供了不少室藏的历史照片。当然也要感谢东苕溪水利工程运营中心的马晓萍主任、原苕溪堤防河道管理所所长胡洛敏及何士玲女士，以及临平档案馆的工作人员，为我们编撰这本书提供了种种方便，在此无法一一提及，只有深表谢意。

这本书在征求意见和审核的过程中，承蒙余机区城研分会赵丽萍秘书长的牵线联系，原余杭县党史研究室主任王庆、余杭区林水局教授级高级工程师金佩英，提出了许多中肯的修改建议。2023年9月22日，余杭区城研分会又牵头召开了审稿会，市城研中心特聘专家王其煌老师，杭州师范大学范立舟、姚永辉、马强才、蔡丹妮等老师，区林水局金佩英、胡洛敏等专家以及本区学者赵焕明、杨叶、陈冰兰等都提出了不少修改的真知灼见。余杭区城研分会的方毅良、邵文谦老师也做了大量的工作，特此致谢。

书稿在最后的修改中，因为限于篇幅和全书的体例，把原稿第四部分《苕溪丛录》中的历代水利著述、治理碑碣、水政文件以及相关诗文都删除了。因为这部分内容浩繁，仅凭一己之力恐留遗珠弃璧之憾，还是寄望于日后再做全面搜罗整理吧。

书稿虽然完成了，但自感文功浅薄，又乏专业背景，虽有完美之心，惜无谱成佳作之力，文中不当和错讹之处必不会少，恳请读者批评指正，以望日臻完善。

陈杰

2023.10.25

图书在版编目（CIP）数据

余杭苕溪治理 / 陈杰编著. -- 杭州 ： 西泠印社出版社，2024. 12. -- （古镇余杭人文读物 / 赵丽萍主编）. -- ISBN 978-7-5508-4718-7

Ⅰ. TV-092

中国国家版本馆CIP数据核字第2024NE8802号

余杭苕溪治理

陈　杰　编著

责任编辑	陶铁其
责任出版	杨飞凤
责任校对	应俏婷
装帧设计	刘远山
出版发行	西泠印社出版社

（杭州市西湖文化广场32号5楼　邮政编码　310014）

经　　销	全国新华书店
制　　版	杭州真凯文化艺术有限公司
印　　刷	浙江海虹彩色印务有限公司
开　　本	710mm×1000mm　1 /16
字　　数	260千
印　　张	16.25
印　　数	0001—2000
书　　号	ISBN 978-7-5508-4718-7
版　　次	2024年12月第1版　第1次印刷
定　　价	78.00元

西泠印社出版社发行部联系方式： （0571）87243079